谨以本书纪念

Nicky Skinner

1978—2011

航天器系统工程(下册)

(原书第四版)

SPACECRAFT SYSTEMS ENGINEERING

〔英〕Peter Fortescue,Graham Swinerd,
John Stark　主编

李　靖　熊蔚明　李涤徽　赵小翔　译

科 学 出 版 社

北 京

图字:01-2013-2139 号

内 容 简 介

本书以空间任务需求为设计驱动,给出任务及轨道选择之间的关系,在分析航天器的空间环境与设计约束的基础上展开航天器设计,介绍了航天器发射与运行控制密切相关的运载火箭系统和地面站及控制系统,阐述了航天器的结构、机构、装配、集成和测试、小卫星工程以及产品保证等内容。本书最后一章是对前面各章专业知识的总结,并重点介绍一种系统设计方法——并行工程设计,该章内容是全书的精髓。

本书适合的读者对象是有志成为航天器设计师的研究生、有航天经验的工程师和高级管理人员。

图书在版编目(CIP)数据

航天器系统工程:第4版.下册/(英)福蒂斯丘(Fortescue,P.)等主编;李靖等译.—北京:科学出版社,2014.10

书名原文:Spacecraft Systems Engineering

ISBN 978-7-03-042173-9

Ⅰ.①航… Ⅱ.①福… ②李… Ⅲ.①航天器-系统工程 Ⅳ.①V47

中国版本图书馆 CIP 数据核字(2014)第 240595 号

责任编辑:赵彦超 周 涵 / 责任校对:张小霞

责任印制:赵 博 / 封面设计:耕者设计工作室

科学出版社 出版

北京东黄城根北街 16 号

邮政编码:100717

http://www.sciencep.com

北京建宏印刷有限公司印刷

科学出版社发行 各地新华书店经销

*

2014 年 11 月第 一 版 开本:720×1000 1/16

2025 年 1 月第九次印刷 印张:21 1/2

字数:382 000

定价:128.00 元

(如有印装质量问题,我社负责调换)

主编及撰稿人名单

主编

Peter W. Fortescue

Aeronautics and Astronautics, Faculty of Engineering and the Environment, University of Southampton, UK (retired)

Graham G. Swinerd

Aeronautics and Astronautics, Faculty of Engineering and the Environment, University of Southampton, UK

John P. W. Stark

School of Engineering and Materials Science, Queen Mary, University of London, UK

撰稿人

Guglielmo S. Aglietti

Aeronautics and Astronautics, Faculty of Engineering and the Environment, University of Southampton, UK

Massimo Bandecchi

European Space Research and Technology Centre (ESTEC), European Space Agency, The Netherlands

Franck Chatel

German Space Operations Center (GSOC), Oberpfaffenhofen, Germany

Graham E. Dorrington

School of Engineering and Materials Science, Queen Mary, University of London, UK

John B. Farrow

International Space University, Strasbourg, France

Nigel P. Fillery

EADS Astrium, Portsmouth, UK

C. Richard Francis

European Space Research and Technology Centre (ESTEC), European Space Agency, The Netherlands

Geoffrey Hall

Moreton Hall Associates, Maidenhead, UK

John M. Houghton

EADS Astrium, Stevenage, UK

J. Barrie Moss

School of Engineering, Cranfield University, UK

Terry Ransome

EADS Astrium, Stevenage, UK (retired)

Ken M. Redford

British Aerospace, Bristol, UK

Chris J. Savage
European Space Research and Technology Centre (ESTEC), European Space Agency, The Netherlands (retired)

Ray E. Sheriff
School of Engineering, Design and Technology, University of Bradford, UK

David Stanton
Keltik Ltd, Hampton Hill, UK

Martin N. Sweeting
Surrey Space Centre, University of Surrey, Guildford, Surrey, UK

Adrian R. L. Tatnall
Aeronautics and Astronautics, Faculty of Engineering and the Environment, University of Southampton, UK

Craig I. Underwood
Surrey Space Centre, University of Surrey, Guildford, Surrey, UK

译 者 序

改革开放以来，特别是最近的十多年，我国的航天事业得到了快速的发展。2003 年 10 月 15 日，我国成功发射“神舟五号”载人飞船，第一次将中国航天员送入太空；2007 年 10 月 24 日，“嫦娥一号”月球探测器在西昌卫星发射中心成功发射，并对月球表面进行了多项科学探测；2011 年 9 月 29 日，中国第一个实验型空间站“天宫一号”成功发射，并于 2011 年 11 月 3 日与“神舟八号”无人飞船成功进行空间交会对接；2013 年 12 月 14 日，“嫦娥三号”探测器成功实现月球表面软着陆，并在月球表面开展了就位探测与自动巡视勘察，这是我国航天史上又一个新的里程碑！

随着我国航天事业的发展，对航天专业工程师及系统工程师的培养也越来越迫切，特别是“系统级”工程师。人才的培养离不开专业书籍，我国航天专业书籍较多，但综合性、系统性书籍较少，也出版过各专业自成一册的“系列丛书”，但缺少系统性和各专业知识的内在联系，Peter Fortescue 等编写的《航天器系统工程》一书恰恰弥补了这方面的不足。该书是在南安普敦大学短期课程教学笔记的基础上整理而成，是航天器各专业有经验专家多年心血的结晶。该书第一版发行于 1991 年，后经读者要求多次改进和再版，至今已是第四版。该书以任务需求为设计驱动，给出任务及轨道选择之间的关系，在分析航天器的空间环境与设计约束的基础上展开航天器设计，介绍了航天器发射与运行控制密切相关的运载火箭系统和地面站及控制系统，并阐述了航天器的结构、机构、装配、集成和测试、小卫星工程以及产品保证等方面。本书最后一章对前面各章的专业知识进行了总结，并重点介绍了一种系统设计方法——并行工程设计，该章内容是全书的精髓，值得系统工程师和高级管理者学习和思考。

本书的读者对象主要是有志成为航天器设计师的研究生、有航天经验的工程师及从事航天工程的高级管理人员。

本书的重点在于航天器平台而不是有效载荷，专注航天器系统工程设计而不是专业知识的深入介绍，希望大家能够站在系统高度上理解自身负责的分系统与其他分系统之间的相互关系、相互影响及性能指标的权衡。

范文杰博士翻译第 8、15、16 章，熊蔚明博士翻译第 12、13 章，刘佳翻译第 4、5 章，程卫强和赵小翔研究员分别翻译第 9 章和第 11 章，其余各章由李靖博士翻译，李涤徽博士负责全书的统稿与校对工作。此外，谢侃博士校对第 4、5 章，朱亮聪高工校对第 6、7 章，刘志敏副教授校对第 12、13 章，刘勇研究员和郑建华研究员校对第 2 章和第 4 章并提出很好的修改意见，Manfred Schmid 对机构一章提出了很好的建议，译者对上述人员的辛苦工作与支持表示衷心感谢！最后，特别感谢张升伟研究员对本书翻译工作所给予的大力支持！

译　者

第四版前言

当我思考在第四版前言中说些什么时，回顾了前面几版出版时的情况，第一版已是 20 年前！很显然，这段时间里发生了很大变化，当然，所有这些变化在此版本内容中都有体现。然而，整个这段时间里保持不变的一点是美国航天飞机作为人类太空飞行计划的役马所产生的影响。

航天飞机第一次发射是在 30 年前的 1981 年，对我来说是里程碑性的事件之一，它以某种方式激活了记忆，精准地回想起那个时候你在哪里，在干什么。1981 年 4 月 12 日是一个灿烂的春日，那天我和妻子在喜悦中登上了遥远的苏格兰西北高地的峰巅。然而，在感知当天所发生事情的历史意义的同时，我确实记得在那个激动人心的一天即将结束时，哥伦比亚号航天飞机完成了历史性的第一次飞行。航天飞机计划的后续历程完整地记录在案，尽管运行成本高昂，计划总体上仍然获得了巨大成功，但以失去人的生命为代价的惨痛悲剧也给这一计划蒙上了阴影。这一年见证了这种非凡航天器的退役，又回到起点。这一个具有人生特点的事件——航天飞机的开始与结束和我个人在空间领域和学术界的职业生涯恰好紧密重合，它像一个老朋友，总在那儿。

航天飞机的退役不可避免地迫使人们重新思考美国的人类航天飞行计划。最终，布什政府批准了星座计划，这一计划主要集中于猎户座新型载人飞船，它由航天飞机的替代品——载人战神 1 号运载火箭运送入轨。这个计划另一个重要组成部分是称为战神 5 号的大升力运载火箭，它可以独立运载大量人类探索太空所需要的载荷至地球外轨道空间。整个计划的主要目标是到 2020 年重返月球，并在较长的时间内为载人登陆火星做好准备。但是，继任的奥巴马政府毫不留情地毁灭了“布什幻想”，把人类开发进入太空向私人企业开放，搁置了人类开发地球轨道之外太空的美好愿望，将国际空间站的寿命延长至 2020 年。在短期内，这造成了置美国太空飞行活动重心于地球轨道的相当古怪的局面，但美国宇航员又没有到达的独立手段。在写这本书的时候，美国人类空间飞行的未来发展是不明朗的，此情形增加了这种可能，即月表的下一个脚印或许是中国宇航员的。就本书内容而言，尝试写关于太空活动的这个方面，现在已不是一个好时机。例如，本书有关航天飞机的内容最少；运载火箭部分（第 7 章）的重点放在了 Ariane 运载火箭计划（尽管有一些关于 Ares 系列运载火箭的讨论，但随着时间的延续，也许是恰当的，也可能不恰当）。

这本书的大部分内容主要讲述无人航天飞行器的设计和工程研制，此外，处在世纪之交，“更快、更优、更廉”的设计理念影响着航天飞行器的设计，特别是科学类飞行器的大小和质量方面。不过，这一理念由于不合时宜地出现一些在轨飞行失败事件而有所弱化，这些案例提供了“更快、更廉”未必一定是“更优”的教训。然而，对小型、功能齐全航天飞行器的兴趣并没有减弱，新修订的第 18 章小卫星工程介绍了这方面的内容。

在航天器尺度范围的另一端，是许多具备自主观测等功能的航天飞行器计划，它们将在本书上市后不久成为新闻的头条。其中最有意义的是哈勃太空望远镜的继任者，被命名为詹姆斯韦伯的太空望远镜。

詹姆斯韦伯的太空望远镜将于 2014 年前后发射至 L2 拉格朗日点，距地球约 1 500 000 km，其尺寸近乎哈勃的 3 倍，科学家期待它的运转会带来爆炸性的宇宙新发现。与此同时，欧洲航空航天局的彗星探测卫星罗塞塔将开始它在轨绕 67P/楚留莫夫-格拉西门克彗星运行的使命，期望罗塞塔卫星的数据给我们了解所处的环境——太阳系的起源提供一个阶梯。在全球应用卫星领域，一个称为伽利略的新的全球导航卫星系统将在 2014 年开始运作。它是一个民用项目，由欧盟资助，发射 30 颗星座卫星，轨道高度大约为 23 000 km。希望这个非军事系统的介入会听到民间组织将卫星导航技术纳入他们的业务的声音。由该项目而产生的重要发展是卫星导航在民用航空交通控制领域得到充分的利用。

《航天器系统工程》第四版通篇作了大量的修改和更新，以便读者像上面提到的可以从早期的系统设计到在轨运行操作等多方面掌握非载人空间飞行器工程。还有一些全新的内容值得特别提及，目前行星际间任务的趋势表明采用一种新的小推力轨道是非常有利的，这部分内容已加入扩充了的“任务分析”一章(第 5 章)。先前的第 14 章关于地面站的内容已经重写，新版冠名为“地面部分”以强调其内容不仅涉及地面站，还包括如飞行运行控制等其他活动；新增加了第 17 章，专门介绍组装、集成和验证这些题材，它们主要专注于航天器工程后期整个系统已经完成集成并进行发射前的测试。旧版本中关于产品保证的内容(第 19 章)已全部重写，以反映包括软件在内的产品保证的各个方面。产品保证特别和空间部分相关，因为研制的产品通常要求要在没有产品维护的恶劣环境下正常工作多年。最后一章(第 20 章)也进行了重写，将重点改为系统设计方法的讨论，特别是并行工程设计的讨论。实践中的系统设计以欧洲航空航天局 Cryosat 卫星设计为范例加以阐释。

最后，编者要感谢军方对此书的贡献，他们付出的时间和努力使本版得以完成，没有他们的支持不可能有新的版本；还要感谢 Wiley 团队的帮助，特别是 Nicky Skinner 和 Gill Whiteley，他们在整个草稿编辑期间的帮助难以用价值来衡量。在本书的编写即将画上句号、印制过程即将开始之际，Nicky Skinner 于 3 月份的突然离世令我们非常震惊和悲痛。很遗憾这些天我们的工作关系通常只单纯地通过电子邮件，虽然没有机会与这位同仁见面并加深我们之间的友谊，但是我认为我非常了解 Nicky。非常感谢她自始至终给予的支持和帮助，本书用来纪念她是非常适宜的。

Graham Swinerd

南安普敦，2011 年 5 月

第三版前言

1989 年退休后,我的好友和同行 Graham Swinerd 接替了南安普敦大学的空间技术短期课程。谁能比 Graham 更胜任《航天器系统工程》新版本的主编一职呢？我确信 Graham 会在老版本的基础上创建更好的声誉,预祝他在这个新角色中获得成功。献给你,Graham…

Peter Fortescue,南安普敦,2002 年 7 月

自从这本书此前的版本发行以来,Dan Goldin“更快、更好、更廉”的空间任务理念给美国人的活动造成了很大的影响。结果,于 1997 年 10 月发射至土星的卡西尼卫星成为最后一枚大型行星际间航天器。像 NEAR Shoemaker 这样的计划已取代了这类任务,该计划于 1996 年 2 月将一个体积相对较小但功能齐全的航天器发射入轨,最终降落在小星体 433 Eros 上。这种“小型任务”已深刻地影响了现正在实施和已建议的行星探索计划。

在此过渡时期,我们还目睹发射了低轨道的卫星星座,用于手机的全球移动通信,特别是铱星星座,其首批卫星于 1997 年 5 月发射。虽然财政问题对此计划影响很大,但是它预示了许多领域大规模运用星座系统时代的来临。不仅在通信和导航领域利用这些分布式系统有很大的好处,而且在对地观测领域能够改善时间分辨率。另外,还存在着利用若干小型但功能完备的航天器完成一个或两个大型卫星工作的潜在趋势。

小型卫星技术发展的主要推动力是降低通往太空的成本。降低成本的主要措施是降低发射成本,缩短设计、制造和测试周期,降低地面接口和运行控制的复杂程度,资金风险相对较低条件下识别出航天器测试的新技术。

在大型航天器方面,1998 年 12 月见证了国际空间站(ISS)的第一批组件完成在轨安装。如果按照原计划继续发展,到 2005 年 ISS 将成为有史以来部署在地球轨道上最大(大约 400 吨)的飞行器,成为人类太空永久居住的开端。

所有这些方面的发展对本书新版的结构产生了重要影响。主要的变化包括删去了大气再入的章节,增加了新的一章——小卫星工程及应用。许多删除的内容已重新分配在其他章节。例如,大气再入已包括在第 7 章(运载火箭)里,轨道机动的内容编排在第 5 章(任务分析)。新的关于小卫星的第 18 章是由英国萨里大学萨里空间中心的 Martin Sweeting 和 Craig Underwood 提供的,二人在该领域的专业学识是国际公认的。本章建立在萨里空间中心的庞大专业队伍基础之上,总

体上提供了对小卫星系统工程的深刻见解。鉴于小卫星活动的不断增多,如若没有这部分内容,这类教科书是不完整的。

其他各章已重写,特别是第 8 章(航天器结构)、第 11 章(航天器热控)、第 16 章(电磁兼容)和第 19 章(航天器系统工程),其余的大部分都做了大量的修订,包括第 5 章(任务分析)中星座设计和小星球任务的讨论。

第二版的一些作者已经退休,这一版的作者名单列表中已出现了新的名字。非常感谢所有这些作者的贡献。同时也怀着悲痛的心情告诉大家先前作者中的三位已经离世,他们是 Howard Smith(电子通信),Les Woolliscroft(航天器电磁兼容工程)和 Mervyn Briscoe(航天器机械工程)。我们怀念他们。

读者可能已注意到本书扉页对其中一位作者——Mervyn Briscoe 的题献,在他离世的 2001 年,仍然积极地参与机械章节的修订。我们还要感谢 Guglielmo Aglietti,他作为一名合著者临危受命,完成了 Mervyn 章节的修订。多年来 Mervyn 作为作者,忠诚地服务于南安普敦大学的短期课程,在此对他表示感谢,谨以此书纪念他。

最后,感谢 Peter Fortescue 和 John Stark 为先前各版本付印所做的开创性的工作以及为本版所提供的宝贵帮助。

Graham Swinerd

南安普敦,2002 年 7 月

第二版前言

第二版的诞生源于我们对一个电话的响应，这个电话曾一度让我们恐惧："有没有想过出第二版呢?"经过慎重思考后我们的回答是："是的，要出第二版。"于是，就有了此版的诞生。

这不仅给了本书作者一个更新他们章节中资料的机会——技术一直在不断发展，五年太久！同时也给了我们修正第一版中的一些错误(当然也有可能增加一些新的错误)的机会，并对读者关于内容方面的建议和对我们在内容上不可回避的"重新思考"作出回应。因此，有了两个新的章节。

第一个新的章节是关于机构——航天器上的重要设备。这是其他章节所包括的许多系统中必要的一部分，但因为有其自身的需求，在这里给了一章的地位。这是一个专业主题，涉及机械部件之间的相对运动。如果任务中的结构是长寿命、无服务、无外界干扰，则理想设计目标是无单点失效，机构设计师将面临任务挑战，第16章内容告知了他们是如何应对挑战的。

第二个新增章节讲述系统工程的内容，第一版中此标题没有连字符，那些把标题理解为"航天器系统的工程"的读者可能会觉得内容大部分和他们想象的一样。的确，对第一版比较满意的读者对第二版有些担忧。不过，标题还可以理解为"航天器的系统工程"。作如此理解的读者无疑会很失望，因为在本书里几乎找不到有关系统工程学科的内容。

我们的处理方法是保留第一版中有些模糊的标题并保留了第一版写此章的目的，但是增加了新的一章(第19章)，重点讲述航天器的系统工程。这一章是由航天工业领域有经验的作者撰写的。期望这一章能像拼图游戏一样将散落在其他章节里的小碎片拼接起来，并说明它们如何能够协调地安放在一起形成一个有生命的整体——以一个可行方式达到设计目标的航天器。

从第一版至今，部分作者已经搬到了新的居住地，部分已经退休，这一版的作者中已出现一些新的名字。第二版是对第一版的改进，编者非常感谢所有新老作者并希望本版"重新思考"后呈现其精华。

第一版前言

这本书源于南安普敦大学开设的一系列短期课程配套的教学笔记。这些课程始于 1974 年，为学时两周的空间技术教程，教学对象为希望成为航天器工程师的科学或工程专业研究生。目前，此课程服务于欧洲的许多企业，课程设置为一周，异常火爆，面向有经验的工程师或者是高级工程师，他们都是各自领域的专家。

教学中，学员参加一个工程项目竞争团队，该工程涉及为实现总体目标进行航天器设计。多年来，任务设计已转向所有的应用领域：科学、天文学、通信以及对地观测。现在有一个模型“陈列馆”，展示航天器的布局，并在运行控制、分系统技术参数和发射条件限制等方面支持参与者的报告，这些模型展示了系统的可用性但不是详细设计。工程从系统层面进行设计，指导者给学员提供了本书中所涉及的确定详细设计的基本原则。

因此，本书涵盖的内容主要是系统工程师们的需求范围，重点放在卫星平台本身而不是有效载荷。专业工程师通常有很多包括详尽和深入介绍子系统的教科书相辅助，在本书中不可能学到很多他们所从事专业的知识，但或许会学到其他专业的知识。希望这足以使他们理解自身子系统关于其他子系统之间相互影响的权衡。

第 2～5 章主要介绍航天器特别是卫星的一般背景知识，它们工作在太空环境中，这类环境通常比我们所熟悉的地球环境恶劣。第 2 章介绍空间环境的主要特性。第 3 章和第 4 章阐述空间物体动力学，运载工具对微小的力和力矩将产生响应，而这些若发生在地球上则几乎没有影响。在地球上这些微小的力和力矩的确发生，但我们常常在不完全自由状态下工作，因此地球约束下的运载工具经受更大的力的作用。第 5 章讲述航天飞行器相对地球而不是天体力学下的惯性参考系的运动。

第 6～15 章介绍主要的航天飞行器分系统。第 7 章和第 8 章内容包括地面发射和通过大气层返回，第 6 章、第 9～12 章和第 14 章论述航天器装载的主要分系统，包括遥测、遥控链路（第 14 章）和地面控制（第 15 章），第 13 章讲述通信链路，包括基本原理及其在航天器上的一些特殊应用，这些都和遥测、遥控链路以及通信荷载相关。

第 16 章介绍电磁兼容（EMC）。不同的分系统要协调工作，这是系统工程师不可回避的主题之一。对于航天工程师，产品保证至关重要。产品必须从恶劣的发射环境中幸存下来，必须在没有任何维护奢望的情况下工作多年，他们在产品保证实践中保持了良好的纪律,因此大多数航天产品完成了上述要求。

在此,编者要向那些贡献了本书各章的作者表示感谢。如上所述,大部分章节都已经在课上讲授。鉴于作者的慷慨,我们的任务就是将他们提供的材料进行精简凝练。同时也感激他们的耐心,原本以为将课堂笔记转换成一本书过程很短,现在看来我们确实想错了!

还要感谢同事 Graham Swinerd 和 Adrian Tatnall,他们阅读了部分章节并提出了建议。最后,要感谢 Sally Mulford,她以极大的耐心和良好的幽默感将一些粗糙的文本变成了打印稿。

缩　略　语

AATSR	Advanced Along-Track Scanning Radiometer	先进沿迹扫描辐射计
ABM	Apogee Boost Motor	远地点发动机
AC	Alternating current	交流电流
ACS	Attitude Control System	姿态控制系统
ACU	Antenna Control Unit	天线控制单元
A/D	Analogue to digital	模数转换
ADEOS	Advanced Earth Observing System	先进对地观测系统
ADR	Active Debris Removal	主动碎片移除
AFT	Abbreviated Functional Test	缩减的功能测试
AGC	Automatic gain control	自动增益控制
AIT	Assembly, integration and test	装配、集成和测试
AIV	Assembly, integration and verification	装配、集成和检验
AKM	Apogee Kick Motor	远地点发动机
AM	Amplitude modulation	调幅
AMI	Active Microwave Instrument	主动微波设备
AMOOS	Aero-Manoeuvring Orbit-to-Orbit Shuttle	轨道航天飞机的航空机动轨道
AO	Announcement of Opportunity	指南
AOCS	Attitude and Orbit Control System	姿态和轨道控制系统
AOP	Announcement of Opportunity Package	指南包
AOS	Acquisition of signal, also Advanced Orbiting Systems	信号采集，或者先进轨道系统
AOTV	Aero-assisted Orbital Transfer Vehicle	航空辅助轨道转移飞行器
APM	Antenna Pointing Mechanism, also Attached Pressurized Module	天线指向机构，或附加压力舱
APS	Active Pixel Sensor	有源像素传感器
AQAP	Allied Quality Assurance Publication	盟军质量保证出版物
ARQ	Automatic report queuing	自动报告排队
ASAP	Ariane Structure for Auxiliary Payloads	用于搭载有效载荷的阿丽亚娜结构
ASAR	Advanced Synthetic Aperture Radar	先进合成孔径雷达
ASIC	Application-specific integrated circuit	专用集成电路

ASK	Amplitude-shift keying	幅度键控
ASS	Antenna Support Structure	天线支撑结构
ASW	Address and synchronization word	地址和同步字
ATCS	Active Thermal Control System	主动热控系统
ATSR	Along-track Scanning Radiometer	沿迹扫描辐射计
AU	Astronomical Unit (mean distance from Earth to Sun)	天文单位
BCDT	Binary code data transfer	二进制码数据传输
BCH	Bose-Chaudhuri-Hocquenchem	博期-乔赫里-霍克文黑姆码
BCR	Battery Charge Regulator	电池充电调节器
BDR	Battery Discharge Regulator	电池放电调节器
BER	Bit error rate	比特误码率
BMDO	Ballistic Missile Defence Organization	弹道导弹防御组织
BMU	Battery Management Unit	电池管理单元
BOL	Beginning of life	寿命初期
BPF	Band-pass filter	带通滤波器
BPSK	Bi-phase-shift keying	双相移键控
BRTS	Bilateration Ranging Transponder System	双向测距应答系统
BSF	Back-Surface Field	背表面场
BSR	Back-Surface Reflector	后表面发射器
CA	Contingency Analysis	应急分析
CAD	Computer Aided Design	计算机辅助设计
CADU	Channel Access Data Unit	通道获取数据单元
CAM	Civil, Aircraft, Military	民用、航空、军用
CCB	Configuration Control Board	配置控制委员会
CCD	Charge coupled device	电荷耦合器件
CCIR	Comité Consultatif International de Radiocommunication	国际无线电通信咨询委员会
CCITT	Comité Consultatif International de Téléphonie et de Télégraphie	国际电话电报咨询委员会
CCSDS	Consultative Committee for Space Data Systems	空间数据系统咨询委员会
CCU	Central Communications Unit	中心通信单元
CDF	Concurrent Design Facility	并行设计中心
C&DH	Control and Data Handling	控制和数据处理
C&DM	Configuration and Data Management	配置和数据管理
CDMA	Code-division multiple access	码多分址
CDR	Critical Design Review	关键设计评审

CE	Concurrent Engineering	并行工程
CEV	Command Execution Verification	命令执行验证
CFDP	CCSDS File Delivery Protocol	CCSDS 文件传输协议
CFRP	Carbon fibre reinforced plastic	碳纤维增强型塑料
CHAMP	CHAllenging Minisatellite Payload	挑战性迷你卫星有效载荷
CHRIS	Compact High Resolution Imaging Spectrometer	紧凑的高分辨率成像光谱仪
CIS	Confederation of Independent States	独立国家联合体
CLA	Coupled loads analysis	载荷耦合分析
CLTU	Command Link Transfer Unit	命令链路传输单元
CMG	Control moment gyroscope	控制力矩陀螺
CMOS	Complementary metal oxide semiconductor	互补金属氧化物半导体
CNES	Centre National d'Etudes Spatiales (French National Space Agency)	法国国家航天局
COMSAT	Communications Satellite	通信卫星
COTS	Commercial off the shelf	商业货架产品
CPL	Capillary-pumped loop	毛细泵环路
CPM	Coarse pointing mechanism	粗指向机构
CR	Corrosion resistance	抗腐蚀性
CRP	Contingency Recovery Procedure	紧急恢复过程
CSG	Centre Spatial Guyanais	圭亚那航天中心
CTM	Collapsible Tube Mast	可盘卷管状伸展臂
CVCM	Collected volatile condensable materials	可凝挥发性物收集
CW	Continuous-wave	连续波
DARPA	Defence Advanced Research Project Agency	美国国防部先进研究项目局
DB	Data Base	数据库
DC	Direct current	直流
DCP	Data Collection Platform	数据收集平台
DoD	Department of Defence(USA)	美国国防部
DLR	(German Aerospace Centre)	德国航空航天中心
DM	Development Model	开发模型
DOF	Degree of freedom	自由度
DORIS	Determination of Orbit and Radiopositioning Integrated by Satellite	轨道确定和无线电定位综合卫星
DPL	Declared Parts List	元器件公开一览表

DPSK	Differential phase-shift keying	差分相移键控
DRS	Data Relay Satellite	数据中继卫星
DSBSC	Double side-band suppressed carrier modulation	载波抑制双边带调制
DS-CDMA	Direct Sequence Code Division Multiple Access	直接序列码多分址
DSN	Deep Space Network	深空网络
DSP	Digital signal processing, also Digital Signal Processor	数字信号处理,或数字信号处理器
ECR	Engineering Change Request	工程变更请求
ECSS	European Cooperation for Space Standardization	欧洲航天标准合作组织
EDA	Electrically Despun Antenna	电消旋天线
EDAC	Error detection and correction	检错与纠错
EEE	Electrical, Electronic and Electromechanical	电子、电气和机电
EGSE	Electrical Ground Support Equipment	地面支撑电子设备
EIRP	Equivalent isotropic radiated power	等效各向同性辐射功率
ELV	Expendable Launch Vehicle	一次性运载火箭
EM	Electrical Model, also Engineering Model	电性能样机,或工程样机
EMC	Electromagnetic compatibility	电磁兼容性
EMI	Electromagnetic interference	电磁干扰
EMP	Electromagnetic pulse	电磁脉冲
EOEP	Earth Observation Envelope Programme	对地观测包络计划
EOL	End of lifetime	寿命末期
EOS	Earth Observing System	对地观测系统
e. p.	Equivalent particle	等效质点
ER-MIL	Established Reliability-MIL	可靠性建立-军用
ERS	Earth Resources Satellite	地球资源卫星
ERT	Earth Received Time	地面站时间标识
ESA	European Space Agency	欧洲航天局
ESATAN	European Space Agency Network Analyser	欧洲航天局网络分析
ESD	Electrostatic discharge	静电放电
ESOC	European Space Operations Centre	欧洲航天控制中心
ESTEC	European Space Research and Technology Centre	欧洲航天研究与技术中心
ESTL	European Space Tribology Laboratory	欧洲航天摩擦学实验室
EUMET-SAT	European Meteorological Satellite Organization	欧洲气象卫星组织
EURECA	European Retrievable Carrier	欧洲可回收运载
EUTEL-SAT	European Telecommunications Satellite Organization	欧洲通信卫星组织

EVA	Extra-vehicular activity	舱外活动
EWSK	East-West Station Keeping	东西向轨道保持
FAR	Flight Acceptance Review	飞行验收评审
FBC	Faster, Better, Cheaper	快、好、省
FCP	Flight Control Procedure	飞行控制程序
FDIR	Fault detection, inspection and recovery	错误检测、检验和恢复
FDMA	Frequency-division multiple access	频分多址
FE	Finite element	有限元
FEA	Finite element analysis	有限元分析
FEEP	Field emission electric propulsion	场发射电推进器
FEM	Flight Engineering Model	飞行工程样机
FET	Field effect transistor	场效应晶体管
FFSK	Fast frequency-shift keying	快速频移键控
FGSE	Fluids Ground Support Equipment	液体地面支撑设备
FIFO	First-In-First-Out	先进先出
FIRST	Far Infra-Red Space Telescope	远红外太空望远镜
FITS	Failures per 10^9 hours	10^9 小时的失效率
FM	Flight Model, also Frequency Modulation	飞行件，或调频
FMECA	Failure Mode Effects and Criticality Analysis	故障模式影响及危害性分析
FOG	Fibre optic gyroscope	光纤陀螺仪
FOP	Flight Operations Procedure	飞行控制程序
f. o. r	Frame of reference	参考坐标系
FOV	Field of view	视场
FPGA	Field Programmable Gate Array	现场可编程门阵列
FPM	Fine Pointing Mechanism, also Fine-pointing mode	精指向机构
FRB	Failure Review Board	失效审查委员会
FRR	Flight Readiness Review	准备就绪评审
FRSI	Flexible reusable surface insulation	柔性可重复使用表面绝热
FS	Fail safe	故障保护
FSK	Frequency-shift keying	频移键控
FTA	Fault Tree Analysis	故障树分析
GEM	Giotto Extended Mission	乔托扩展任务
GEO	Geostationary Earth orbit	地球静止轨道
GLONASS	Global Navigation Satellite System	全球导航卫星系统

GMT	Greenwich Mean Time	格林尼治标准时间
GNSS	Global Navigation Satellite System	全球导航卫星系统
GOCE	Gravity field and steady state Ocean Circulation Explorer	重力场和稳态海洋环流探测
GOES	Geostationary Orbit Environmental Satellites	静止轨道环境卫星
GOMOS	Global ozone monitoring by the occultation of stars	掩星全球臭氧探测
GPS	Global Positioning System	全球定位系统
GRACE	Gravity Recovery And Climate Experiment	重力观测与气候实验
GRO	Gamma Ray Observation	伽马射线观测
GSE	Ground Support Equipment	地面支撑设备
GSFC	Goddard Space Flight Center	戈达德航天飞行中心
GSOC	German Space Operations Centre	德国航天控制中心
G/T	Ground track	地面跟踪
GTO	Geostationary transfer orbit	静止转移轨道
HEO	Highly elliptical orbit	大椭圆轨道
HGA	High Gain Antenna	高增益天线
HGAS	High Gain Antenna System	高增益天线系统
HOTOL	Horizontal take-off and landing	水平起飞和降落
HPA	High power amplifier	大功率放大器
HRG	Hemispherical Resonator Gyroscope	半球形谐振腔陀螺仪
HRSI	High-temperature reusable surface insulation	高温可重复使用表面绝热
HST	High Speed Telemetry, also Hubble Space Telescope	高速遥测,或哈勃太空望远镜
IC	Integrated circuit	集成电路
ICBM	Inter-Continental Ballistic Missile	洲际弹道导弹
ICU	Instrument Control Unit, also Intelligent Control Unit	设备控制单元,或智能控制单元
IDE	Integrated Design Environment	集成设计环境
IDHT	Instrument data-handling and transmission	设备数据处理和传输
IDM	Integrated Design Model	集成设计模型
IF	Intermediate frequency	中频
IFOV	Instantaneous field of view	瞬时视场
IFR	Inertial frame of reference	惯性参考坐标系
IFRB	International Frequency Registration Board	国际频率登记委员会
IM	Intermodulation	内调制
INMAR-SAT	International Maritime Satellite Organization	国际海洋卫星组织

INTELSAT	International Telecommunications Satellite Organization	国际通信卫星组织
IOAR	In Orbit Acceptance Review	在轨验收评审
IOT	In Orbit Test	在轨测试
IP	Internet Protocol	网络协议
IPN	Interplanetary Internet	星际互联网
IPNRG	IPN Research Group	星际互联网研究组
IQ	In-phase and Quadrature	同步和正交
IRAS	Infra-Red Astronomical Satellite	红外天文卫星
IRIG	Inter-Range Instrumentation Group	靶场仪器组
IRTF	Internet Research Task Force	国际互联网研究专门工作组
ISC	Integrated System Check	集成系统检查
ISDN	Integrated Services Digital Network	综合业务数字网
ISO	Infrared Space Observatory, also International Organization for Standardization	红外空间观测,或国际标准化组织
ISS	International Space Station	国际空间站
IST	Integrated System Test	集成系统测试
IT	Information Technology	信息技术
ITU	International Telecommunications Union	国际电信联盟
JAXA	Japan Aerospace Exploration Agency	日本宇宙航空研究开发机构
JGM	Joint Gravity Model	联合重力模型
JHUAPL	Johns Hopkins University Applied Physics Laboratory	约翰霍普金斯大学应用物理实验室
JPL	Jet Propulsion Laboratory	美国喷气推进实验室
KSA	K-band Steerable Antenna	K 波段可控天线
KSC	Kennedy Space Center	肯尼迪航天中心
LAM	Liquid Apogee Motor	液体远地点发动机
LBR	Low bit-rate	低比特率
LDEF	Long Duration Exposure Facility	长期暴露设备
LEAF	Large European Acoustic Facility	欧洲大型音响设备
LED	Light emitting diode	发光二极管
LEO	Low Earth Orbit	地球低轨道
LEOP	Launch and Early Orbit Phase	发射和轨道初期阶段
LET	Linear energy transfer	线性能量转换
LHP	Loop heat pipe	热管回路

LISA	Laser Interferometer Spaceborne Antenna	激光干涉星载天线
LISN	Line impedance stabilization network	线阻抗稳定网络
LNA	Low noise amplifier	低噪声放大器
LO	Local oscillator	本振
LOS	Loss of signal	信号丢失
LPF	Low-pass filter	低通滤波器
LRR	Laser retro-reflector	激光发射镜
LRSI	Low-temperature reusable surface insulation	低温可重复使用表面绝热
LSS	Large Space Simulator	大型空间环境模拟设备
LST	Low speed telemetry	低速遥测
LTP	Long-haul Transport Protocol	长距离传输协议
MA	Multiple access	多址连接
MAC	Medium Access Control	介质访问控制
Mbps	Mega bits per second	兆比特每秒
MCC	Mission Control Centre	任务控制中心
MCPC	Multi-Channel Per Carrier	多路单载波
MCS	Monitoring and Control System	监视与控制系统
MCU	Mode Control Unit	模式控制单元
MDBS	Mesh double bumper shield	双层网格防护屏
MEMS	Micro Electro Mechanical Systems	微电机系统
MEO	Medium height Earth Orbit	中等高度地球轨道
MERIS	Medium Resolution Imaging Spectrometer	中等分辨率成像光谱仪
MET	Mission Elapsed Time	任务执行时
MFR	Multi-function receiver	多功能接收机
MGSE	Mechanical Ground Support Equipment	机械地面支撑设备
MHS	Micro Humidity Sensor	微型湿度传感器
MIL-STD	Military Standard	军用标准
MIPAS	Michelson interferometer for passive atmospheric sounding	大气被动探测迈克耳孙干涉仪
MIPS	Million instructions per second	百万条指令每秒
MLI	Multi-layered insulation	多层组件
MMBS	Multiple mesh bumper shield	多层网格防护屏
MMH	Mono-methylhydrazine	单甲基肼
MMIC	Monolithic microwau integrated circuit	单片微波集成电路
MMS	Multi-mission Modular Spacecraft	多用途组合式航天飞机

MOD	Ministry of Defence	国防部
MOP	Multiple On-line Peripheral, also Meteosat Operational Programme	多个联机外围设备,或气象卫星业务计划
MOS	Metal oxide semiconductor	金属氧化物半导体
MOSFET	Metal oxide semiconductor field effect transistor	金属氧化物半导体场效应晶体管
MPD	Magneto-plasma-dynamic	磁等离子体动力学
MPG	Multi Point Grounding	多点接地
MPS	Mission Planning System	任务规划系统
MRB	Materials Review Board	材料评审委员会
MSG	Meteosat Second Generation	第二代气象卫星
MSS	Multishock shield	多层冲击防护
MST	Micro systems technology	微系统技术
MTBF	Mean time between failures	平均无故障时间
MTFF	Man-Tended Free Flyer	有人照料的自由飞行体
MVS	Machine Vision System	机器视觉系统
MW	Momentum wheel	动量轮
MWR	Microwave Radiometer	微波辐射计
NASA	National Aeronautics and Space Administration	美国国家航空航天局
NASP	National Aero-Space Plane	国家航空航天飞机
NBFM	Narrow-band frequency modulation	窄带频率调制
NCR	Non Conformance Report	不符合项报告
NDT	Non-destructive testing	非破坏性试验
NEAR	Near Earth Asteroid Rendezvous	近地小行星交会
NERVA	Nuclear engine for rocket vehicle applications	核能发动机的运载火箭应用
N-MOS	N-type metal oxide semiconductor	N-型金属氧化物半导体
NSSK	North-South Station Keeping	南北方向轨道维持
OBC	On-Board Computer	在轨计算机
OBDH	On-board data handling	在轨数据处理
OBS	On-board software	在轨软件
OCC	Operations Control Centre	运行控制中心
OMS	Orbital Manoeuvring Subsystem	轨道机动子系统
OSCAR	Orbiting satellite carrying amateur radio	业余无线电在轨卫星
OSR	Optical Solar Reflector	光学太阳发射镜
OTA	Optical Telescope Assembly	光学望远镜装配

OTV	Orbital Transfer Vehicle	轨道转移运载器
PA	Product Assurance	产品保证
PAEHT	Power-Augmented Hydrazine Thruster	功率增强肼推进器
P-MOS	P-type metal oxide semiconductor	P-型金属氧化物半导体
PAM	Payload Assist Module	有效载荷辅助舱
PAM-A	Payload Assist Module——Atlas-sized	有效载荷辅助舱-Atlas 火箭尺寸
PAM-D	Payload Assist Module——Delta-sized	有效载荷辅助舱-Delta 火箭尺寸
PC	Personal computer	个人计算机
PCB	Printed circuit board	印刷电路板
PCDU	Power Control and Distribution Unit	功率控制和分配单元
PCM	Pulse Code Modulation, or Phase Change Material	脉冲编码调制,或相变材料
PDC	Project Design Centre	工程设计中心
PDF	Probability Density Function	概率密度函数
PDHT	Payload data handling and transmission	有效载荷数据处理和传输
PDR	Preliminary Design Review	初步设计评审
PDUS	Primary Data User Station	原始数据用户站
PEB	Payload Equipment Bay	有效载荷设备舱
PEEK	Polyether Ether Ketone	聚醚醚酮复合材料
PEM	Payload Electronics Module	有效载荷电性件
PF	Protoflight	飞行件样机
PFM	Protoflight Model	飞行件样机模型
PID	Proportional, integral and differential	比例、积分和微分
PIM	Passive intermodulation product	无源互调产物
PLC	Payload Carrier	有效载荷载体
PLM	Payload Module	有效载荷模块
PM	Phase modulation, also Pulse modulation	相位调制,脉冲调制
PMC	Payload Module Computer	有效载荷模块计算机
PML	Preferred Materials List	材料优选目录
PMP	Parts, materials and processes	元件、材料和工艺
PN	Pseudo-random noise	伪随机噪声
POEM	Polar Orbiting Earth-observation Mission	极轨对地观测任务
PPF	Polar Platform	极地空间平台
PPHSS	Preservation, Packaging, Handling, Storage and Shipping	保存、包装、搬运、储存和运输
PPL	Preferred Parts List	元器件优选目录

PRARE	Precise Range and Range-rate Equipment	精确的距离和距离变化率测试设备
PRK	Phase-reversal keying	倒相键控
PRR	Preliminary Requirements Review	基本需求评审
PSK	Phase-shift keying	相移键控
PT	Prototype	样机
PTCS	Passive Thermal Control System	被动热控系统
PTEE	Polytetrafluoroethylene	聚四氟乙烯
PU	Pattern Unit	格局单位
PUS	Packet Utilization Standard	包应用标准
PVG	Piezo-electric Vibratory Gyroscope	压电振动陀螺
QA	Quality Assurance	质量保证
QF	Quality Factor	品质因数
QM	Qualification Model	质量模型
QPL	Qualified Parts List	合格元器件表
QPSK	Quadrature phase-shift keying	四相相移键控
QR	Qualification Review	质量评审
RA	Radar altimeter	雷达高度计
RAL	Rutherford Appleton Laboratory	卢瑟福阿普尔顿实验室
RAM	Random Access Memory, or Radio-frequency Anechoic Material	随机存储器，或射频吸波材料
RAMS	Reliability, Availability, Maintainability and Safety	可靠性、可用性、可维护性和安全性
RARR	Range and range rate	距离和距离变化率
RBI	Remote Bus Interfaces	远程总线接口
RCC	Reinforced carbon-carbon	增强的碳-碳
RCE	Reaction Control Equipment	反应控制设备
RF	Radio Frequency	射频
RFA	Request for approval	批准请求
RFC	Radio frequency compatibility	无线频率兼容
RFD	Request For Deviation	申请偏差
RFW	Request For Waiver	申请豁免
RIG	Rate-Integrating Gyroscope	速率积分陀螺
RKA	Russian Federal Space Agency	俄罗斯联邦航天局

RLG	Ring Laser Gyroscope	环形激光陀螺
RLV	Reusable Launch Vehicle	可重复利用运载火箭
RMS	Remote Manipulator System	遥控系统
ROM	Read-only Memory	只读存储器
Rpm	Revolutions per minute	转/分钟
RS	Reed-Solomon	RS
RTG	Radioisotope Thermoelectric Generator	放射性同位素热电机
RTU	Remote Terminal Unit	远程终端装置
RW	Reaction Wheel	反作用轮
SA	Single access	单址
SAD	Solar Array Drive	太阳能电池板驱动
SADM	Solar array drive mechanism	太阳能电池板驱动机构
SAO	Smithsonian Astrophysics Observatory	史密森天体物理天文台
SAR	Synthetic Aperture Radar	合成孔径雷达
SAS	Solar Array System	太阳能电池系统
SAW	Surface Acoustic Wave	声表面波
SBE	S-Band Exciter	S 波段激励器
SCC	Stress corrosion cracking	应力腐蚀开裂
SCF	Satellite Control Facility	卫星控制设备
SCIA-MACHY	Scanning Imaging Absorption Spectrometer for Atmospheric Cartography	大气制图用扫描成像吸收谱仪
SCPC	Single channel per carrier	单路单载波
SCPS	Space Communications Protocol Standards	卫星通信协议标准
SCPS-FP	SCPS File Protocol	卫星通信协议标准-文件协议
SCPS-NP	SCPS Network Protocol	卫星通信协议标准-网络协议
SCPS-SP	SCPS Security Protocol	卫星通信协议标准-安全协议
SCPS-TP	SCPS Transport Protocol	卫星通信协议标准-传输协议
SCRAM-JET	Supersonic Combustion RAMJET	超音速燃烧冲压发动机
SDR	System Design Review	系统设计评审
SDUS	Secondary Data User Station	二级数据用户站
SEE	Single event effect	单粒子效应
SEL	Single-event latch-up	单粒子锁定
SEU	Single event upset	单粒子翻转
SFT	System Functional Test	系统功能测试

SGL	Space-to-ground link	星地链路
SIRAL	SAR and Interferometric Radar Altimeter	合成孔径雷达和干涉雷达高度计
SL	Safe life	安全寿命
SLR	Satellite laser ranging	卫星激光测距
SM	Structure Model	机构模型
SMM	Solar Maximum Mission	太阳极大期任务卫星
SMOS	Soil Moisture and Ocean Salinity	土壤湿度和海洋盐度卫星
SNAP-19	System for Nuclear Auxiliary Power	核辅助电力系统-19
SNR	Signal-to-noise ratio	信噪比
SOHO	Solar and Heliospheric Observatory	太阳和日球层天文台
SOP	Spacecraft overhead pass	航天器过顶
SPA	Solar Power Array	太阳能电池阵
SPE	Solid Polymer Electrolyte	固态聚合物电解质
SPELDA	Structure Porteuse pour Lancement Double Ariane	阿丽亚娜运载火箭双层结构
SPG	Single-point grounding	单点接地
SP-L/PM	Split Phase-Level/Phase Modulation	分相相位调制
SPOT	Satellite Pour l'Observation de la Terre	地球观测卫星
SPS	Satellite Power System	卫星电源系统
S^3R	Sequential switching shunt regulation	连续分流切换
SRE	Spacecraft Ranging Equipment	航天器测距设备
SRP	Solar radiation pressure	太阳辐射压力
SRR	System Requirements Review	系统需求评审
SSA	S-band Steerable Antenna, also Space Situational Awareness	S 波段可控天线
SSB	Single side-band	单边带
SSLV	Standard Small Launch Vehicle	标准小运载火箭
SSM	Second Surface Mirror	二次表面镜
SSMA	Spread-spectrum multiple access	扩展频谱多路访问
SSME	Space Shuttle Main Engine	航天飞机主发动机
SSPA	Solid State Power Amplifier	固态功率放大器
SSTL	Surrey Satellites Technology Limited	萨里大学卫星技术有限公司
SSTO	Single Stage To Orbit	单级入轨
SSUS	Solid Spinning Upper Stage	固态自旋上面级
STDN	Spaceflight Tracking and Data Network	航天跟踪与数据网

STRV	Space Technology Research Vehicle	空间技术研究航天器
STS	Space Transportation System	空间运输系统
SVM	Service Module	服务舱
SVT	System Validation Test	系统验证测试
SW	Software	软件
SYLDA	Système de Lancement Double Ariane	阿丽亚娜运载火箭双层结构
TCP/IP	Transmission Control Protocol/Internet Protocol	传输控制协议/国际互联网协议
TC&R	Telemetry, Command and Ranging	遥测、遥控和测距
TCS	Thermal Control System	热控系统
TDM	Time-Division Multiplexed	时分复用
TDMA	Time-division multiple access	时分多址
TDPS	Tracking and Data Processing Station	跟踪和数据处理站
TDRS	Tracking and Data Relay Satellite	跟踪和数据中继卫星
TDRSS	Tracking and Data Relay Satellite System	跟踪和数据中继卫星系统
TIU	Time Interval Unit	时间间隔单元
TLE	Two Line Elements	两行轨道根数
TLM	Telemetry	遥测
TM	Thermal Model	热控模型
TML	Total Mass Loss	总质量损失
TMM	Thermal Mathematical Model	热数学模型
TM/TC	Telemetry/Telecommand	遥测/遥控
TPS	Thermal Protection Subsystem	热防护子系统
TRB	Test Review Board	测试评审委员会
TRL	Technology Readiness Level	技术成熟度等级
TRR	Test Readiness Review	测试准备就绪评审
TT&C	Tracking, Telemetry and Control	跟踪、遥测和控制
TTL	Transistor-transistor logic	晶体管逻辑
TWT	Travelling Wave Tube	行波管
TWTA	Travelling Wave Tube Amplifier	行波管放大器
UARS	Upper Atmosphere Research Spacecraft	高层大气研究航天器
UART	Universal Asynchronous Receiver and Transmitter	通用异步收发器
UHF	Ultra High Frequency	超高频
UOSAT	University of Surrey Satellite	萨里大学卫星
UQPSK	Unbalanced quadrature phase-shift keying	不平衡四相相移键控

USAF	United States Air Force	美国空军
USB	Upper side-band	上边带
USNO	US Naval Observatory	美国海军天文台
USSTRAT-COM	US Strategic Command	美国战略指挥部
UT	Universal Time	世界时
UTC	Universal Time Co-ordinated	协调世界时
VCDU	Virtual Channel Data Unit	虚拟信道数据单元
VCHP	Variable-Conductance Heat Pipe	可变热导热管
VCO	Voltage-Controlled Oscillator	压控振荡器
VCCO	Voltage-Controlled Crystal Oscillator	压控晶体振荡器
VHDL	Very High level Design description Language	高级设计描述语言
VHF	Very high frequency	甚高频
VLSI	Very large scale integrated	超大规模集成
WARC	World Administrative Radio Conference	世界无线电管理委员会
WBFM	Wide-Band Frequency Modulation	宽带频率调制
WRC	World Radio Conference	世界无线电管理大会
WSGT	White Sands Ground Terminal	白沙地面终端
WTR	Western Test Range	西部靶场
WWW	World Wide Web	互联网
XMM	X-ray Multi-mirror Mission	X射线多镜任务
XPD	Cross-Polar Discrimination	交叉极化鉴别
YSM	Yaw-steering mode	偏航控制模式

目　　录

下　　册

11.2 热　环　境

空间环境的一个重要特点是高真空度。通常,航天器发射后所进入轨道上的残余大气压力和阻力非常小(但通常不可忽略,国际空间站(ISS)就需要推进器定期补偿空气阻力),极低的阻力同时也意味着不存在任何较大的气动加热,十分有利于热控设计。对于在轨运行的航天器,气动加热以及航天器与环境间的对流换热可以忽略不计。

地球大气压力随高度的上升近似呈指数下降,在海拔 100 km 处,气压下降超过六个数量级[2]。绕地球运行的航天器的轨道通常高于海拔 300 km,相应残余大气压力低于 10^{-7} mb(毫巴,1 mb=100 Pa)。发射阶段需要采用合理的方案实现航天器从完全保护于发射装置内部到在空间自主运行的转换。当火箭确定时,头部整流罩越早分离,可以携带的有效载荷越多。然而,如果整流罩分离过早,动压和气动加热将会对航天器造成损害。一般而言,整流罩要在气动加热等于或小于入射太阳辐射加热时分离。分离高度与运载火箭和发射轨道的特征有关,大约为海拔 100 km。因此,航天器热设计师可以忽略此处的气动加热效应。在重新进入大气层或进行空气制动操作时(见第 5 章),需要给航天器提供专门的保护,确保不影响航天器的热设计。

宇宙空间中的航天器通过辐射方式与周围环境进行相互作用,其特征是以下列方式进行能量交换(图 11.1)。

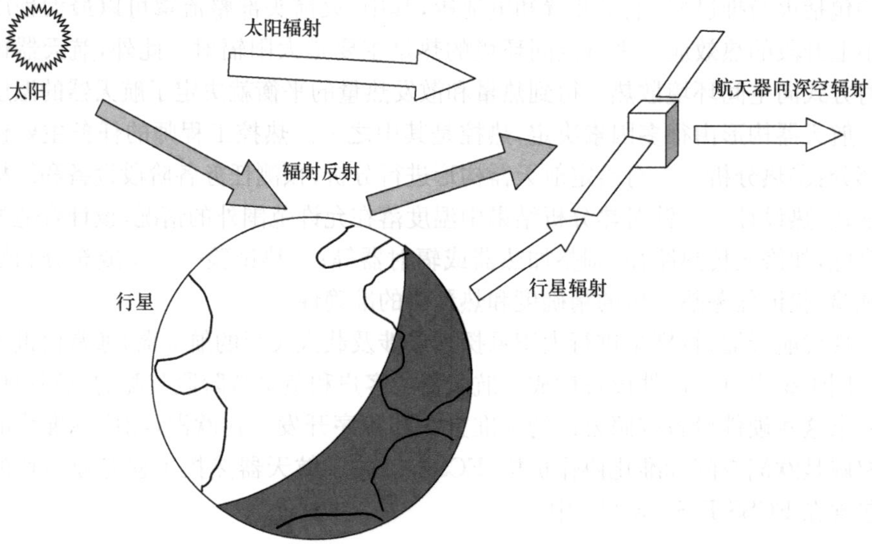

图 11.1　典型的航天器热环境

(1) 太阳直接辐射；

(2) 行星反射(附近行星反射的太阳辐射)；

(3) 行星辐射(附近行星辐射的热能)；

(4) 航天器向深空的辐射。

当上述前三种源头接收到的辐射能总和加上航天器内部发出的热耗散与航天器向深空的辐射能相等时，航天器将进入热平衡状态。正是这种平衡决定了航天器的物理温度。

11.2.1 太阳辐射

热设计工程师所关注的太阳辐射参数有光谱分布、强度和光线的平行度。整个太阳系中的光谱分布可以认为是恒定的，太阳辐射强度或光谱能量的分布类似于普朗克曲线，具有 5800 K 的有效温度(见第 2 章)。这意味着绝大部分太阳辐射能(99%)处于 150 nm～10 μm 波长范围内，最大辐射强度对应的峰值波长在 450 nm 附近(处于可见光谱的黄色区域)。

地球大气层外按日地平均距离(1 AU)计的太阳辐射强度称为太阳常数，其值约为(1371±5) W/m^2。离太阳不同距离 d 的太阳辐射强度 J_s 可由下式计算

$$J_s = \frac{P}{4\pi d^2} \tag{11.1}$$

式中，P 为太阳的总能量输出，3.856×10^{26} W。表 11.1 给出了太阳系中各星体距离太阳平均距离处的太阳辐射强度。

表 11.1 星体的太阳辐射强度和反照率[3,4]

星体	太阳辐射强度 J_s (1 AU 距离辐射强度的百分数)	反照率 α
水星	667	0.06～0.10
金星	191	0.60～0.76
地球	100	0.31～0.39
月亮	100	0.07
火星	43.1	0.15
木星	3.69	0.41～0.52
土星	1.10	0.42～0.76
天王星	0.27	0.45～0.66
海王星	0.11	0.35～0.62
冥王星	0.064	0.16～0.40

太阳光线在地球附近(距离太阳 1 AU)的发散角约为 0.5°。热设计中，一般

可以认为是平行光束。但是,对于在距离太阳很近位置上执行任务的航天器,则需要考虑发散角的影响。

太阳辐射被行星表面和/或大气反射部分的比例称为行星反照率,其数值与行星表面和大气的特性十分相关。以地球为例,云的反照率高达 0.8,而水和森林等表面的反照率则低至 0.05[3,4]。令热控工程师欣慰的是,相对于大多数航天器的热惯性,反照率变化十分快,热设计中可以采用轨道平均反照率。就地球而言,平均反照率一般取为 0.31～0.39。表 11.1 给出了太阳系中各星体的反照率。值得指出的是,对于距离太阳较远的行星,反照率的测量十分困难,表中所给出的数据应谨慎使用。虽然反照辐射的光谱分布与太阳不一致(行星表面各种各样的颜色就能证明这一点),但从热控工程的角度来看,差异不大,可以忽略。

入射到航天器上的反照辐射强度 J_a 是一个与行星的大小和反射特性、航天器的高度以及当地垂线与太阳光线之间的夹角 β 有关的复杂函数,具体可由可见角系数 F 表达

$$J_a = J_s a F \tag{11.2}$$

计算反照辐射的输入时,可以把地球看成一个漫反射球体,相应可见角系数的变化情况近似如图 11.2 所示。

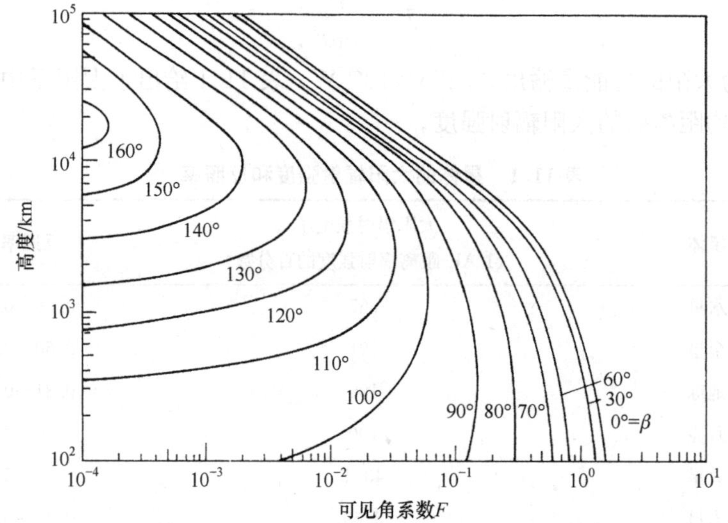

图 11.2　航天器反照辐射,β 是当地垂线与太阳光线之间的夹角

值得注意的是,上面所述为近似处理。对于复杂的航天器,尤其是低轨道中的复杂航天器,每个外部表面元素的反照输入可能就要根据轨道的位置予以精确计算。此类复杂运算可以使用特殊软件工具进行处理。

11.2.2 行星辐射

太阳系的行星温度都不是零值，都能辐射热量。由于温度相对较低，地球以红外波长辐射所有的热量，波长范围在 2～50 μm，峰值波长约为 10 μm。因此，地球辐射通常又称为热辐射。地球热辐射的光谱分布如图 11.3 所示[3]。大气基本上是不透明的，在 8～13 μm 光谱范围内有透明窗口。因此，航天器上看到的辐射由上层大气的辐射（该辐射具有 218 K 有效黑体温度）和穿过红外窗口的地球表面辐射组合而成。由于地球的温度随时间和地理位置而异，所以在轨航天器所受到的热辐射强度也会随时间和其在轨道上所处的位置而变化。事实上，由于地球相对于昼夜交替及季节变化的热惯性和航天器相对于轨道周期的热惯性均较大，使用平均地球辐照只会产生极小的误差。实际应用中，热控工程师可以假设地球在整个截面区域均具有强度为 237 W/m^{2}的热辐射。

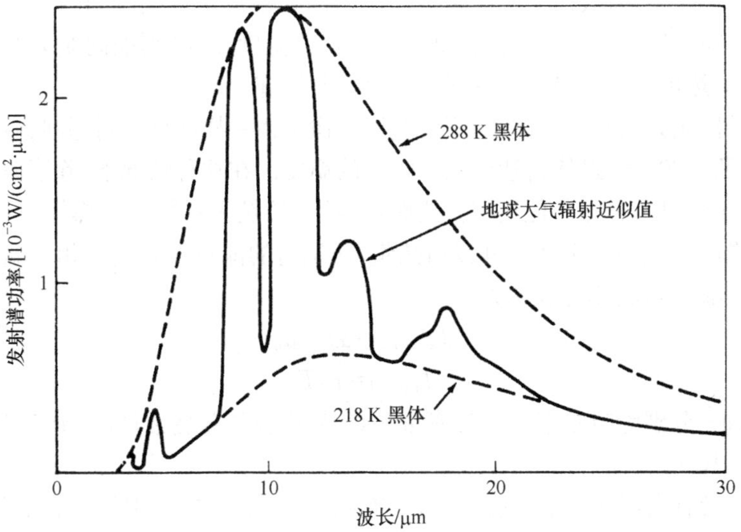

图 11.3 地球热辐射强度分布

288 K 的黑体曲线近似于地球表面辐射，218 K 的黑体曲线近似于光谱区域中不透明大气产生的辐射

由于辐射强度随轨道高度的升高按平方反比的规律下降，可以根据下式计算得出指定轨道高度上的地球辐射强度 J_p的近似值（单位为 W/m^2）

$$J_p = 237\left(\frac{R_{rad}}{R_{orbit}}\right)^2$$

式中，R_{rad}是地球有效辐射表面的半径，R_{orbit}是轨道半径。R_{rad}的精确数值很难确定，实际应用中，可以假定与地表半径 R_E相等。对于其他行星，则需要根据具体情

况予以验证。例如,在水星上,一个恒星日与一个水星年的数量级相同,分别为 59 和 88 个地球天,晨昏线移动十分缓慢,水星处于阳光照射下的部分与处于阴影中的部分保持着上百摄氏度的温差。水星轨道的偏心率也非常大,近日点和远日点的太阳常数相差 2 倍以上,季节变化很大。

11.2.3 航天器热辐射

航天器自身具有一定的温度,也能向宇宙空间辐射热量。由于航天器温度与地球温度相近(热工程师正确地完成热控设计的情况下),航天器也将以红外波长热辐射的方式向空间辐射所有的热量。

11.3 热平衡

如前文所述,航天器温度取决于其从内部和外部热源接收到的热量与其自身辐射到空间的热量之间的平衡。要控制航天器温度,就必须控制航天器吸收的热量、辐射的热量或(通常)对二者同时采取控制措施。

如果把航天器看成黑体,即假设航天器像黑体一样向外辐射,并吸收所有外来的辐射,那么航天器最终将达到某一特定的温度。在这种情况下,除了改变内部热耗散外,无法对其进行其他热控。然而,实际中的航天器并不是黑体,只能吸收部分入射能量 α,而且像灰体一样发射热量,所辐射的能量仅相当于相同温度下黑体辐射的一部分 ε,具体可表达为

$$J_{\text{absorbed}}=\alpha J_{\text{incident}} \tag{11.3}$$

$$J_{\text{radiated}}=\varepsilon\sigma T^4 \tag{11.4}$$

式中,α 和 ε 分别为吸收率和发射率,σ 是斯特藩-玻尔兹曼常量,等于 5.67×10^{-8} $W/(m^2\cdot K^4)$。

对于没有内部热耗散的航天器,有效吸收面积(面向太阳的投影面积)为 A_α,发射面积为 A_ε,达到热平衡的条件为

$$A_\alpha J_{\text{absorbed}}=A_\varepsilon J_{\text{radiated}} \tag{11.5}$$

将式(11.3)和式(11.4)代入上式可得

$$A_\alpha \alpha J_{\text{incident}}=A_\varepsilon \varepsilon\sigma T^4$$

进而可以导出热平衡温度 T 的计算式,

$$T^4=\frac{A_\alpha}{A_\varepsilon}\frac{J_{\text{incident}}}{\sigma}\left(\frac{\alpha}{\varepsilon}\right) \tag{11.6}$$

由于 A_α、A_ε 和 σ 都是常数,所以当 J_{incident} 给定时,可以通过改变 α/ε 的值实现对热平衡温度 T 的控制。

然而,实际情况没这么简单,α 和 ε 并非独立变量。在任何给定波长范围内,

热力学定律要求 $\alpha=\varepsilon$(基尔霍夫定律)。因此,所有表面在给定波长上的吸收率等于其在该波长上的发射率。

有利于热控设计的是,吸收率和发射率通常随波长的变化而变化。航天器的辐射环境基本上由可见光波长或红外波长的辐射构成。正是这种特征使得航天器热控成为可能。对于航天器热控设计而言:

α 指太阳辐射(峰值波长为 0.45 μm)照射下的表面的吸收率,通常称为"太阳吸收率"。

ε 指红外辐射(峰值波长为 10 μm)表面的发射率,通常称为"红外发射率"。

需要注意的是,根据基尔霍夫定律,航天器对行星辐射的吸收率等于其红外发射率 ε。

让我们以近地球轨道(LEO)的一个简单航天器为例。为了方便起见,采用不受阴影干扰的极地轨道(即晨昏轨道,见第 5 章),并假设航天器具有很大的热惯性,是一个等温体,由此可得:

太阳直接辐射的热量$=J_s\alpha A_{solar}$

地球反照辐射的热量$=J_a\alpha A_{albedo}$

地球红外辐射的热量$=J_p\varepsilon A_{planetary}$

航天器向宇宙空间辐射的热量$=\sigma T^4\varepsilon A_{surface}$

内部热耗散$=Q$

式中,A_{solar}、A_{albedo}和 $A_{planetary}$分别为接收太阳辐射、地球反照和地球红外辐射所对应的投影面积;$A_{surface}$为航天器的总表面积。如果假设 J_s、J_a、J_p和 Q 都保持恒定,则可根据下式得到航天器的热平衡温度 T

$$(A_{solar}J_s+A_{albedo}J_a)\alpha+A_{planetary}J_p\varepsilon+Q=A_{surface}\sigma T^4\varepsilon$$

整理后可得

$$T^4=\frac{A_{planetary}J_p}{A_{surface}\sigma}+\frac{Q}{A_{surface}\sigma\varepsilon}+\frac{(A_{solar}J_s+A_{albedo}J_a)}{A_{surface}\sigma}\left(\frac{\alpha}{\varepsilon}\right) \tag{11.7}$$

上式再次表明航天器的温度与 α/ε 有关,对于 Q 很小的航天器更是如此。为简便起见,以一个球形航天器为例,半径为 r,可得下列关系式

$A_{surface}=4\pi r^2$, $A_{solar}=A_{albedo}=A_{planetary}=\pi r^2$, $Q=0$

$J_a=0.33FJ_s$(地球反照率 $a=0.33$)

$J_p=220\ \mathrm{W/m^2}$(轨道高度约为 240 km)

基于此,式(11.7)可化简为

$$T^4=9.70\times10^8+4.41\times10^6(1+0.33F)J_s\left(\frac{\alpha}{\varepsilon}\right)$$

取 $J_s=1371\ \mathrm{W/m^2}$,$F=0.15$(图 11.2),黑漆表面的 α/ε 为 1,则可得航天器的热平衡温度约为 293 K 或 20 ℃。

如果翻转轨道平面至航天器通过地球阴影,那么航天器从太阳吸收到的热量(包括直接辐射和反照辐射)将会减少。假设热惯性足够大,则可以得到新的热平衡温度。当地-日矢量处于轨道平面内时,太阳光照时间达到最小。对于轨道高度为 240 km 的低地球轨道航天器,相应最小光照时间约为其轨道周期的 59%。在这些条件下,根据图 11.2 可以估算出轨道光照部分的平均反照可见角系数 F,约为 0.7。值得注意的是,阴影期间的反照辐射为 0。根据下式即可得到新的热平衡温度

$$T^4 = 9.70\times10^8 + 5.43\times10^6 J_s\left(\frac{\alpha}{\varepsilon}\right)f$$

式中,f 等于处于太阳光照下的轨道比例,即 0.59。可以看出,涂了黑漆的航天器的温度降低至−2 ℃左右。表 11.2 给出了相同条件下白漆表面(低 α/ε)和镀金表面(高 α/ε)的结果。显然,通过采用具有不同吸收发射比 α/ε 的表面,可以在很大范围内控制航天器的温度。表 11.3 列出了一些常用的航天器表面抛光材料的吸收率 α 和发射率 ε[5,6]。可以看出,α 和 ε 的值(特别是金属表面)十分依赖于材料类型和表面处理方式。

表 11.2 低地球轨道上一颗简单航天器在不同条件下的热平衡温度

	白漆	黑漆	镀金
表面处理	$\alpha=0.15$	$\alpha=0.9$	$\alpha=0.25$
	$\varepsilon=0.9$	$\varepsilon=0.9$	$\varepsilon=0.04$
无阴影	−61 ℃	+20 ℃	+176 ℃
最大阴影	−70 ℃	−2 ℃	+138 ℃

表 11.3 几种材料和抛光表面的热辐射性质

表面	吸收率(α)	发射率(ε)	α/ε
抛光铍	0.44	0.01	44.00
镀金聚酰亚胺薄膜(金镀在外部)	0.25	0.02	12.5
金	0.25	0.04	6.25
铝带	0.21	0.04	5.25
抛光铝	0.24	0.08	3.00
镀铝聚酰亚胺薄膜(铝镀在外部)	0.14	0.05	2.80
抛光钛	0.60	0.60	1.00
黑漆(环氧树脂类)	0.95	0.85	1.12
黑漆(聚亚氨酯类)	0.95	0.90	1.06
导电黑漆	0.95	0.80～0.85	1.12～1.19
银粉漆(导电)	0.37	0.44	0.84

续表

表面	吸收率(α)	发射率(ε)	α/ε
白漆(硅酮类)	0.26	0.83	0.31
白漆(硅酮类)—1000 小时紫外照射后	0.29	0.83	0.35
白漆(硅酸盐类)	0.12	0.90	0.13
白漆(硅酸盐类)—1000 小时紫外照射后	0.14	0.90	0.16
太阳能电池,砷化镓(典型值)	0.88	0.80	1.10
太阳能电池,硅(典型值)	0.75	0.82	0.91
聚酰亚胺镀铝薄膜(聚酰亚胺薄膜在外部)	0.40	0.63	0.63
F46 镀铝(FEP)	0.16	0.47	0.34
F46(FEP)镀银(SSM)	0.08	0.78	0.10
OSR	0.07	0.74	0.09

注:SSM 为二次表面镜,OSR 为光学太阳反射镜

当然,实际的航天器要比上述讨论的情况复杂得多,不是等温体,而且还通常含有热惯性较小的部件(如太阳电池阵)。在轨运行中,尤其是当进入或离开阴影时,低热惯性部件会有很大的温度变化。航天器整体的热平衡取决于其外部表面特征和辐射环境,其内部热平衡则决定了设备的温度,对热控工程师来说至关重要。内部热平衡的计算比较复杂,涉及所有航天器部件之间的辐射和传导换热,将在下一节中对其进行详细讨论。

11.4 热 分 析

11.4.1 热数学模型(TMM)

航天器的结构通常都很复杂,其内部的温度随位置和时间的不同不断变化。实际上,要精确地计算这些温度场是不可能的。若要进一步开展分析研究,首先必须简化问题。我们可以按照数学处理建立一个航天器近似表示法来实现这个目的。这种表示法就称为热数学模型(TMM)。

为了构建 TMM,假设航天器由许多不连续体构成。这些不连续体内的温度梯度可以忽略。把这些不连续体称为等温节点,每个节点都可用温度、热容量、热耗(如果有的话)及与周围节点的辐射和导热边界来表征。那些能够直接“观测”空间的节点还有与外部环境之间的辐射边界。

11.4.2 传导热交换

传导热流强度 Q_c 由下式给出

$$Q_c=\frac{\lambda A}{l}\Delta T \tag{11.8}$$

式中,λ 是导热系数,A 是横截面积,l 是热传导路径长度,ΔT 是温差。$\lambda A/l$ 称为传热系数(用 h_c表示),因此温差可以表达为

$$\Delta T=Q_c\frac{1}{h_c} \tag{11.9}$$

在多数工程应用中,A 和 λ 沿传热路径长度变化可能很大。如果把热传导路径看成由一系列的离散热传导路径连接而成,则温差可表达为

$$\Delta T=Q_c\left(\frac{1}{h_1}+\frac{1}{h_2}+\frac{1}{h_3}+\cdots\right)=Q_c\frac{1}{h_c}$$

因此,该传热路径的有效传热系数 h_c可由下式得出

$$\frac{1}{h_c}=\frac{1}{h_1}+\frac{1}{h_2}+\frac{1}{h_3}+\cdots \tag{11.10}$$

对于由 n 个等温节点构成的航天器模型,从第 i 个节点到第 j 个节点传导的热量可由下式给出

$$Q_{cij}=h_{ij}(T_i-T_j) \tag{11.11}$$

式中,h_{ij}是节点 i 和 j 之间的有效传热系数;T_i和 T_j则分别是第 i 个节点和第 j 个节点的温度。

11.4.3 辐射热交换

两个表面之间的辐射热交换由三个重要参数决定:表面温度、辐射角系数和表面特性。对于漫反射表面,从离开表面 i 而被表面 j 吸收的辐射量可以用下述公式形式表达

$$Q_{cij}=A_iF_{ij}\varepsilon_{ij}\sigma(T_i^4-T_j^4) \tag{11.12}$$

式中,A_i是表面 i 的面积,F_{ij}是表面 i 对表面 j 的角系数,参数 ε_{ij} 则是有效发射率。需要注意的是,在上述表达中,假设角系数 F_{ij} 在表面 i 上保持恒定。

1. 角系数

把角系数 F_{ij} 定义为从一个表面发出的辐射量被另一个表面截获的比例。它遵循的规律是,从航天器内部的任意节点 i 到周围设备的角系数总和必定为 1。

$$\sum_{j=1}^{k}F_{ij}=1 \tag{11.13}$$

式中,k 是周围表面的数量。

考虑图 11.4 中给出的两个表面 A_1 和 A_2,假设它们都是漫反射表面。从 A_1 向 A_2 方向发出的辐射(A_1 的单位立体角和单位面积)可由下式给出

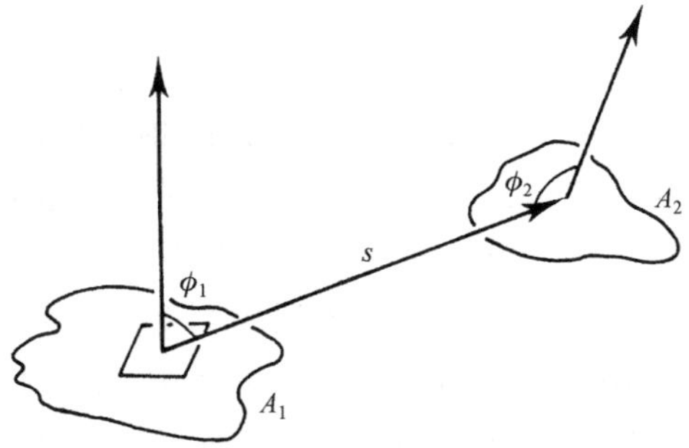

图 11.4 表面 A_1 和 A_2 之间的角系数几何关系

$$I_1 = I_0 \cos\phi_1 \tag{11.14}$$

式中，I_0是与 A_1垂直的辐射强度。

对于微元表面 δA_1 和 δA_2，离开 δA_1 投射到 δA_2 的总辐射可由下式给出

$$\delta Q_{r_{12}} = I_0 \delta A_1 \cos\phi_1 \frac{\delta A_2 \cos\phi_2}{s^2}$$

因此，从 A_1 到达 A_2 的总辐射可通过下式计算得出

$$Q_{r_{12}} = I_0 \int_{A_1}\int_{A_2} \frac{\cos\phi_1 \cos\phi_2}{s^2} \mathrm{d}A_1 \mathrm{d}A_2$$

根据式(11.14)，很容易看出，从 A_1 发出的总辐射可由下式给出

$$Q_{r_{\mathrm{tot}}} = A_1 I_0 \int_0^{\pi/2} 2\pi \sin\phi \cos\phi \mathrm{d}\phi = A_1 \pi I_0$$

角系数 F_{12} 则为

$$F_{12} = \frac{Q_{r_{12}}}{Q_{r_{\mathrm{tot}}}} = \frac{1}{A_1} \int_{A_1}\int_{A_2} \frac{\cos\phi_1 \cos\phi_2}{\pi s^2} \mathrm{d}A_1 \mathrm{d}A_2 \tag{11.15}$$

式(11.15) 通常可改写为以下形式

$$A_i F_{ij} = \int_{A_i}\int_{A_j} \frac{\cos\phi_i \cos\phi_j}{\pi s^2} \mathrm{d}A_i \mathrm{d}A_j \tag{11.16}$$

分析上述表达式的对称性，可推导出一种重要的互换性关系

$$A_i F_{ij} = A_j F_{ji} \tag{11.17}$$

角系数的计算非常烦琐，参考文献[6]给出了多例标准构型的角系数，可以简化角系数的计算过程。对于简单的航天器设计，可通过实验测得角系数，如相似模型的投影观测[8]或采用角系数测量仪等设备[9]。虽然这些技术在热控设计师的处理工具库中还占有一席之地，但在很大程度上，它们已经被一些如 ESARAD[10,11]等能够处理大型、复杂航天器构型的精密软件工具所替代。

2. 有效发射率

两个表面之间的有效发射率与表面光学特性、相互间的反射以及通过其他附近表面的反射有着复杂的关系。其详细的处理过程已经超出本书的研究范围,更多内容可见参考文献[7]。在简单的情况下,所有表面都是绝对黑体(即不仅是表面 i 和 j,而是所有表面都是 $\varepsilon=1$),有效发射率则变为一个无关紧要的结果 $\varepsilon_{ij}=1$。如果反射表面或发射率数值小于 1 会使 ε_{ij} 的表达式变得更加复杂。对于相对简单的两个平行的漫反射表面,相互间的距离相对于表面面积要小得多,则有效发射率可以表示为

$$\varepsilon_{ij}=\frac{\varepsilon_i\varepsilon_j}{\varepsilon_i+\varepsilon_j-\varepsilon_i\varepsilon_j} \tag{11.18}$$

如果涉及的表面都是漫反射表面且这些表面都具有较高的 ε 值,那么即使这是一种在实际中极少碰到的特殊情况,其应用带来的误差也很小。这一表达式通常用来计算实际有效发射率数值,也可对经过涂漆的航天器内表面($\varepsilon_i=\varepsilon_j\approx 0.9\rightarrow\varepsilon_{ij}\approx 0.82$)进行常规计算。使用反射或低发射率的表面需要进行复杂的分析,而每次航天器内部布局发生变化时都需要重复进行这样的分析,所以应尽可能避免这种情况。

11.4.4 节点温度的计算

下面考虑含有 n 个节点的 TMM 的第 i 个节点在特定时间的热平衡。节点 i 每单位时间吸收的净热量可通过下式计算得出

$$Q_{\text{external},i}+Q_i-\sigma\varepsilon_i A_{\text{space},i}T_i^4-\sum_{j=1}^{n}h_{ij}(T_i-T_j)-\sigma\sum_{j=1}^{n}A_iF_{ij}\varepsilon_{ij}(T_i^4-T_j^4)$$

式中

$$Q_{\text{external},i}=J_{\text{s}}\,\alpha_iA_{\text{solar},i}+J_{\text{a}}\,\alpha_iA_{\text{albedo},i}+J_{\text{p}}\,\varepsilon_iA_{\text{planetary},i}$$

$Q_{\text{external},i}$是外部热量输入,$A_{\text{solar},i}$、$A_{\text{albedo},i}$和$A_{\text{planetary},i}$分别是接收直接太阳辐射、反照辐射和行星辐射的有效面积,$A_{\text{space},i}$则指具有无障碍空间视场的有效面积,Q_i是内部热耗。如果节点的质量和比热分别是 m_i 和 C_i,则节点 i 的热平衡表达式可表示为

$$m_ic_i\frac{\mathrm{d}T_i}{\mathrm{d}t}=Q_{\text{external},i}+Q_i-\sigma\varepsilon_iA_{\text{space},i}T_i^4-\sum_{j=1}^{n}h_{ij}(T_i-T_j)-\sigma\sum_{j=1}^{n}A_iF_{ij}\varepsilon_{ij}(T_i^4-T_j^4) \tag{11.19}$$

因此,整个航天器的传热可通过上述的 n 个非线性微分方程联立来描述(i 从 1 变化到 n)。应该注意的是,在大多数实际情况下,$Q_{\text{external},i}$和 Q_i 也随着时间变化。

一般来讲，上述这套方程组不适用于解析解法，必须使用数值计算法才可行。常用方法是首先按照如下方式对这些方程进行线性化处理。

如果 $T_{i,0}$ 是第 i 个节点在任意时刻 t_0 时的温度，则经很短的时间 δt 后，该节点的温度表示为

$$T_i = T_{i,0} + \delta T_{i,0}$$

式中，$\delta T_{i,0} = \dfrac{\mathrm{d}T_{i,0}}{\mathrm{d}t}\delta t$。

根据上述第一个公式，且假设 $\delta T_{i,0}$ 相对于 $T_{i,0}$ 非常小，则可得到

$$T_i^4 = (T_{i,0} + \delta T_{i,0})^4 \approx T_{i,0}^4 + 4T_{i,0}^3 \delta T_{i,0}$$

进而得到

$$T_i^4 \approx T_i(4T_{i,0}^3) - 3T_{i,0}^4 \tag{11.20}$$

(1) 稳态计算。

在稳态计算的特殊情况下，$Q_{\mathrm{external},i}$ 和 Q_i 是常数且 $\mathrm{d}T/\mathrm{d}t$ 等于零，应用方程(11.20)，能够将方程(11.19)以线性化的形式表示为

$$T_i\left[\sum_{j=1}^{n} h_{ij} + 4\sigma T_{i,0}^3 \left(A_{\mathrm{space},i}\varepsilon_i + \sum_{j=1}^{n} A_i F_{ij}\varepsilon_{ij}\right)\right] - \sum_{j=1}^{n} T_j\left[h_{ij} + 4\sigma T_{j,0}^3 A_i F_{ij}\varepsilon_{ij}\right]$$
$$= Q_{\mathrm{external},i} + Q_i + 3\sigma T_{i,0}^4 A_{\mathrm{space},i}\varepsilon_i + 3\sigma(T_{i,0}^4 - T_{j,0}^4)\sum_{j=1}^{n} A_i F_{ij}\varepsilon_{ij} \tag{11.21}$$

这是一套含有 n 个未知量 T_i 的线性方程组($i = 1 \sim n$)，可通过标准矩阵求逆的方法进行求解。尔后，计算得到的温度值可替代初始的 $T_{i,0}$ 数值，再重复进行该计算直至新算得的温度与先前计算温度之间的差异足够小，达到我们所假设的稳态条件，即 $\mathrm{d}T/\mathrm{d}t$ 为零。应当注意的是，虽然 $\delta T_{i,0}$ 应当足够小的这个标准最初可能无法满足，但通过不断的迭代运算，最后将达到这个标准，因此，最终计算得到的温度是正确的。

(2) 瞬态计算。

可以采用类似的方法进行非稳态条件下的传热分析。但是，式(11.19)左侧的表达式必须要替换为下述表达式

$$m_i C_i \frac{(T_i - T_{i,0})}{\delta t}$$

同时，温度和热输入也可由其经过时间间隔 δt 的平均数值替代，这些数值可分别根据 $(T_{i,0}+T_i)/2$，$(T_{j,0}+T_j)/2$，$(Q_{\mathrm{external},i,0}+Q_{\mathrm{external},i})/2$ 和 $(Q_{i,0}+Q_i)/2$ 计算得出。

用新算得的数值 T_i 替代数值 $T_{i,0}$ 并不断重复进行计算可以给出连续的时间间隔 δt 的温度历史记录。应当注意的是，为得到精确的结果，$\delta T_{i,0}$ 必须很小，因为在

给定时刻的温度是单次运算的结果而不是在稳态条件下的多次迭代计算的结果。实际上,这意味着 δt 不应该太大,且初始温度数值 $T_{i,0}$ 应该尽可能地接近实际值。在后一种情况下,应用轨道平均热流进行稳态计算,得到的温度分布通常可作为瞬态计算的初始温度分布。

为了执行上述计算,人们在这些年开发了许多软件代码。在欧洲最常用的就是 ESA 开发的 ESATAN 软件包[12,13]。对于小型 TMM,也可以使用一种基于电子数据表的程序——THERMXL[14]。

11.5 热 设 计

11.5.1 要求和约束

首要任务就是分析研究航天器的方案并收集星载设备的热参数。单机设计师不仅应当提供其设备安全运行的上、下限温度,还应当给出运行功耗或功耗范围。为了对节点的热容量、导热路径和角系数进行计算,需要详细的制图并给出材料的属性列表。我们还应当定义轨道及其他运行约束条件。例如,为了着重观测地面特征(阴影效应),地球观测航天器可能需要运行在一个其轨道平面与太阳矢量成固定角度的近极地轨道。此外,对航天器的姿态也可能有限制要求。例如,地球观测航天器必须翻转以使仪器设备一直面向地球;太阳探测器也要定向以使其仪器设备面向太阳;天文探测器必须确保其望远镜不会离太阳矢量太近。

再次以球形航天器为例。为简便起见,假设该航天器的任务是,通过探测一个周期内(数周)轨道衰减的情况来推断上层大气的密度。我们所选择的例子能够简单地展示实际热设计方法。总体人员要求航天器外部几何形状为一个洁净的球形表面,尽可能具有化学惰性,以使发生化学反应的可能性降到最低(航天器在飞行过程中要穿过一个由几乎100%的原子氧构成的剩余大气层,见第2章)。理想的模型是一个直径为 1 m 的镀金球体。发射场和运载火箭的限制条件都要求航天器为自旋稳定且运行于极地轨道,但轨道和太阳矢量之间的夹角为未知。自旋轴和太阳矢量之间的夹角同样为未知且不可控。航天器系统工程师们决定用一个蓄电池供电的无线电信标来跟踪航天器。该信标将位于球形航天器的中心位置,能耗是 5 W。如图 11.5 所示,信标通过一个横穿航天器"赤道"的环形板条安装固定并由两根沿自旋轴的管支撑。赤道板条两侧的两个半球可用做信标的天线。电池供应商确认,在航天器较短的运行寿命中,电池能够承受 −15～+60 ℃的温度。热分析过程涉及一些简化和近似处理,特别是在 TMM 建模的过程中。因此,我们的热设计应当留有合理的设计余量,在电池热设计时使其温度保持在 −5～50 ℃的范围内。

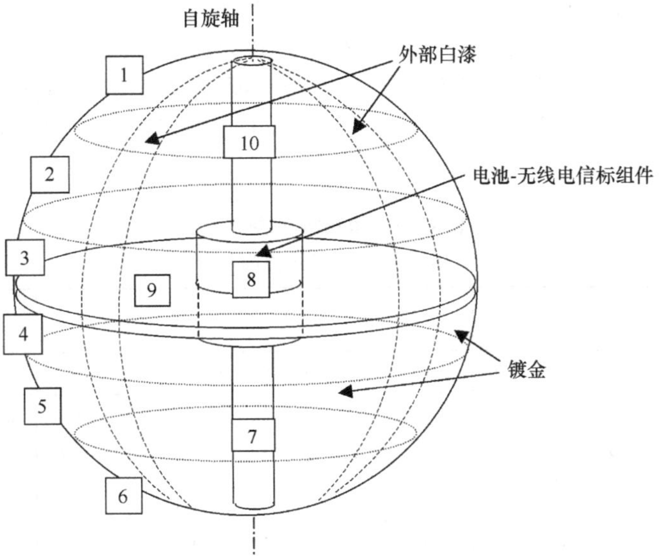

图 11.5 航天器布局和节点分解图

11.5.2 极端工况的确定

热控设计师的任务通常不是使设备达到某个指定温度，而是确保设备处于一定的可接受的温度范围。要做到这一点，应该明确极端工况。这一般都是在最大和最少光照周期时的轨道，结合考虑某些极端航天器姿态和工作模式。大多数情况下，极端工况可通过分析和经验来确定。而对于大气密度探测航天器，我们的热设计不仅要适应全太阳光照（高温工况）轨道和 59%太阳光照（低温工况）轨道，而且还应当适应相对于太阳矢量的任何航天器姿态。

由表 11.2 可见，我们必须接受关于球体外表面处理的某种折中方案。不计内部热耗时，镀金球体的平均温度将处于 138～176 ℃。很明显，球体的部分外表面需要应用低 α/ε 的表面涂层，如白漆。但是，这个表面部分的面积应该达到使电池-无线电信标设备温度低于 50 ℃的最小面积。把表面分成几块不同喷漆的区域（图 11.5），这种方案相对比较容易应用且能够给出必要的表面均衡度。

11.5.3 TMM

图 11.5 给出了空气密度探测航天器的简明节点分解图。它主要包括一个表面镀金的铝质球体，一块横跨球体“赤道”的蜂窝板条，以支撑球体中心位置的蓄电池-无线电信标设备，沿航天器自旋轴方向的两根铝管可提供进一步的支撑。由于航天器为自旋稳定且唯一的内部热源就在航天器中心位置，可以假设温度仅随

航天器“纬度”的变化而变化。因此,每个半球都可以把多个与航天器“赤道”平行的平面划分为等温节点(区域),建立热模型。在我们这个例子中,每个半球都划分成三个这样的节点,如图 11.5 所示。各种传导项、角系数和节点热容量现在都可以按照先前给出的公式进行计算。表 11.4 给出了角系数与面积乘积项和传导项的结果。

表 11.4　角系数和热传导项

角系数与面积乘积项/m^2

i \ j	1	2	3	4	5	6	7	8	9	10
1		0.068	0.079	0	0	0	0	0.013	0.215	0.058
2	1.03		0.089	0	0	0	0	0.018	0.241	0.031
3	0	2.10		0	0	0	0	0.016	0.246	0.018
4	0	0	2.54		0.089	0.079	0.018	0.016	0.246	0
5	0	0	0	2.10		0.068	0.031	0.018	0.241	0
6	0	0	0	0	1.03		0.058	0.013	0.215	0
7	0	0	0	0	0	0.18		0.0027	0.031	0
8	0	0	0	0	0	0	0.16		0.054	0.0027
9	0	0	1.41	1.41	0	0	0	0.94		0.031
10	0.18	0	0	0	0	0	0	0.16	0	

传导项/(W/K)

11.5.4　结果和讨论

为了便于分析,入射热流密度与 11.3 节所举的例子使用的热流密度相同,即

$$J_s = 1371\ \mathrm{W/m^2},\quad J_p = 220\ \mathrm{W/m^2}$$

$$J_a = 67.9\ \mathrm{W/m^2}[\sim 0.33(0.15)J_s]$$

以上数据适用于100%光照条件下的轨道,而对于只有部分光照的“低温”轨道,其数值为 316.7 $\mathrm{W/m^2}$[$\sim 0.33(0.7)J_s$]。

假设航天器内表面喷涂了无光泽的白漆,$\varepsilon = 0.9$,$\varepsilon_{ij} = 0.82$。航天器外表面的喷漆包括几个(数量多少并不重要)区域,每个区域可由一些包含自旋轴的平面来定义。这意味着每个节点的喷漆面积百分比相同。在这个例子中,采用 $\alpha/\varepsilon = 0.16$ 的硅酸盐基白漆。

图 11.6、图 11.7 和表 11.5 给出了航天器外表面 15%的面积喷涂白漆的情况下的一些结果(使用 ThermXL 软件[14]获得),节点 1 至 6 的外表面的有效 α/ε 为 1.38。

我们可以看到蓄电池-无线电信标设备的最高预测温度(表 11.5)完全处于最高上限 50 ℃之内。如果需要,该设计还可以按要求进行修改(例如,修改外部喷

漆),并重新进行计算分析直到得到预期的最大预测温度。

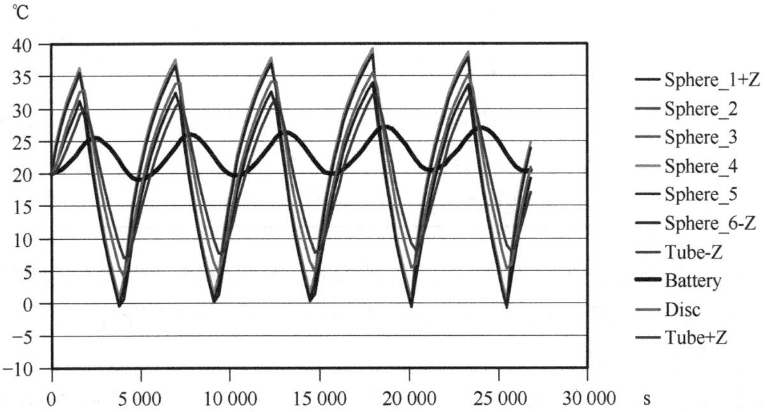

图 11.6 温度变化,侧面正对太阳,最大阴影情况

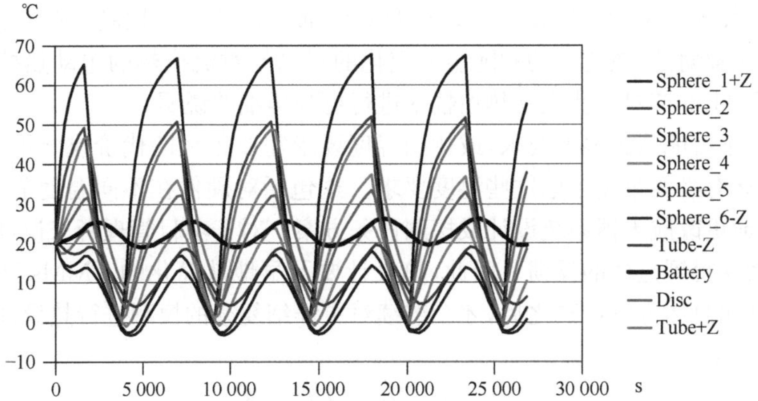

图 11.7 温度变化,顶面正对太阳,最大阴影情况

表 11.5 100%全光照轨道条件下计算得到的温度

节点序号	位置	温度/℃	
		顶面正对太阳	侧面正对太阳
1	外表面	40.6	72.3
2	外表面	44.6	57.2
3	外表面	45.8	43.8
4	外表面	45.8	32.1
5	外表面	44.6	25.3
6	外表面	40.6	22.1

续表

节点序号	位置	温度/℃	
		顶面正对太阳	侧面正对太阳
7	支撑管	43.3	30.7
8	**蓄电池-无线电信标**	**46.7**	**45.5**
9	支撑平台	44.6	42.3
10	支撑管	43.3	59.2

对于低温工况(图 11.6 和图 11.7),蓄电池-无线电信标设备的温度能够保持在−5 ℃的最低温度限之上。因此,可以得出结论:我们的热设计可以满足该航天器及航天器任务的温度要求。

航天器更复杂的构型、更复杂的探测任务以及经历更多变的环境,这些都要求更复杂的热设计。依靠热传导、热辐射和隔热系统的热控都是被动热控,被动热控也是大多数航天器热设计的起点。然而,在被动热控不能满足要求时,就需要采用主动热控技术。主动热控技术主要涉及对内部热耗的主动控制,例如,使用加热器,以及热辐射的、热传导的和随温度变化的强制性对流换热的主动热控制方法。我们将在 11.6 节对这些主动热控技术进行更为详细的说明。

如果不可能达到温度要求,或达到温度要求需要很大的代价或要承担很大的风险,那么有必要重新考虑这些温度要求。这包括对硬件在不同温度范围进行重新考核,或更改航天器系统设计或探测任务方案。对于项目管理者来说,期望较早而不是较晚得到这样的反馈。因此,热设计要及早地从简化的 TMMs 开始进行,只有在证明总体方案成熟之后,才会继续对更详细复杂的模型进行热设计。

11.6 热 技 术

11.6.1 被动热控

对于工程师来说,可供选择的被动热控技术主要包括表面性质的选择、热传导路径和热容量的控制,以及使用隔热系统。

1.表面涂层

虽然涂层的 α/ε 值有很宽的选择范围(表 11.3),但实际上表面涂层的选择通常受其退化特性的制约。

污染会使低 α 表面(白漆、抛光金属表面或电镀金属表面)的 α 值升高,应尽量避免。漆类通常含有对可见光透明的黏合剂,以及具有颜色的填充剂。黏合剂在红外波段不透明,所以多数的漆都具有很高的 ε 值。可是很多黏合剂在太阳紫外辐射的作用下会发生退化和褪色现象，对可见光的透明程度会有所下降。航天器外部白漆的 α/ε 值会随时间流逝而上升，所以需要慎重选择最适合的涂层配方，污染（油脂，油等）会加剧这一问题。诸如二次面镜（SSM）（塑料薄膜，后面镀铝或镀银）或光学太阳反射镜（OSR）（与 SSM 相似，但使用的是玻璃薄片而不是塑料薄膜）一类的反射表面对太阳辐射不太敏感，也比较容易清洁。但与漆相比，SSM 和 OSR 更难应用于航天器表面，特别是那些几何外形复杂的航天器。

我们必须针对航天器设计寿命内表面光学性质的可能变化留出足够的设计余量。

2. 导热路径

对固体导热不用再进行讨论，但连接部位需要额外加以注意。螺栓连接部位不接触区域的薄空气层会大大提高连接位置的有效导热。但在真空条件下这种作用是不存在的，这时连接部位的导热情况主要取决于接触面的表面质量和连接处的压力。通过使用软金属（铟箔片）或掺入高导热材料的聚合物（如掺入银的硅脂）等界面填充材料，可以将连接部位导热的不确定性降到最低。

3. 热管和两相系统

热管、环路热管（LHP）和毛细泵环路（CPL）等两相传热系统是以汽化潜热的形式的传热装置。这类装置采用挥发性的工质流体，通过毛细作用在一个多孔的芯状结构中循环。它们在很小的热差下具有很大的传热速率（即具有很高的有效热传导系数）。

图 11.8 是基本热管的示意图，它的主体是一个密封管，管内表面具有多孔毛细结构，管内装有与蒸气处于热力学平衡状态的挥发性液体（工质流体）。液体的量刚好使芯状结构饱和，工质和芯材料要能够相互浸润（即接触角小），进而保证工质能停留在毛细结构中。如果在热管的两端存在温度差，热量将以潜热的形式在热的一端（蒸发段）被吸收，从而引起工质蒸发，随后吸收的热量将随着工质蒸气的凝结而在热管冷的一端（冷凝段）被释放出来。不断的蒸发使液-气界面后退到毛细结构中，这样形成的弯月面能够产生压差将冷凝后的工质送回蒸发器。

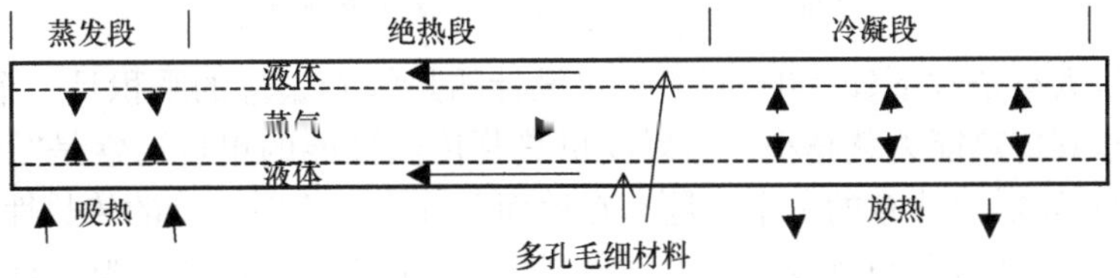

图 11.8 基本热管示意图

假设工质和毛细材料能完全浸润芯材料(如接触角为零),则毛细芯能产生的最大毛细压力为

$$\Delta P_{\max}=\frac{2\sigma}{r_0}$$

式中,σ 是表面张力,r_0 是毛细结构的有效孔隙半径。

参考图 11.9,工质回流的最大速率 dm/dt 可由下式给出

$$\frac{2\sigma}{r_0}=(l_{\text{eff}}\sin\alpha)\rho g+\frac{l_{\text{eff}}}{A_{\text{wick}}}\frac{\eta}{\phi\rho}\frac{dm}{dt}+\Delta P_{\text{vap}} \tag{11.22}$$

式中,ρ 为液相密度,g 为重力加速度,η 为液相动态黏度,ϕ 为毛细芯的渗透率,l_{eff} 为热管有效长度,等于 $l_{\text{adia}}+1/2(l_{\text{evap}}+l_{\text{cond}})$,$A_{\text{wick}}$ 为毛细芯的横截面积,ΔP_{vap} 为蒸气流的压降。

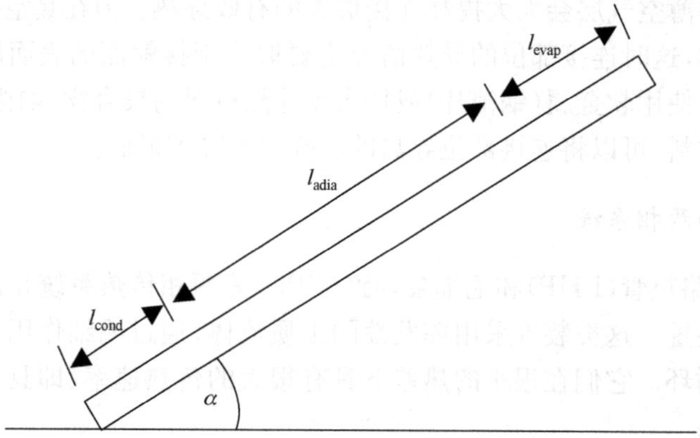

图 11.9 倾斜的热管,蒸发段位于冷凝段上方

在大多数情况下,蒸气压降与液相压降相比是个小量,于是式(11.22)可简化为

$$\frac{dm}{dt}\approx\frac{A_{\text{wick}}}{l_{\text{eff}}}\frac{\phi\rho}{\eta}\left(\frac{2\sigma}{r_0}-\rho g l_{\text{eff}}\sin\alpha\right)$$

如果 H_v 是蒸气的潜热,最大传热速率 $Q_{\max}$ 可由下式给出

$$Q_{\max}\approx\frac{A_{\text{wick}}}{l_{\text{eff}}}\frac{\phi\rho H_v}{\eta}\left(\frac{2\sigma}{r_0}-\rho g l_{\text{eff}}\sin\alpha\right) \tag{11.23}$$

应当注意,太空条件下($g=0$),对于给定设计的热管 $Q_{\max}l_{\text{eff}}$ 的乘积是一个常数,即热管越长,其传热能力就越小。所以度量热管传热性能的单位通常是"瓦米"。对式(11.23),还需要注意的一个问题是在地面条件下工作时热管的传热性能与倾斜角 α 有关。毛细力是相对较弱的力,所以零重力条件下传热能力为上百瓦米的热管,在地面条件下当蒸发段比冷凝段高几毫米就很可能无法工作。地面条件下,只有当热管处于水平状态测试时,才能近似地获得零重力条件下的性能。在系统设

计时必须充分考虑重力对热管性能的影响，特别是当系统中含有多个热管（如辐射器）或需要将热管弯折成复杂形状的情况下。在基于热管的热控系统设计中，很容易出现系统性能无法在地面条件下进行检验的情况。

如上文所述，蒸气中的压降相对较小，由于蒸气压力在液-气界面上与温度成强函数（指数）关系（如克劳修斯-克拉珀龙方程式所述），所以蒸气部分的温差也应该很小。为了在热数学模型中分析热管的效果，可以假设蒸气区域是等温的，可定义有效热传导 h_{eff} 为

$$\frac{1}{h_{\text{eff}}}=\frac{1}{h_{\text{evap}}}+\frac{1}{h_{\text{cond}}}$$

式中，h_{evap} 和 h_{cond} 分别是蒸发段和冷凝段管壁与虹吸结构的径向热传导系数。与普通导热不同，热管的有效热传导系数与其长度无关。图 11.10 给出的是一种用于欧洲自动运输车（ATVs）的恒定导热热管，该飞行器被用来向国际空间站（ISS）反复提供补给。

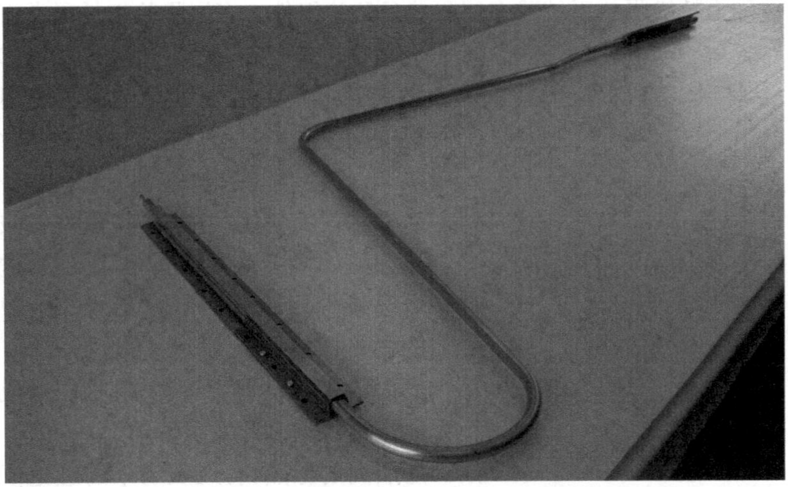

图 11.10　用于将热传导到辐射器的典型恒定传导热管
（图片发表经比利时 Euro Heat Pipes 公司许可）

LHPs 和 CPLs 是在基本热管的基础上改造而来的，目的是改善热管的整体性能和/或提高其应用的灵活性。在 LHP 中，工质通过一段外部管返回到蒸发器中，CPL 则将这种改进更进一步，即用几个并行的蒸发器与同一段回流管路连接。这些装置可以实现对复杂装置的热控制，不然的话就需要采用一些主动热控系统（如泵驱动流体回路）。热管、LHPs 和 CPLs 通常采用无水氨作为工质，这种工质可以在－50～＋80 ℃的宽幅温度范围内工作。当然也有其他工质可供选择，这样的热管装置可以在低温到几百摄氏度的高温范围内工作。

关于两相传热系统这个主题,已超出本书的范围,就不再进行更深入的讨论,感兴趣的读者可以自行阅读参考文献[15]~[19]。

4. 相变材料

相变材料(PCMs)可用在需要增加热容量的地方,如在地影期间或在其他瞬态情况下(如设备中瞬时的高发热量)把温度漂移降到最小。相变材料通过固-液相变来吸收或释放潜热。在使用中需要保证有足够的空余容积(余量)来容纳材料相变所引起的体积变化,同时也要保证内部结构可以有效地将热量传到相变材料中,特别是在零重力情况下。相变材料通常由碳氢化合物构成,但采用其他物质可使相变材料具有很宽的适用温度范围[20]。

5. 隔热系统

使用高效的隔热系统可以有效降低空间真空环境下的辐射换热,这种隔热系统通常被称为超级隔热系统或多层隔热(MLI)组件。多层隔热组件通常由多层具有辐射屏蔽作用的镀铝塑料薄膜(如聚酯薄膜或 Kapton)构成,薄膜与薄膜之间用低导热的间隔材料(如丝绸、尼龙或玻璃纤维网)隔开。实际上在很多空间应用中多层隔热组件都没有使用间隔材料,而是将皱缩或压出凹痕的多层镀铝薄膜相互层叠,这种处理可以减少相邻镀铝薄膜之间的接触。典型的隔热材料可能有 40 层或更多层,每层厚度大约 10 μm 且双面镀铝,这样构成的多层隔热组件的有效发射率约为 0.001。若不考虑层间的导热,有效发射率的理论值随材料隔热层数的变化规律如图 11.11 所示。

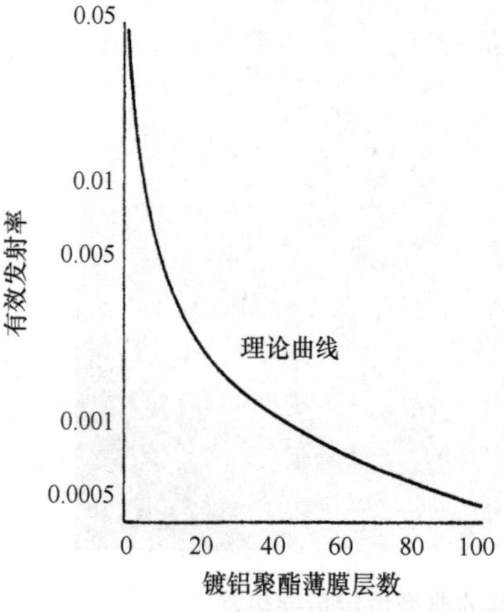

图 11.11　有效发射率随镀铝聚酯薄膜层数的变化规律(理论计算)

在实际应用中还需要充分考虑边缘效应、连接处和紧固件的影响。MLI 隔热层的设计和安装中还应当保证足够多的放气孔,特别是在主动段压力快速下降期间。关于隔热系统的更多信息请见参考文献[6]。

11.6.2　主动热控

主动热控系统通常比被动热控系统复杂,而且通常还需要消耗功率和遥测遥控资源。这样的系统通常可靠性较低且重量较重。一般只有在仅使用被动热控手段确实无法满足需要时才使用主动系统。主动热控系统通常被使用在对温度非常敏感的设备(望远镜、科学仪器、原子钟等),环境条件复杂多变(水星、火星、木卫二等)的航天器任务,或热耗很大/变化/随机(如载人飞船的机舱)的位置。部分特殊的有效载荷元件(如红外传感器等)也可能需要主动热控。

1. 加热器

加热器可能是最简单、最典型的主动热控装置。被动热控设计可能会使某些设备或分系统的最低预计温度低于温度指标下限,而使用加热器可以避免发生这种情况。由于加热器已经具有很高的可靠性,可以考虑用加热器替代某些被动措施(如使用相变材料单元)。加热器的其他典型应用还包括推进系统(推力器、燃料管路和阀门、燃料箱等),蓄电池,实验传感器和机械驱动器。加热器的形式可以是小巧的铠装电阻,也可以是以加热元件构成电缆芯(热同轴电缆)的金属同轴电缆,或者是电加热片(像印制电路板一样在两层 Kapton 薄膜之间布置发热器件)。

2. 可变导热管(VCHP)和热二极管

可变导热管(VCHP)(图 11.12)是先前介绍的简单热管基础上的改进装置。随着蒸发段温度的变化,通过不可凝气体(一般是氮气)来逐步堵塞住热管的冷凝段。

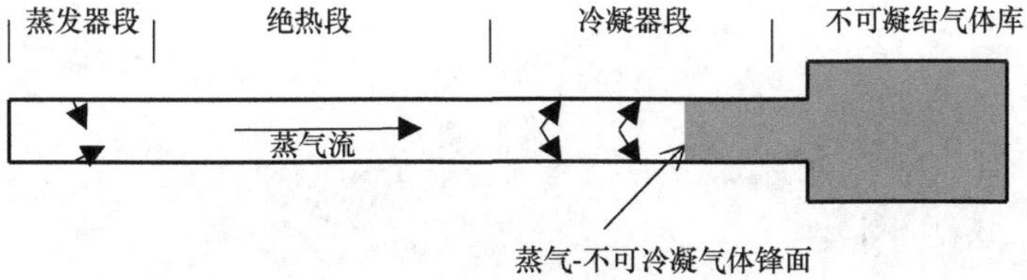

图 11.12 冷毛细储液器 VCHP 图解

VCHP 有好几种形式,图 11.12 中是有芯冷储气室可变导热热管。工作时,蒸气总是从蒸发器蒸发出来流向冷凝器,不断将不可凝气体推向储气室。储气室的温度低,所以工质蒸气的分压也低。因此,储气室中的气体绝大部分都是不可凝气体。由于蒸气只能通过扩散穿过该种气体,所以蒸气流与不可凝气体相遇时就被有效阻止了。因此,流向冷凝段(那里正是蒸气和不可凝气体的交界面)的热流就大大减少了。储气室安装了一段与主热管毛细芯相连的毛细结构,这可以使进入储气室并冷凝的工质能够通过毛细作用回流到主热管。运行中,蒸发段温度上升会引起热管内部压力升高,不可凝气体被压缩,工质蒸气和不可凝气体的交界面沿管道后退,从而使更长的冷凝段与工质蒸气接触,于是这种装置起到恒温作用,而且完全是被动运行的。一种用于控制 ATVs 电子设备舱中设备温度的 VCHP 见图 11.13。图 11.14 中是 VCHP 与 ATV-3 的电子设备舱(图的左手侧)集成后的情况,从图中可以看到(起重机所悬吊的)已安装辐射器并进行最后装配 ATV-2(约翰尼斯·凯普勒)的电子设备舱。

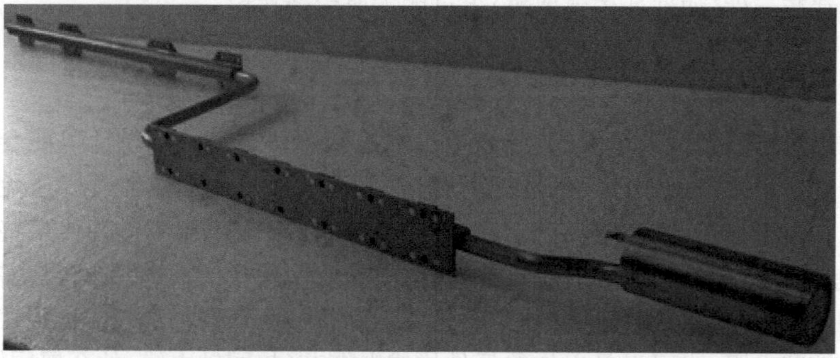

图 11.13　为欧洲自动转移飞行器(ATV)设计的 VCHP
(图片发表经比利时 Euro Heat Pipes 公司许可)

图 11.14　左下方是在装配中的 ATV 电子设备舱反射器中集成 VHCP,
右上方是组装完成的电子设备舱(图片发表经 EADS Astrium 公司许可)

VCHP 装置最终的温度稳定度取决于不可凝气体的储气室与凝结器容积的比例——储气室越大,稳定性越好。如果要获得更高的温度稳定性,可以在储气室上设置一个加热器来控制工质蒸气的分压,进而控制工质蒸气与不可凝气体交界面的位置,随着被冷却设备温度的变化,工质蒸气和不可凝气体的交界面不断移动,实现精确到小数的温度控制。

现在,考虑一下移除热管和储气室毛细芯之间的连接并除去不可凝气体后的效果。这种装置称为液体捕集器热二极管[21],如图 11.15 所示。当 A 段的温度高于B段时,液体就在捕集器中通过冷凝作用不断积累,直至热管干竭而不再传热。当B段温度高于A段时,液体则从捕集器中蒸发,回到热管中重新凝结,这时热管可以正常工作。这种装置可以用在很多场合,如作为辐射器之间的开关,用于阻止短时处于光照下的辐射器上的热量回流。在捕集器上设置加热器可使其具备热开关的功能。

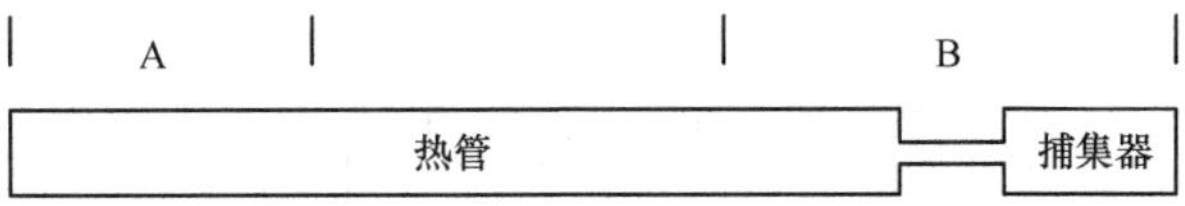

图 11.15 液体捕集器热二极管图示

3. 机械泵两相流体回路

机械泵两相流体回路就像在流体回流管路中添加了一个机械泵的CPL,这可以提高其传热能力并降低系统受不稳定因素(如流体管路中的气泡或蒸发段内的成核现象)的影响。这种装置一般用于有大量热量需要传输的复杂热控系统(如大型空间站)。

4. 流体回路

也许最简单的主动传热方式就是流体回路,就像冷却汽车发动机或家用中央取暖系统所用的流体回路一样。在电动离心泵的驱动下,冷却液在各处热源(耗能设备)和热沉(如辐射器或换热器)之间流动,可通过旁路阀门实现温度的控制,通过增压装置(该装置中的弹性隔膜能够将气体和冷却液分开)来控制压力,气体分离器可将气泡造成危害的风险降到最低。由于泵既是一个单点失效风险,也是回路中最薄弱器件,所以泵组件通常含有两个冷备份泵单元。

流体回路本来就比较庞大,通常仅用在需要它们特有的系统特性和操作灵活性的场合。它们在太空梭和ISS等载人航天器中的应用最多。ISS上哥伦布实验舱所用的基于流体回路的主动热控系统见示意图 11.16。

流体工质的选择应当慎重,为了降低功耗,工质的比热要高(低质量流速),动态黏度系数要低(低流动阻力)。为了使系统质量最小,工质的沸点应当很高(使管壳承受压力最小)。但在任何情况下工质都不能冻结,特别是在考虑使用水作为工质时,因为水在冻结时会发生膨胀。当用于载人的舱段时,泄漏后工质的毒性也必须要加以考虑,所以航天飞机和空间站的所有载人舱使用的工质都是水。由于其冻结特性和高冰点,不在增压舱外部使用水。但可以利用换热器来连接水回路与辐射器,并把使用低冰点工质的外部回路与水回路分隔开来。航天飞机外部回路中使用的是氟利昂-21,空间站使用的是氨。

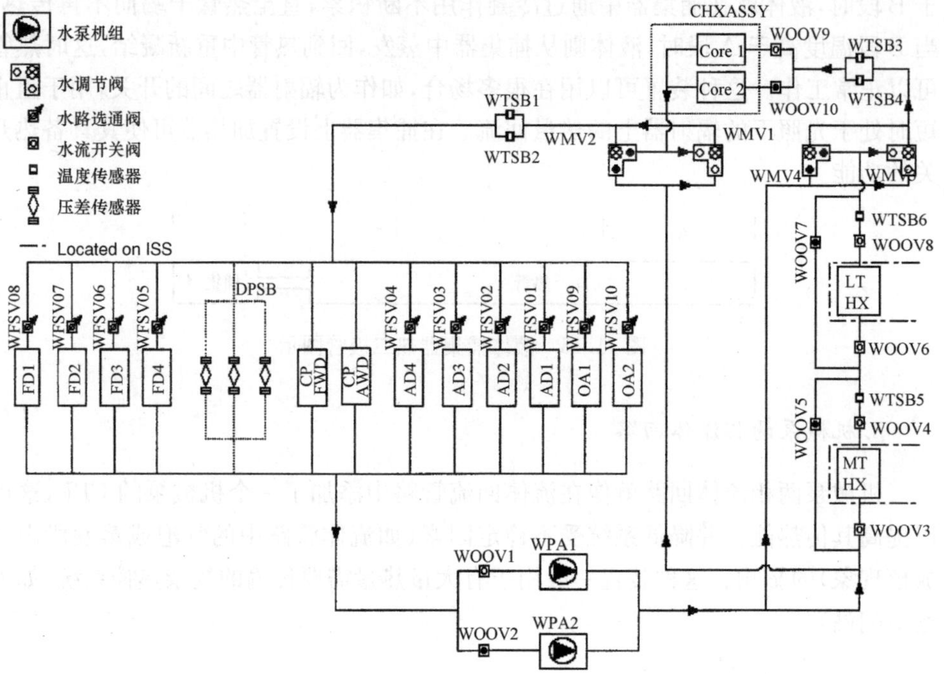

图 11.16　哥伦布实验舱水回路示意图(图片发表经 EADS Astrium 许可)

5. 百叶片和百叶窗

百叶窗是一种能够根据温度情况改变辐射器有效发射率的装置,通常安装在辐射器面板的外侧,由一个类似软百叶窗的金属叶片阵列构成,其结构示意如图 11.17所示。当叶片打开(与辐射器表面垂直)时,辐射器对空间的视角系数很大,可以进行辐射散热。但当叶片关闭时,辐射器面对的是一个低发射率表面,它辐射出去的热量又大多被反射回来。这些叶片可以单独启动,例如可通过双金属弹簧或通过与辐射器热连接的充液式波登螺旋驱动器来启动。同时,这些叶片也可以作为整套组件通过一个单独的驱动器来启动,驱动器可以是双金属的、液压的或者是电动的,它们能够根据设备温度、辐射器温度或者计算机或地面生成的指令进行工作。图 11.18 显示的就是一个专门为 ROSETTA 航天器开发的、由双金属弹簧驱动的轻重量百叶窗装置。百叶窗在阳光照射不到的辐射器上可以最有效地运行。在太阳能够照射到的位置,复杂的反射会使百叶片的性能很难预测。这种情况下通常需要采用另一种方案,即用一个电驱动的由镀有金属层的 Kapton 薄膜制成的低发射率卷帘来局部覆盖辐射器表面,GIOTTO 航天器在执行哈雷彗星任务时就采用了这种方法。

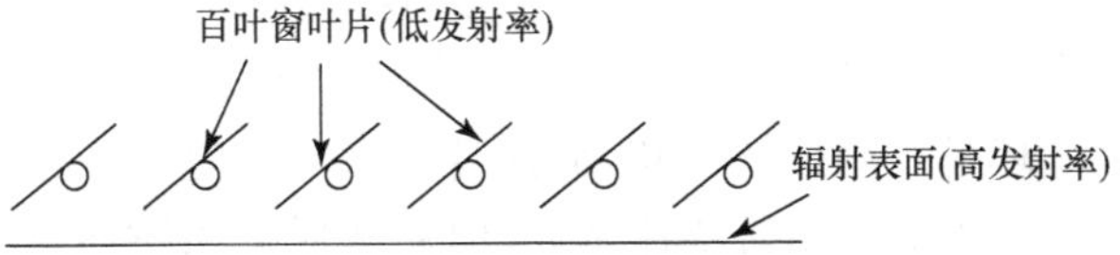

图 11.17 百叶窗示意图

图 11.18 为 ROSETTA 卫星开发的百叶窗
(图片发表经 SENER 许可)

6. 制冷器和热泵

热泵可用来提高辐射器的温度。由于从一个表面辐射出的热量与其温度的四次方成正比,所以很小的温升就可以使散热效率大幅上升,其代价是热泵和其他辅助连接设备(如流体回路)的质量和功率消耗。一般情况下使用更大的辐射器面积是较好的解决方法,但也有一些例外,如在某些情况下辐射器的面积非常有限或需要将热量排散到温度较高的外界环境中(如白昼期间的月球或火星表面)。

最常见的应用就是为传感器和其他设备降温进而降低信噪比,以及在载人空间活动的特定情况下为食物和科学研究所产生的生物学标本进行降温。

根据不同的温度范围,制冷要求不外乎以下四种:

(1) +4～−20 ℃。这个温度范围主要用作食物的储存,通常可通过热电制冷或基于朗肯循环的机械两相热泵来实现。热电制冷器简单、结实而且可靠(没有活动部件),但其热力学效率较低,当热负荷或温升(即被制冷设备与热沉之间的温差)很大时,其能耗将非常大。家用冰箱、冰柜等所使用的两相热泵虽然效率较高,但太过复杂[22],要特别注意避免蒸气压缩机因零重力条件下的偶然液体堵塞而发生损坏。

(2) −80 ℃。这个温度用于生物标本的长期储存。热电制冷无法达到这样低的温度,而两相制冷器需要的级数也会较多,这涉及质量和功耗的增加以及可靠性的下降。这种情况下斯特林循环或布雷敦循环等单相气体循环是比较好的选择[23,24]。布雷敦循环是一个连续回路,而斯特林循环则是一个往复式回路。虽然布雷敦循环的热力学效率不如斯特林循环,但从本质上来讲布雷敦循环更容易与大型制冷器连接。国际空间站上的 MELFI 标本存储制冷器(图 11.19)和哈勃空间望远镜上的 NICMOS 制冷器使用的都是布雷敦循环。

图 11.19　MELFI 冷藏装置的反向布雷敦循环制冷器
(图片发表经 ESA/Air Liquide 许可)

(3) 80 K(−193 ℃)。对于地球观测航天器来说这是一个非常重要的温度,因为需要通过 8 μm 的大气窗口(见 11.2.2 节)来进行观测的红外探测器就需要这样的温度条件。如果热负荷很低且空间视角不受约束,设计较好的辐射器可以达到这一温度条件。运行于地球同步轨道的 METEOSAT 卫星使用的就是这种辐射器。但在 LEO 轨道上,地球的行星辐射影响很难避免,这时斯特林制冷机是比较合适的[25]。除地球观测任务外,这一温度范围还在其他方面应用较多,图 11.20 给出的就是为空间天文台上搭载的伽马射线光谱仪所开发的斯特林循环制冷器。

(4) <4 K。这个范围的温度主要用来测量宇宙红外背景或探测其他星系行星的红外发射率。这种应用要求制冷温度下降到 mK 范围,尽管关于实现这种极低温度是热控分系统还是设备开发者的职责还颇具争议。可实现这一温度条件的技术有焦耳-汤姆孙(焦-汤)、布雷敦和相关的克劳德循环、吸附制冷、稀释制冷和绝缘退磁技术。普朗克航天器使用一套级联辐射器,即一个 20 K 的吸附制冷器,一个 4 K 的焦-汤制冷器(图 11.21),还有一个氦稀释制冷器来实现其微波探测器所要求的 0.1 K 温度。

图 11.20 整体空间天文台星载伽马射线光谱仪使用的 50～80 K 斯特林循环制冷器
（图片发表经 EADS Astrium 许可）

图 11.21 普朗克航天器上安装的 4 K 焦-汤制冷器的冷级段
（图片发表经 ESA 许可）

11.7　热设计验证

热设计验证包括两项不同的内容:①鉴定热控分系统构成硬件的合格性;②验证热数学模型的精度。后一项内容使热数学模型能够用来对特定的任务情况(轨道、姿态、有效载荷运行模式等)进行可靠的温度预测。

11.7.1　硬件验证

与其他航天器部件一样,热控硬件必须要与其使用目标相适应。需要测量的内容有热控表面的光学性质、连接部位的有效热传导系数和隔热系统的性能,需要验证的内容还包括传热回路、热管、制冷系统等装置的性能。同时,还必须验证各设备在飞行条件下(通过发射振动试验、真空试验、温度暴露试验)能正常工作并在航天器全寿命期间(寿命测试)正常稳定工作,可以通过将合格样品或装置暴露在比空间环境更严酷的环境下来检验设计是否足够健壮。然后,发射产品将在超过在轨状态但又不如鉴定指标那么严酷的环境下接受测试。通常热控工程师会使用经过飞行验证(喷漆、隔热组件等)的产品,这时根据与曾使用过的情况的相似程度就能确定硬件是否满足要求。但是,为了确保以前建立的考核条件仍适合当前的使用情况,必须对各种情况逐一进行仔细地考虑。例如,在地球轨道性能良好的外部热控涂层的性能很可能在水星附近就差到无法接受的程度,因为水星附近有很高的温度和极强的太阳电离辐射。还需要指出的是,虽然 LEO 轨道高度上的大气十分稀薄,但在这一轨道上大气几乎完全由原子氧构成,且具有很高的动力学温度(由航天器飞行速度造成的)。在太阳紫外(UV)辐射的共同作用下,这种环境将会破坏一些很薄的薄膜材料。

11.7.2　热模型验证

必须重申,热数学模型是对真实情况的近似,供热控工程师用来进行温度预测。验证这些模型的精度很重要,当发现模型中有不精确之处时需要对热数学模型进行相应的改进。利用缩比模型或真实尺寸的航天器模型或局部航天器模型(例如,如果与有效载荷舱相连的航天器服务舱采用的是成熟的可靠设计,则有效载荷舱可独立进行测试)开展的热平衡试验有助于实现以上目的。

航天器的热平衡试验要求有较高的真空度将空气传导/对流降到最低,要靠热沉来模拟空间背景环境,还需要有热源来模拟外部热量输入(太阳、行星反照、行星的红外辐射)。制造和运行小型航天器的测试设备的成本非常高,所以这类设备的数量相对较少,这些设备在欧洲的使用要由 ESA/ESTEC[26] 协调并通过基于网络的欧洲环境测试设备清单(EETFI)(http://eetfi.esa.int/)来实现。准备验证热数学模型时,热控工程师要仔细考虑环境模拟需要的精度,因为模拟的精度越高,成本也更高。可能需要用一个经过仔细校准并标定过的太阳模拟器来验证航天器与环境(包括阴影效应和多次反射)之间的外部热界面。但模拟太阳热流的绝对值不是十分重要,但要保证这个值是已知的,对热沉的要求也是如此,大部分设备通常采用液氮制冷的无光黑漆涂层屏蔽罩作为热沉。我们对屏蔽罩温度进行监视并根据分析给出合适的容限。我们很少对行星反照和红外辐射进行模拟,但可能要用稍高的太阳常数来保证被测对象(特别当被测对象是真实的航天器时)温度不会过低。典型的测试程序包括航天器处于不同姿态下的几个稳态工况及一个瞬态工况(如模拟地影)。通过对全尺寸航天器模型(或正样航天器)进行这样的测试,可以获得足够的数据来验证并修正热数学模型。

但全尺寸的太阳模拟实验非常昂贵,而且对现代大型航天器而言,获得满足质量要求的大口径太阳模拟光束也十分困难。这时就需要将下述①、②两种方法相结合来实现对热数学模型的充分验证。①用红外加热器代替太阳模拟器对全尺寸航天器进行试验;②用专门为此设计且尺寸恰好适合太阳模拟器光束口径的缩比模型来验证外部热界面。

原则上进行的试验越多越好,但实际上,项目管理者能够批准的试验数量取决于协商情况和以下参数:热设计的难度、当前温度余量的大小、外部形状的复杂程度、任务的复杂程度以及项目预算等。不过,随着可靠的主动热控技术和越来越精密的热分析工具的出现,以及在成熟设计的基础上研制新航天器的趋势,进行大量烦琐的热平衡实验的需要正逐渐减少。经验表明,热控工程师要求的试验永远都比项目管理者准备批准的多。

11.8 航天器热设计实例——XMM/牛顿

这一章将介绍用于研究、分析和验证航天器热设计的几种技术。实际上每个航天器都是不同的,其热设计也各不相同。热设计是热控工程师力求完美的愿望与质量、成本、功耗和遥测遥控资源等约束条件之间的一种折中结果。虽然设计师们尽量使用成功的设计经验,但是“标准的热控分系统”是不存在的。据统计,无论对于航天器质量还是其研发成本,热控分系统通常会占到其中的2%~5%[28]。下面的例子将有助于介绍各种设计技术在现代航天器上的使用方式。

X射线多面镜任务(XMM)[29](后又被重新命名为“牛顿”,见图11.22)是一个先进的X射线观测站。它使用三个旁掠入射面镜模块(每个模块含有58个同心面镜组件)将X射线图像聚焦在位于焦点平面上的电荷耦合器件(CCD)探测器阵列上。航天器的“星务管理”分系统位于围绕着面镜模块的服务舱中。太阳电池阵与服务舱相连。面镜模块和焦平面装置被一个长度为 6.8 m 的望远镜筒分隔开来。XMM 总体长度约为 10 m,总质量约为 10 t。

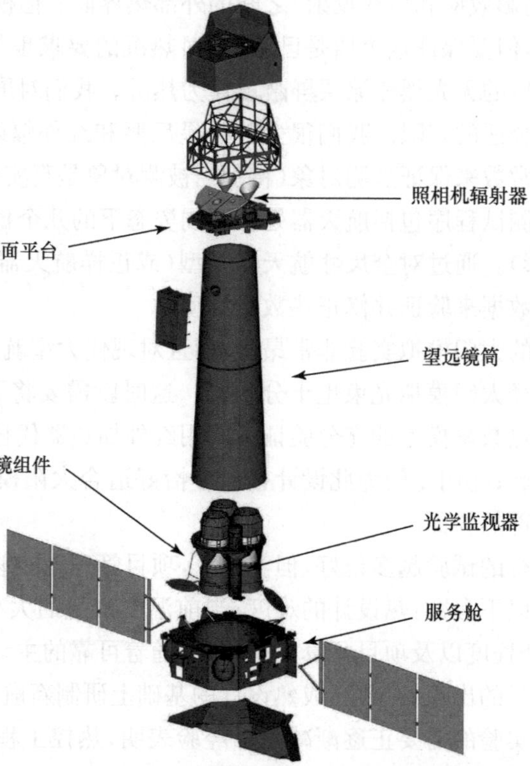

图 11.22 XMM/牛顿航天器分解图(图片发表经 ESA 许可)

为了避免地球辐射带的干扰,XMM 运行于一个大椭圆轨道上,只有在位于辐射带外部时才进行观测。具体来说,XMM 的轨道周期为 48 h,远地点位于 114 000 km 处,近地点位于 7000 km 处。在每个轨道周期中有 40 h 的时间供 XMM 进行观测,这时其轨道高于 40 000 km。航天器姿态被控制在侧对太阳的 ±20°范围内。轨道倾角为 40°,所以航天器会受到周期地影的影响。地影刚好发生在进行观测的轨道高度的下方,且地影时间不超过 1.7 h。在这种情况下,外部热环境相当稳定。观测期间航天器基本不会受到任何来自地球的影响,即便在地影期中也是如此,这一特点对热设计来说十分有利。

XMM 热设计中最关键的要求[30]是保证热变形不会影响 X 射线望远镜(具有 7.5 m的焦距)的准直以及望远镜与星敏感器之间的相对精度。这就要求我们在 20 ℃的平均温度水平下控制面镜模块和面镜安装平台(该平台也安装有星敏感器)的温度,并将温度梯度控制在 2 ℃以下。每个面镜模块、面镜安装平台、进口和出口反射体配备由面镜热控单元(MTCU)控制的加热器来实现。这些加热器间歇工作,能够根据地面指令定期更新其工作周期。巨大的热容量和稳定的外部环境使这种设计成为可能。通过设备自身热耗与控温加热器相结合的方法,服务舱的平均温度能够维持在 15 ℃。除了平板式辐射器外,通过多层隔热组件的包覆,服务舱(图 11.23)与外部热环境相互隔离。在航天器的另一端,焦平面组件在正常运行条件下采用被动热控。如果有一个仪器被关掉,则其发热量可通过打开同样发热量的加热器来补偿。同时还设计了应急补偿加热器,当仪器温度由于某些原因超过其工作温度范围时,可以打开或关闭这些加热器。仪器舱的向阳面要完全隔热,这样通过调节背阳面的热量排散实现热平衡。特殊的锥形辐射器被用于将照相机探测器冷却到很低的温度。如图 11.24 所示,这些辐射器位于完全隔离的太阳屏后面,与阳光还有 20°的夹角,通过这些措施来避免任何阳光入射的风险。望远镜筒用碳纤维(高 ε 表面)制成,与外部完全隔离。这形成了一个非常稳定的环境,镜筒周向上的温差不超过 3 ℃。望远镜筒上不安装加热器。

图 11.23 XMM/牛顿的下层舱,可以看到面镜遮光罩和外围的服务舱
(图片发表经 ESA 许可)

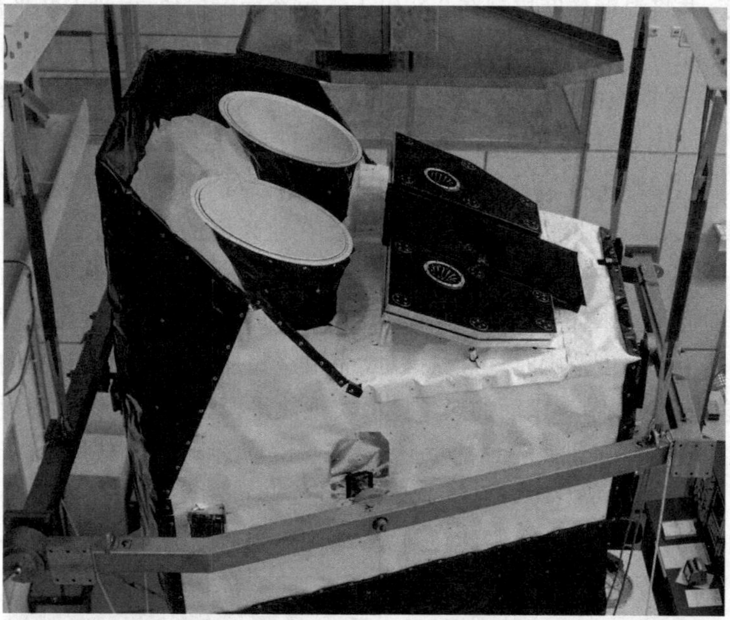

图 11.24 XMM/牛顿的焦平面仪器舱(图片发表经 ESA 许可)

从照片中可以看到,XMM 热设计使用了大量的多层隔热组件。这些多层隔热组件由 20 层双面镀铝的反射层构成,层间用聚酯纤维网隔开,最外层是一层渗碳的 Kapton。这一黑色的外部涂层使 XMM 具有特殊的黑色外观,它能够导电,可防止静电的积累并进行静电放电。它的另一个优点是其热光学性能在 10 年的任务寿命期间都不会改变,这有助于保持航天器温度的稳定性。

致谢

非常感谢欧洲航天研究与技术中心同事的帮助,特别感谢 Oliver Pin 先生在 11.5 节给出运行 ThermXL 软件进行的热分析例子。

Chris J. Savage

European Space Research and Technology Centre (ESTEC), European Space Agency

参 考 文 献

[1] ESA (2008) Space Engineering—Thermal Control General Requirements, ECSS-E-ST-31C, November 2008.

[2] Lide, D. R. and Frederikse, H. P. R. (eds) (1995) CRC Handbook of Chemistry and Physics, CRC Press, Boca Raton, FL.

[3] NASA (1983)Space and Planetary Environment Criteria Guidelines for Use in Space Vehicle Development (1982 revision), TM82478, Volume 1.

[4] NASA (1983)Space and Planetary Environment Criteria Guidelines for Use in Space Vehicle Development (1982 revision), TM82501, Volume 2.

[5] ESA (2004)Data for the Selection of Space Materials and Processes, ECSS-Q-70-71A rev. 1, June 2004.

[6] ESA (1989)Spacecraft Thermal Control Design Data, ESA PSS-03-108, Issue 1.

[7] Redor,J-F. ,Introduction to Spacecraft Thermal Control,ESA EWP1599,Version 1. 10, 1990.

[8] Eckert, E. R. G. (1959)Heat and Mass Transfer, McGraw-Hill, New York.

[9] Semple, E. C. (1967)Principles and Techniques in the Passive Thermal Control of Spacecraft, Royal Aircraft Establishment Technical Report No. TR 67100.

[10] ITP-ESATAN-TMS r3 Workbench Getting Started Guide [December 2010].

[11] ITP-ESATAN-TMS r3 Workbench User Manual [December 2010].

[12] ITP-ESATAN-TMS r3 Thermal Training Manual [December 2010].

[13] ITP-ESATAN-TMS r3 Thermal User Manual [December 2010].

[14] Knight, R. , Pin, O. and Thomas, J. (2000) ThermXL: a Thermal Modelling Tool Integrated Within Microsoft Excel, 30th International Conference on Environmental Systems and 7th European Symposium on Space Environmental Control Systems, Toulouse (France), 9-13 July, 2000.

[15] Dunn, P. D. and Reay, D. A. (1994)Heat Pipes, (4th edn), Pergamon Press, Elmsford, New York.

[16] Peterson, G. P. (1994)An Introduction to Heat Pipes—Modelling, Testing and Applications, John Wiley & Sons, Inc. ,New York.

[17] Faghri, A. (1995)Heat Pipe Science and Technology, Taylor and Francis, Washington, DC.

[18] Ku, J. (1995) Operating Characteristics of Loop Heat Pipes, Paper No. 1999-10-2007, 29th International Conference on Environmental Systems (ICES), Denver, CO (USA), 12-15 July 1999.

[19] Bodendieck, F. , Schlitt, R. , Brand, O. , Labuhn, D. , Goncharov, K. , Kalesnikov, V. and Golovin, O. (2002) Emerging Loop Heat Pipe Applications for Small-Sat, MARS Mission and ISS, Paper No. 2002-01-2464, 32nd International Conference on Environmental Systems (ICES), San Antonio, TX (USA), 15-18 July 2002.

[20] Humphries, W. R. and Grieggs, E. I. (1977) A Design Handbook for Phase Change Thermal Control and Energy Storage Devices, NASA TP-1074, November, 1977.

[21] Groll, M. , Muenzel, W. D. , Supper, W. and Savage, C. J. (1980)Transient Behaviour of Liquid Trap Heat-pipe Thermal Diodes, in Heat Transfer, Thermal Control and Heat Pipes, Progress in Astronautics and Aeronautics, Vol. 70, Olstad, W. B. (ed.), published by AIAA.

[22] Berner, F. and Savage, C. J. (1984)Design and Characteristics of a Dynamic Cooler for

Space Use, Paper No. 840964, 14th Intersociety Conference on Environmental Systems, San Diego, CA. (USA), 16-19 June 1984.

[23] Walker, G. (1983) Cryocoolers, Part 1: Fundamentals and Part 2: Applications, Plenum Press, New York (USA).

[24] Ros, R. G. (ed.) (1994), Cryocoolers 8, Proceedings of the 8th International Cryocooler Conference, Vail, Colorado (USA), 28-30 June 1994, published in 1995 by Plenum Press, New York (USA).

[25] Ross, R. G. and Boyle, R. F. (2006) An Overview of NASA Space Cryocooler Programs—2006, 14th International Cryocooler Conference, Annapolis, MD (USA), 14-16 June 2006.

[26] ESA (1993) Europe Qualifies for Space—The European Coordinated Test Centres, ESA BR-46, ISBN 92-9092-035-1, 2nd edition, December 1993.

[27] Tan, G. B. T. and Walker, J. B. (1982), Spacecraft Thermal Balance Testing using Infrared Sources, 12th Space Simulation Conference, NASA CP 2229.

[28] Wertz, J. R. and Larson, W. J. (1999) Space Mission Analysis and Design, (3rd edn), Microcosm Press and Kluwer Academic Publishers.

[29] Barré, H., Nye, H. and Janin, G. (1999) An Overview of the XMM Observatory System, ESA Bulletin No. 1000, December 1999.

[30] Van Katwijk, K., Van Der Laan, T. and Stramaccioni, D. (1999) Mechanical and Thermal Design of XMM, ESA Bulletin No. 100, December 1999.

12 通　信

12.1 引　言

12.1.1 通信卫星的发展

在人造地球卫星未成为现实之前，一些像 Arthur C. Clarke 这样的幻想家就意识到它们在通信领域的潜力。他在 1945 年 10 月出版的 *Wireless World* 上发表一篇名为《超强陆地中继—火箭站能否提供世界范围的无线电覆盖?》的文章[1]，描述了将地球静止轨道卫星用于通信的设想。在发射"Sputnik-1"卫星之后的年代里，除了军事和政治方面的考虑，全球通信系统的需求是空间技术迅速发展的主要推动力。今天在不断增长的通信及娱乐服务的推动下，通信卫星的需求是航天工业发展的核心。

美国国家航空航天局(NASA)于 1960 年 8 月发射了第一颗被动式通信卫星 Echo-1，但 1962 年发射的 Telstar-I 才标志着卫星通信的诞生，首次利用卫星实现越洋通信；用今天的标准来看，这当然是一件非常普通的事情。这颗卫星直径不到 1 m、发射重量 77 kg，仅有一个 50 MHz 带宽的信道，提供大约 12 条电话线路，但它却标志着一个国际通信革命的开始。

低椭圆轨道的 Telstar-I 卫星使得跨大西洋的通信时间限制在每天 3～4 个 30 分钟。第一颗成功使用的地球同步通信卫星是 Syncom-II，用于美国与日本之间的传输实验，这颗卫星再次受到容量的限制，但是通过进一步改进设计使它成为第一颗商业通信卫星的基础，即 Early Bird，后来被称为 Intelsat-I。这颗卫星于 1965 年发射，它的大小和质量类似于 Telstar-I，但它能够提供 240 路电话或一路高品质的电视频道。

然而，直到 1969 年 Intelsat-III 系列卫星分别定位于大西洋、太平洋和印度洋上空，覆盖了极地之外的世界所有地区，第一个全球卫星通信系统才建立起来。

随后开发的卫星通信是为了满足急剧增长的国际电话、视频以及互联网的通信业务需求。需求的快速增长与卫星的尺寸、功耗和通信能力的增长以及同时使用卫星数量的增长相匹配。卫星运营商的数量也增加了很多，尽管全球领导者是国际卫星通信有限公司(Intelsat Ltd)和 SES。国际卫星通信有限公司在 2001 年由条约组织变为私营公司，2010 年经营的卫星数量超过 50 颗。SES 是一个全球性的卫星网络运营商，SES Astra 在欧洲运营，SES World Skies 在北美洲和南美洲运营。

地球静止轨道卫星在 1981 年首次用于为海上区域提供移动通信，由国际海事卫星组织(INMARSAT)提供的最初业务是调频制式的电话，并被称为标准 A 类业务,后来更名为 Inmarsat-A。在过去的 30 年中,由 11 颗卫星组成的 Inmarsat 网络已将其业务种类扩展到航空及陆地环境。Inmarsat 由于提供宽带全球区域网络(BGAN)服务,赢得了 2010 年 MacRobert 奖,该网络提供全球性的互联网数据连通,还可以为商业、政府、广播、救助及救援、紧急服务提供远程接入服务。

在移动电话业务巨大的潜在市场驱动下,非静止轨道的低轨(LEO)卫星通信成为 20 世纪末卫星通信领域中一个备受关注的新方向。不幸的是,正值由多颗 LEO 卫星组成的星座系统引入之时(详见第 5 章),陆地蜂窝网络已经大幅侵蚀了预期的市场。现存的铱星、全球之星和 Orbcomm 网络在投入运行后不久都申请了"破产法第 11 章"所描述的破产保护,此后通过重组又继续提供服务。移动通信市场收益增长的进一步证据是,泰勒斯阿莱尼亚空间(Thales Alenia Space)公司在 2010 年得到了一个 81 颗卫星的研制合同,用于建设下一代"铱星"星座,首次发射预计在 2015 年。

卫星导航的成功应用已经展示了非静止卫星技术的可行性。特别是美国全球定位系统(Global Positioning System, GPS)以及俄罗斯全球导航卫星系统(Global Navigation Satellite System, GLONASS),开始均源于军事应用的卫星星座,都已成功地实现民用。许多地面系统在导航方面持续增长的依赖,促使欧盟决定发展自己的卫星导航系统。在欧空局和欧盟的支持下,欧洲将于 2014 年部署伽利略非静止卫星网络(GALILEO)。2010 年,OHB-System 公司与萨里卫星技术有限公司(SSTL)获得了建立先期 14 颗业务运行卫星的合同。

12.1.2 通信载荷的作用

一些早期的实验系统,如 Echo-1 卫星,利用在轨目标作为无源反射器或散射器以实现洲际通信。但是很快就发现,为了满足大容量通信的需求,必须采用带信号转发器的有源卫星,转发器接收地面发射的信号,改变其频率并进行放大,然后重新传回地面。图 12.1 为一个非常简化的链路框图。卫星提供的功率放大器增益范围一般在 $10^{12} \sim 10^{15}$(120~150 dB)。

卫星链路与地面链路最显著的区别是信号传输路径的长度。地面微波链路长度一般大约为 50 km。但是,地球静止轨道(GEO)卫星距离地面站约为 36 000 km,中轨道(MEO)卫星距离地面站约为 10 000~20 000 km,低轨道(LEO)卫星距离地面站约为 700~2000 km。

信号传播路径长度急剧增长的直接影响就是可用发射功率,是卫星通信系统最关键的参数,尤其是下行链路,发射功率转而成为卫星一次电源功率的主要需求之一。地球静止轨道卫星巨大的覆盖范围,加上其在天空中的固定位置,使得它特别适合向地面提供广播或组播这种业务。对于移动通信业务,轨道的选择并不简单。非静止轨道卫星覆盖地面的范围较小且相对地球的位置不断改变,需要由多卫星组成的星座以保证连续的区域覆盖或全球覆盖,进而增加了网络基础设施的复杂性。然而,与地球静止轨道卫星相比,非静止轨道卫星与地面站之间的传输距离减少了,功率需求相对宽松,同时也减少了信号在链路上的传输延迟。

卫星通信并不限于使用圆形的轨道。例如,俄罗斯的莫尼亚(Molniya)系列卫星位于椭圆形、大倾角、零漂移的轨道上,这样对高纬度区域有更好的覆盖。卫星在远地点(接近 GEO 卫星的高度)的缓慢运动,从地面看上去卫星几乎固定在天空中,通信系统连续运行时间多达 2/3 的轨道周期(详见 5 章)。

图 12.1 所示的系统是许多人造卫星通信应用中的一种。系统的主要业务类型如下:

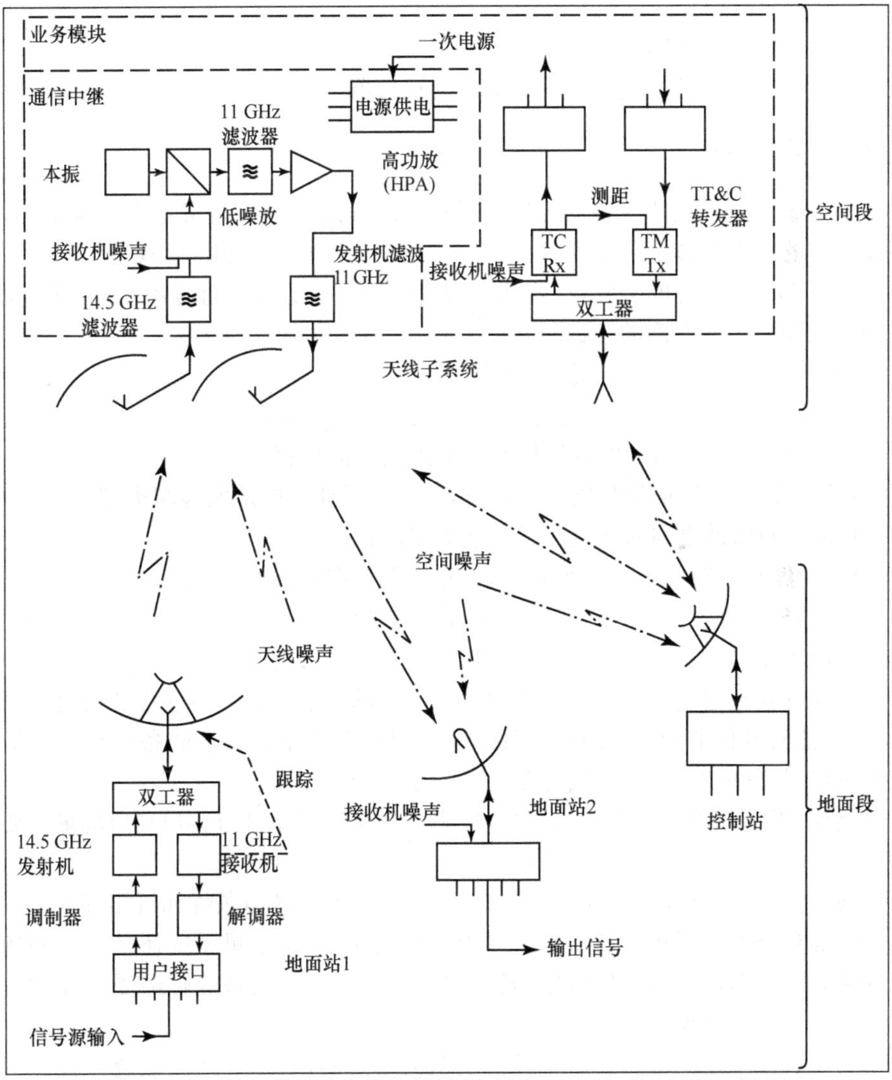

图 12.1　卫星通信链路的简化框图(使用 14.5 GHz 和 11 GHz 频段)

(1) 长途电话和电视业务；
(2) 广播业务；
(3) 视频会议和其他商用业务；
(4) 移动通信(手持，船舶/飞行器/陆地车辆)；
(5) 数据传输(地面站之间)；
(6) 数据中继(在其他卫星与地面站之间)；
(7) 互联网接入；
(8) 导航；
(9) 远程监控和抄表；
(10) 船队管理与跟踪。

单颗卫星可具备上述一个以上功能的转发器。

12.1.3 系统约束

卫星通信系统设计所涉及的限制因素是地面通信系统通常不需要考虑的，这些设计上的约束总体上可分为三大类：客户需求、技术需求和国际规范。

客户需求是设计的出发点，这些多种多样的要求随着不同的客户而变化，其中人们可以预期客户明确的参数包含：

(1) 信号类型(语音、电视、数据等)；
(2) 容量(即每类信号的通道数量)或者带宽和频率；
(3) 卫星业务所覆盖的区域以及控制地面站的位置；
(4) 上行和下行信号强度以及质量，或者提供业务的地面终端类型；
(5) 不同信道之间的连通性以及业务路由；
(6) 可用性(即每年可工作的天数，允许不工作的次数，等等)；
(7) 寿命(一般低轨卫星为 7 年，中轨卫星为 12 年，目前正在运行的地球同步轨道卫星为 12～15 年，但是未来同步轨道卫星的设计寿命很可能在 20 年以上)。

可能存在通过地面站发出指令改变卫星在轨状态或改变某些参数的进一步要求，也可能有其他的约束，如获得高级别安全性；二者都是为了防备不正当的信号截获及信号译码，对抗干扰、信号阻塞和非法指令。

然而，像所有重要工程项目一样，成本和进度通常是来自客户和市场最重要的约束。

技术上的约束(如发射功率、接收机灵敏度、干扰、环境条件和可用部件等)，适用于地面链路的技术约束通常也适用于卫星链路，但是卫星系统还受到一些额外的约束，其中有效载荷质量、可用功耗最为重要，还需要设备能够经受住发射阶段的考验并在空间环境中自主运行。

技术和成本之间的相互影响经常是至关重要的，大多数地面系统在设计中通过慷慨的余量来保证充足的整体性能；而在卫星系统中，这种奢侈会导致卫星的质量和能源消耗增加，从而增加发射成本。另外，开发新的宇航级定制设备、或者复杂的集成和测试过程带来的成本，意味着最好的技术设计不是性价比最高的。

需要设立通信系统的国际规范来控制不同系统之间可能发生的干扰，以保证需要端到端连接时不同国家的系统之间具有兼容性。

现在已经成为联合国机构的国际电信联盟(ITU)负责定义并执行国际标准，超过 190 个国家成为其公约的缔约国，该公约是正式的国际条约。在 ITU 内部，有 2 个咨询机构分别负责与电话和无线电通信相关的信息协调和政策制定，它们是 ITU-无线通信部门(ITU-R)和 ITU-电信标准化部门(ITU-T)，还有第三个机构为电信发展部门(ITU-D)，主要关注发展中国家的技术需求。

ITU-R 的建议进而会被世界无线电大会(WRC)[2]审议，然后将被纳入 ITU 无线电规范[3]，这些规范对 ITU 公约的缔约国具有约束力。

在重要的系统参数中，和国际规范有关的有可用频段、轨道位置以及地面上最大允许功率通量密度(PFD)。大部分的电话和电视业务被安排在 C 波段(4～6 GHz)和 Ku 波段(11 GHz)，由于上述频段过于拥挤，将逐步增加 26～40 GHz K 波段和 Ka 波段的使用。美国和加拿大已经开始提供新的 Ka 频段卫星宽带业务(如 WildBlue，一个高速卫星互联网提供商)，预计 Ka 频段卫星宽带业务随着 HYLAS 和 KaSat 卫星系统的发射将在欧洲展开。

一颗 GEO 卫星在轨道上的位置需要通过空间业务部门的协商，主要满足相邻卫星的位置应该有足够的空间间隔，以允许具有合理尺寸(因此具有一定波束宽度)的地面站天线能够区分相邻的卫星。对于使用相同频率的 C 波段和 Ku 波段的卫星，意味着其间隔的经度至少为 2°；部分轨道空间相对宽松，但在其他地区，例如在业务密度非常高的大西洋区域，卫星位置选择可能受到严格限制。

接下来，将主要关注系统设计的技术方面。稍后，将分析构成通信载荷的某些单元，但是，首先必须在总体上了解系统运行的某些基本原理。

12.2 无线电通信技术

12.2.1 简介

虽然图 12.1 展示了一条卫星通信链路的大部分重要单元，然而它只是一个非常简化的框图，尤其是其中仅包括两个通信地面站，并且是一个单一的(单工)链路系统。尽管如此，该框图展示了实际上所有系统的一些共同特征。事实上，将系统扩展为双向(双工)方式意义不大。假如两个地面站采用相同的上行链路频率和下行链路频率，同一个卫星转发器可以提供前向业务和反向业务。然而情况并非总是这样，例如，在一个提供移动业务的系统中，卫星移动链路可工作在 L 波段或 S 波段(1.5～1.7 GHz)，而卫星固定业务地面站链路可工作在 C/Ku/X(4～18 GHz)或 Ka 波段(26～40 GHz)。在这种情况下，卫星必须拥有独立的前向链路和反向链路转发器。

12.2.2 调制

1. 调制方式

由通信系统所传送的信号，通常由相对低的频谱组成。例如，语音频谱从几十赫兹到几千赫兹，电视信号频谱从几十赫兹到几兆赫兹，这些构成原始信号的基带频谱不适于以无线电波形式直接传输。

为了进行传输，需要将基带信号加载到一个更高频率的载波上，这一过程称为调制，该过程由图 12.1 所示的地面站 1 中的调制器框图来表示。相反的过程则是从接收载波信号中恢复基带信号，称之为解调。如果用一个余弦波形来表示高频载波信号

$$V=V_c\cos(\omega_c t+\phi_c)=V_c\cos(2\pi f_c t+\phi_c) \tag{12.1}$$

那么基带信号可以表示为一个载波幅度(V_c)、载波频率(f_c)或载波相位(ϕ_c)随时间变化的函数。

图 12.2 说明了余弦波基带信号这种简单情形下的三种基本调制类型。如图 12.2中波形的代数表达形式所示，幅度调制(AM)用一个调制指数 m(也被称为“调制深度”)来描述，相位调制(PM)或频率调制(FM)情况下用调制指数 β 来描述。PM 和 FM 是“角度调制”的不同形式，任何调频波形都可以表示为相位调制(虽然基带信号略有不同)，反之亦然。对于正弦调制波形，峰值相位差 β(弧度)等于 $\Delta f/f_m$，其中 Δf 为峰值频率偏差，f_m为调制频率。

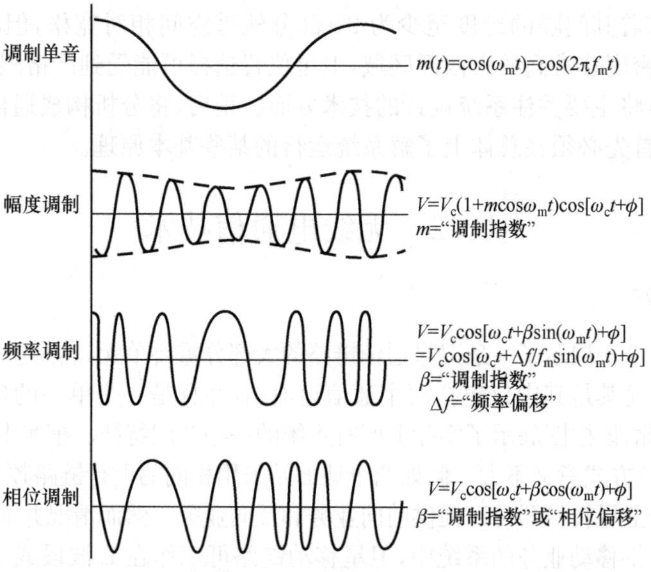

图 12.2　模拟调制类型

(为了观察得更清晰，载波频率相对于调制信号被明显地降低了)

2. 模拟信号和数字信号

图 12.2 所示的已调制载波是模拟信号的一些例子，它们的共同特点是基带信号的瞬时值可以取一定范围内的任何值。

多数通信业务由数字信号组成，这些信号只能取有限多个离散值，通常只有两个值，即对应于二进制的数字 0 和 1。当信号表示为这种数字形式时，上述三类调制被称为幅移键控（ASK）、频移键控（FSK）和相移键控（PSK）。

这些上述调制类型中，还有许多不同特征的变种，使其适于不同的应用。比较常用的技术如图 12.3 所示。例如，ASK 即所谓的“开关键控”，用二进制 1 表示满幅度，用 0 表示零幅度；FSK 的例子为连续相位快速频移键控（FFSK），信号在频率变化过程中其相位是连续变化的，且两个频率的间隔为比特率（如每秒的二进制比特数）的一半。

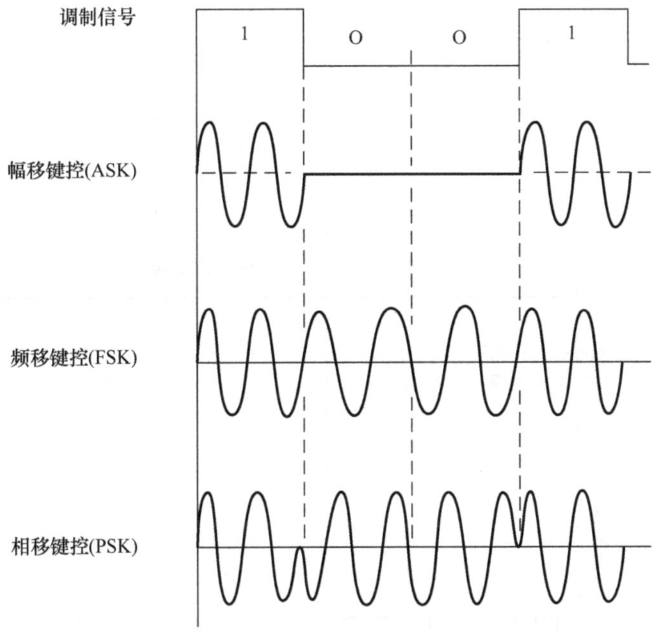

图 12.3 数字信号调制的例子

ASK，开关键控；FSK，快速频移键控；PSK，反向相移键控

（为清晰起见，相对调制信号大幅度降低了所示的载波频率）

选择这种频率分离的优点是便于在噪声中检测信号（详见 12.2.4 节和 12.2.5 节）。

相移键控经常使用两个相位，相差为 π（图 12.3），并称之为反相键控（PRK）或二相相移键控（BPSK）。然而，另一种重要的相移键控类型为四个相位，相位差为 $\pi/2$，称为正交相移键控调制（QPSK）。特别是需要在有限带宽内实现高数据率时,也可以采用更复杂的多相位或多相位加多幅度的方式,带宽是指信号在系统传输中所包含的频率范围。

数字信号自然产生于如数字形式的数据传输或计算机之间的通信中。模拟信号也可以转换成数字信号,大多数的电话业务采用的是数字传输技术,数字化的电视和音频广播正在成为主流。

将模拟信号转换成数字信号形式,可以按照采样、量化和编码三个不同的步骤进行描述。

对模拟信号的采样过程如图 12.4 所示。显然,如果在不同采样时间点之间的信号变化足够平滑,那么根据采样值就可以准确地重建整个信号。可以证明,如果被采样信号的最高频率不大于采样频率一半,则一定可以重建这个信号,这就是著名的奈奎斯特(Nyquist)定理。如果采样频率不够高,就能看到所谓的频谱混叠现象,产生假性频率成分。

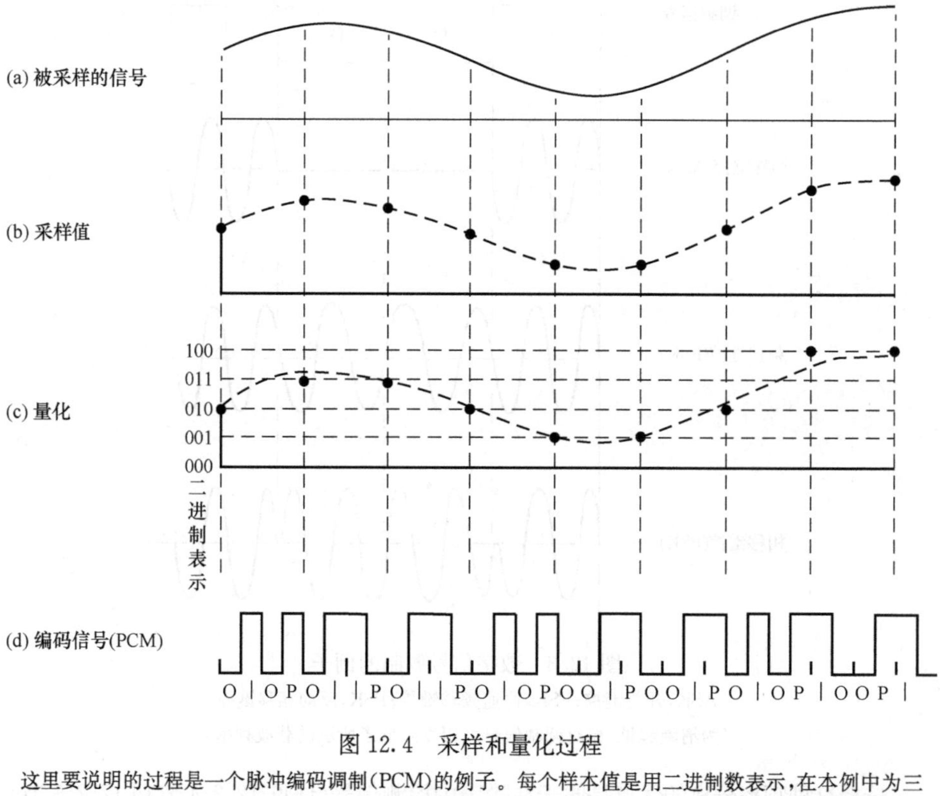

图 12.4 采样和量化过程

这里要说明的过程是一个脉冲编码调制(PCM)的例子。每个样本值是用二进制数表示,在本例中为三个比特数值加一个比特奇偶校验位。(a)被采样的信号;(b)采样值;(c)量化值;(d)编码信号(PCM)。符号"P"是一个奇偶校验位

量化过程就是将每个信号采样值四舍五入为允许的有限个整数(称为量化电平)之一,这就引入了在后续信号处理中无法补偿的电平误差(称为量化噪声)。为了将这种量化噪声降低到一个可接受的程度,可能需要增加可用的量化电平数,但是,量化电平数越多,用于表示某个特定电平所需要的数字量就越多,导致所需的传输比特率就越高,这样就降低了单个比特的传输能量,在机制上而不是量化过程导致信号衰减(见 12.2.5 节)。系统设计者必须为保持整体信号质量最佳而寻求一个平衡点。

最后一个步骤,即编码,可以采取多种形式。最简单的办法将每个采样值直接表示为一个二进制数,然后将这些数字串联起来组合成一个长的二进制数字序列(为了使接收端方便地界定每个二进制字的开头,通常还要增加一些额外数字作为同步标记)。这就是按照术语脉冲编码调制(PCM)所理解的系统。然而,为使信号不易在传输过程中受到损失,该阶段还可以引入一些更精细的技术,例如提供加密或改变信号频谱的手段。因此,与对应的模拟调制相比,数字调制在许多方面更加灵活。

3. 频谱和带宽

设计一个电信系统时,最重要的信号参数之一是带宽。正是这个参数(连同其他参数)决定了图 12.1 中各种滤波器的设计。一个载波波形经过调制后将产生未调制载波以外的新频率成分,所产生的频谱取决于基带信号以及所采用的调制类型。一些典型例子描述如下。

用余弦信号进行幅度调制,频谱可以通过标准三角恒等式推导出来,例如

$$V_c(1+m\cos\omega_m t)\cos\omega_c t = V_c[\cos\omega_c t+(m/2)\cos(\omega_c+\omega_m)t + (m/2)\cos(\omega_c-\omega_m)t] \tag{12.2}$$

其中,频率分量$(\omega_c+\omega_m)$和$(\omega_c-\omega_m)$称为边带信号,而$V_c\cos\omega_c t$则是载波分量。随调制指数m的增加,边带信号的电平将会增加,但信号的频率范围不会改变。此过程在图 12.5(a)给出说明。

对式(12.2)进行简单扩展,可以看出,如果基带信号$m(t)$含一个以上的频率成分,则基带的每个频率成分将产生一对边带信号。一般地,如果$m(t)$不是由离散的频率成分组成,那么其信号频谱可以用其傅里叶变换来表示,$M(\omega)=\int m(t)\exp(-j\omega t)\,dt$。无论基带信号频谱是怎样的,调制后的载波信号频谱具有相同的形式,边带频谱位于载波频率两边的对称位置上,所需的信道带宽是基带信号带宽的 2 倍(和调制深度无关)。

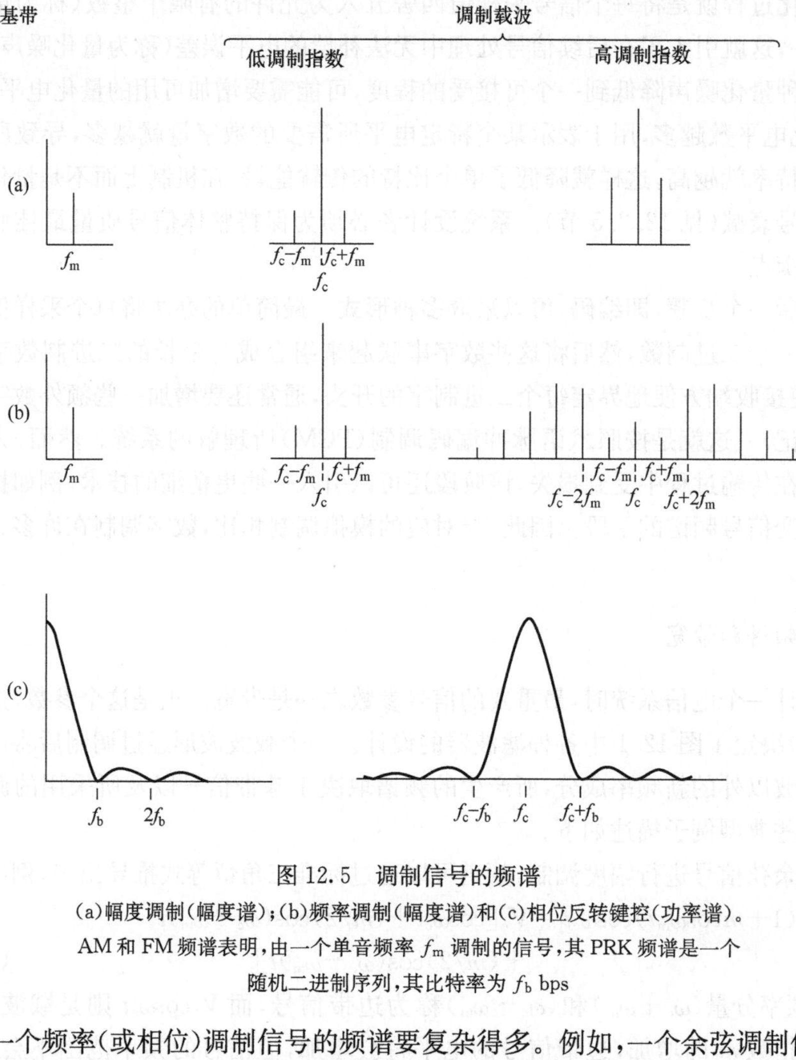

图 12.5 调制信号的频谱

(a)幅度调制(幅度谱);(b)频率调制(幅度谱)和(c)相位反转键控(功率谱)。AM 和 FM 频谱表明,由一个单音频率 f_m 调制的信号,其 PRK 频谱是一个随机二进制序列,其比特率为 f_b bps

一个频率(或相位)调制信号的频谱要复杂得多。例如,一个余弦调制信号,在调制指数 β 很小时,所产生的边带类似于调幅信号,可再次用标准三角恒等式证明这一点。然而,如果该调制指数不是很小,调频信号的频谱则与 AM 的频谱形成鲜明的对比。对表达式的傅里叶分析,如 $\cos(\omega_c t+\beta\sin\omega_m t)$,在$(f_c \pm nf_m)$(其中 n 取所有整数值)频率处产生一个无限频率成分集合,其幅度可以表示为第一类贝塞尔函数。幅度有效的边带频率数量(即信号有效带宽)随着 β 增加而增加(图 12.5(b))。

当基带不是一个单一正弦波时,边带频率不再与基带频率保持一个简单关系。例如,如果基带包含 2 个频率成分 f_1 和 f_2,则调制信号包含所有的 $f_c \pm nf_1 \pm mf_2$(n, m 是整数)频率成分,用严格的数学术语来讲带宽是无限宽的,但可以用一个半经验公式(称为卡森(Carson)公式)来描述信号带宽,该带宽内包括了 98%

的信号功率。

$$卡森带宽=2(\Delta f+f_{\mathrm{m}}) \tag{12.3}$$

其中，Δf 是峰值频率偏差，f_{m}是基带信号中的最高频率。具有足够小调制指数的频率调制信号，只有一阶边带是重要的(β 约小于 0.5)，被称为窄带调频(NBFM)，调制指数 β 较大时称为宽带调频(WBFM)。

在相移键控情况下，信号频谱由调制类型(PRK、QPSK 等)和用于产生比特流的编码过程这两者共同确定。作为一个例子，我们可以通过一个随机二进制信号(即一个由 0 和 1 组成的随机序列，0 和 1 出现的概率相等)来进行 PRK 调制。这种类型的信号不存在傅里叶变换，但是，可以定义一个功率密度谱函数 $S(f)$，表示在频率 f 上单位赫兹带宽内的功率。对于随机二进制信号，有

$$S(f)=V^2T\,(\sin\pi fT)^2/(\pi fT)^2 \tag{12.4}$$

其中，V 是信号电压；T 为 1 比特的持续时间。

由于 PRK 可以被认为是 ASK 类型的一种(信号振幅在 $+A$ 和 $-A$ 之间切换)，调制信号的频谱类似于基带信号频谱，只是中心频率移动到载波频率上，如图 12.5(c)所示。在这种情况下，因为基带信号的带宽是无限的，严格来说信号的总带宽也是无限的。然而，在信号频谱“末尾端”上的功率作用不大，第一旁瓣信号的最大值相对中心峰值已经下降了 13 dB。因此，实际上常常传输的信号至多是介于两边第一个零点之间的这部分频谱。在许多情况下再少一些也满足需要，这要具有部分平滑相位转变的效果，并且没有完全破坏基带信息。由于每秒比特数是 $1/T$，所以随机二进制信号的有效带宽是比特率的 1～2 倍。

如果二进制信号是来自数字化的模拟信号，其比特率由基带带宽以及所需的量化电平数共同决定。例如，对于 4 kHz 带宽的语音信号，采用 256 个量化电平，其比特率就是 64 kbps，因为每秒至少要 8000 个采样，每个采样 8 个比特。

在实际应用中，很多工作是致力于开发数字技术，以便在一些特殊应用领域更有效地利用带宽。一个重要的例子是用于移动通信领域的语音编码。为这个目的而开发的 PCM 是一种过于强大的通用技术，因为它可以再现满足奈奎斯特采样准则的所有波形，包括并非由人所产生的声波，这对语音的理解没有任何贡献。基于语音产生机制建模，或者基于语音波形统计的编码技术，可以实现用 2.4 kbps 速率传输一定质量的语音信号。采用运动图像专家组(MPEG-2)编码标准的数字电视，需要的比特率量级为 5～7 Mbps；对于高清数字电视(HDTV)，需要的比特率约为 25 Mbps。在这两种情况下，明显低于采用简单 PCM 编码方法所需要的 100 Mbps 比特率。

12.2.3 多址方式

大多数的系统都要求多个用户(在某些情况下有很多用户)同时经过同一颗卫星传输信号,实现这一功能主要有三种技术。在频分多址(FDMA)中,每个用户发送一个不同载波频率的信号,在接收地面站通过一个选择频率滤波器来分离信号,在这种情况下信号往往是模拟量。

在数字信号情况下,可以采用时分多址(TDMA)或码分多址(CDMA)技术。在时分多址系统中,单个用户在一个重复传输帧内的一个特定时隙中发送短时数字脉冲,其他用户占用同一传输帧内不同的时隙。传输帧中包括同步字,接收机用于确定一个帧的开始,并选择那些包含特定"消息"的时隙。集中的短时脉冲会导致每个信号都占用整个的信道带宽,但是不会出现两个信号同时发送的情况。在目前世界范围内最流行的移动系统——全球移动通信(GSM)数字蜂窝系统中,正是采用了 TDMA 这一技术。

在码分多址(CDMA)系统中,每个信号使用全部的信道带宽,而且所有信号可以出现在同一时间。在直接序列码分多址(DS-CDMA)系统中,载波信号被调制两次,首先被需要传输的信号调制,然后再被一个更高比特率的二进制数字伪随机序列调制。接收机采用一个正确的伪随机序列码(与发送端的一致)可以消除二次调制的影响,进而恢复出原始的传输信号,但是接收机不能恢复出采用不同伪随机序列码的其他用户的信号。另一种有别于 DS-CDMA 的方式是跳频(FH-CDMA),这需要发送端在可用带宽内伪随机地改变其载波频率,在接收端采用相同的伪随机序列,并与发射载波频率实现同步,才能解调原始信号。多数使用 CDMA 技术的卫星系统采用 DS-CDMA 方式。在上述两种情况下,最终的结果是传输的信号被展宽到比原始信号大得多的带宽上,这种技术也就称为扩频系统。还可以采用上述三种多址技术的组合实现混合多址接入方案。例如,一个 FDMA-TDMA 方案,将可用的带宽划分为多个信道(FDMA),每个信道包含一个 TDMA 帧。

12.2.4 噪声

如果在所有的电子系统中没有了"噪声",那么电信可能出现的问题就很少。在无线电通信系统中,电噪声是物质中的原子及电子随机热运动的结果,它自身显示出微小的随机变化的电动势和电流。电路中的每个电阻元件都产生热功率,在无线电频带内单位带宽产生的噪声功率为 $k \cdot T$ W/Hz,其中 $k=1.38\times10^{-23}$ J/K(玻尔兹曼常量),T 为电阻的温度(K)(在本节中,需要假定被测量的温度采用绝对单位，即在 0 ℃时 $T = 273$ K)。

量子力学预言了噪声的功率谱，表达式为

$$P_0(f)=\frac{hf}{\exp(hf/kT)-1}+\frac{hf}{2} \tag{12.5}$$

其中，$h = 6.625 \times 10^{-34}$ J · s 是普朗克常量。如果 $hf \ll kT$，则可简化为 $P_0(f)=kT$。

噪声电压与典型的信号之间有着本质的不同，如图 12.6 所示。信号有一个准周期的规律结构，而噪声是不规则的和不可预测的。可以用均方根(r. m. s.)值来度量噪声幅度，但完整的指标必须包括概率密度函数(PDF)，即噪声瞬时电压位于 x 到 $x+\delta x$ 之间的概率为 $p_n(x)\delta x$。当噪声源多到一定程度，其概率密度函数 PDF 近似为高斯分布，在这种情况下，$p_n(x)$的公式为

$$p_n(x)=\frac{1}{\sigma_n\sqrt{(2\pi)}}\exp\left(\frac{-x^2}{2\sigma_n^2}\right) \tag{12.6}$$

其中，σ_n 是均方根(r. m. s.)值。

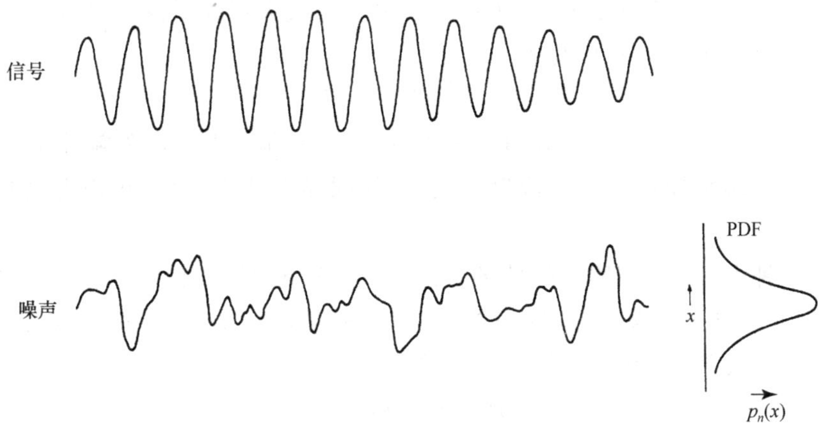

图 12.6　信号和噪声电压的波形

当两个独立的噪声源组合时，必须取它们的噪声功率(或平方的均值)之和。特别是，在不同频率范围内的噪声功率是加性的，因此对一个恒定的功率谱密度 $P_0(f)=kT$ W/Hz，在带宽 B 内的总功率是

$$P=kTB \tag{12.7}$$

噪声的重要性体现在它从根本上限制了通信接收机的灵敏度。决定通信系统总体性能的关键因素不仅仅是信号功率本身，而是信号功率与噪声功率的比值，即信噪比(SNR)。

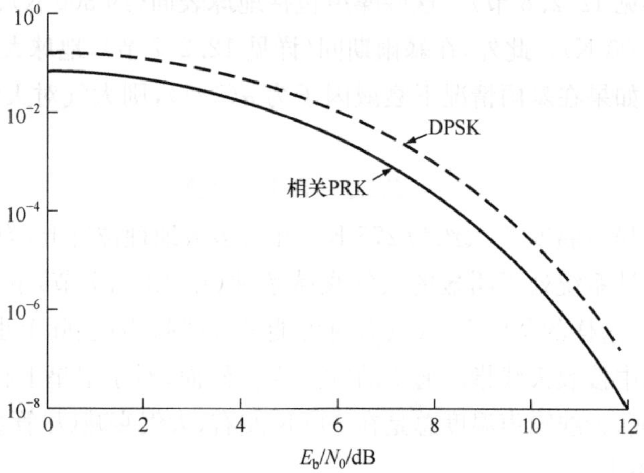

图 12.8 噪声对数字系统的影响

在高斯白噪声、完全同步和最佳检测的假设条件下两种调制系统误码率(BER)与 E_b/N_0 的关系。在相干的 PRK 调制系统中,每个接收比特的相位都与一个从信号中提取参考载波的相位进行比较;在差分 PSK(DPSK)调制系统中,每个比特的相位都与前一个比特的相位进行比较

误的存在,而且(除极特殊情况)还有可能识别并纠正错误的比特。随之发生的错误率减少足以补偿要求增加比特率的代价。

FEC 编码主要有两种,即块编码和卷积编码。如果采用块编码,则将输入数据划分为预先确定的固定长度数据符号块,增加编码后形成固定长度的编码块,这种编码方式特别适用于出现突发错误的情况。卷积编码作用于任意长度的比特流或符号流,特别适用于出现随机错误的情况。这两种编码方式经常形成级联码一起使用,专门用于发射功率严重受限的行星探测任务。

12.2.6 选择调制方式及多址方式

输出信噪比是选择调制技术的主要因素之一,其他重要因素还包括设备复杂度、有效载荷用电效率、频谱占用,以及系统总效率、灵活性和适应性。

如果系统的主要需求是设备简单并且频谱使用效率高,自然应该选择调幅体制(AM)。然而,实际上目前调幅体制很少使用,即使有,调幅体制也是最后一个选择。

宽带调频体制具有特定的解调门限 S/N_0 值,所需的信号功率低于调幅体制(AM),而且不同于调幅系统,发射机可工作在一个效率更高的非线性状态下。宽带调频体制过去已经广泛使用在横跨大陆的电视广播以及采用单载波多路(MCPC)技术的电话系统中,当今主要采用数字技术的办法。当系统中存在许多小型地面站或移动站时,通常是采用相移键控体制(PSK)与单路单载波(SCPC)相结合的办法。与调频体制(FM)一样,使用相移键控体制会产生一个幅度恒定的信号,与 AM 系统不同,它并不要求发射机具有严格的线性度来避免信号失真。由几个独立的载波组合而成的复合信号(如 FDMA)不再具有恒定的幅度。非线性电路的幅度波形失真会导致信号互调(IM),所产生的频率成分与输入频率相关(但与输入频率不同,详见 12.3.2 节)。为了保证信道载波与互调功率之比(C/I)高于一个指定值,一般需要降低发射机工作效率(电源效率也随之降低),当转发器满负荷工作时,这个指定值通常为 15～20 dB。

避免产生互调的最有效方法是采用时分多址技术(TDMA)。在这种系统中,不会同时放大两个信号,所以即使发射机工作在一个严重的非线性状态下也不会产生互调。TDMA 方式需要发送额外脉冲信号用于同步,目的是识别信号通道并给解调器依次提供锁定每路信号的时间,这样发射机所提高的效率部分被发射额外同步脉冲所抵消。

当信号源为模拟形式时,时分多址技术采用 PCM 方式时需要占用比模拟调制方式更宽的频谱带宽。但好处是时分多址技术在信号的交换、路由、多路复用等不同的带宽、不同类型的配置方面提供了更大的灵活性。

12.2.7 无线电波的传播

1. 延迟

无线电波由电场与磁场组成,在自由空间中以约 3×10^8 m/s 的速度传播,这样,信号从地面到地球静止轨道卫星的往返传输时间约为 0.24 s。如果包括其他来自网络信源的延迟时间,由因特网链路将一个用户连接到因特网服务提供商(ISP),单向连接需要的典型延迟时间为 500～700 ms,它远大于常见的通信链路的传输延迟。大量技术用于降低总延迟,虽然光速是恒定的,但可以采用修正协议的方式来降低信号从地面往返卫星所需要的次数。此外,近期的技术开发已使透明传输控制协议(TCP)得到加速,在不更改终端系统 TCP 协议情况下使吞吐量增加。

2. 极化

电场和磁场经过各向同性均匀介质传播,彼此垂直并与传播方向垂直。在一个平面偏振波中,电场方向在一个固定的平面内,如图 12.9(a)所示。如果第二个波的传播方向与第一个波相同且极化平面与第一个极化平面垂直,则两个波将独立传播并可承载不同的信号。一个合适(理想)的接收天线可以从一个极化面上接收一个信号的所有能量,并且完全丢弃另一个信号,称这两种极化为正交极化。

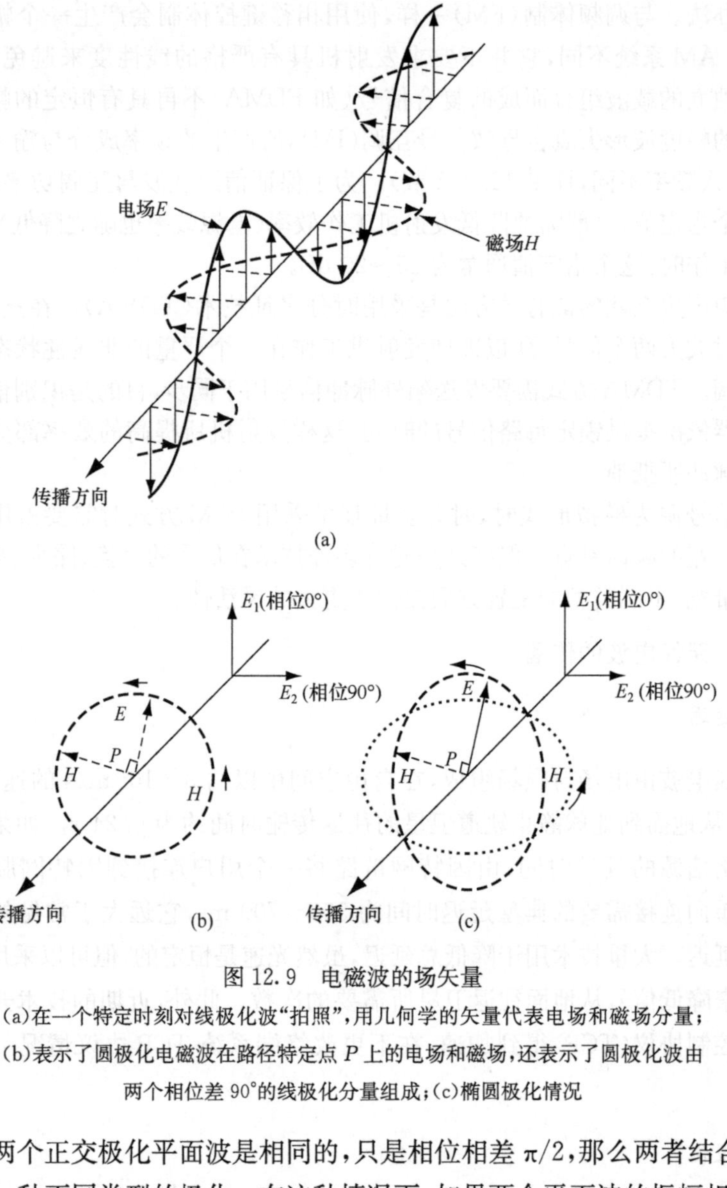

图 12.9　电磁波的场矢量

(a)在一个特定时刻对线极化波"拍照",用几何学的矢量代表电场和磁场分量;(b)表示了圆极化电磁波在路径特定点 P 上的电场和磁场,还表示了圆极化波由两个相位差 90°的线极化分量组成;(c)椭圆极化情况

如果两个正交极化平面波是相同的,只是相位相差 $\pi/2$,那么两者结合就可以被视为另一种不同类型的极化。在这种情况下,如果两个平面波的振幅相等,则在传播路径上任何一点电场矢量末端是旋转的,且轨迹为圆形(以几何方式表示),称为圆极化。当观察者顺着传播方向观测时,极化既可能是右旋的也可能是左旋的,取决于旋转矢量是顺时针方向还是逆时针方向,图 12.9(b)给出右旋圆极化的情况。更一般的情况,如果两平面波的幅度不相等、相互正交的、相位差为 90°,其结果是椭圆偏振(图 12.9(c))。

左旋极化和右旋极化是相互正交的，可通过适当的天线独立地接收各自的信号(见 12.3.3 节)。

3. 在地球大气中的传播

卫星信号传播的绝大部分旅途基本在自由空间中，而且特性没有改变，只是信号强度随距离 r 的增加以 $1/r^2$ 比例衰减。然而，在最后的几公里经过地球大气层时所遇到的不可预测的现象，严重影响系统的性能，大气的影响可分为发生在电离层以及发生在对流层这样两类。电离层的影响对于低频及中频信号的影响是非常明显的，一般幅度随着 $1/f^2$ 而改变，卫星链路一般采用微波频率，此影响可以忽略不计。但是，对流层给信号传播带来的影响则是非常显著的，主要有折射、衰减及闪烁三种效应，但只有衰减通常能给系统的设计者带来严重的问题。

大气折射导致卫星的仰角稍稍增大，偏差幅度取决于仰角、大气压和水蒸气的含量。在标准大气下，仰角偏差近似为

$$R=\frac{0.02}{\tan[e+0.14+7.32/(e+4)]}(^\circ) \tag{12.12}$$

其中，e 为实际的仰角(°)。因不同的气候条件导致的轻微变化，可以很容易地通过地面站天线跟踪卫星来适应。

对流层给信号造成的衰减有两个原因，第一个为气体分子吸收，如图 12.10 所示，它表明，对于氧和水汽，衰减是频率的函数，两者一起几乎涵盖了所有的大气吸收。两条曲线显示了很强的吸收带，虽然这些发生在更高的频率上，但它比目前在卫星通信中广泛使用的频率还高。水汽吸收带的中心为 22.2 GHz，对 20～30 GHz 信号产生显著的影响。有意思的是，由于氧气在 60 GHz 频率的强烈吸收，该频点非常适合于工作在大气层以上的星间链路，大气层屏蔽了来自地球的干扰信号。除了微波频率吸收带，由于远红外吸收带的拖尾效应，背景衰减随着频率升高而上升。在 10 GHz 以下的频率，通常可以忽略晴空时的衰减，但在 Ku 及其以上频段则不能完全忽略。

更大衰减效应来自降雨。水滴具有散射和吸收辐射效应，当水滴尺寸达到与波长同量级时，影响最大。因此在微波频率范围内，信号波长大于雨滴尺寸时，信号衰减随频率的升高而增加。在雨滴尺寸分布和雨胞大小的合理模型假设下，可以获得半经验曲线，给出衰减随频率以及降雨率的变化关系。

因为雨衰的变化非常大，系统设计者必须寻求某种方式来决定合理的性能余量，以允许偶然发生信号的强衰减。通常由客户给出对系统故障的容忍时间，将其中部分故障时间分配给因为降雨导致的信号失锁，设计者随后必须尝试预测在该

分配时间内的大气衰减量。理想情况下,能够获得地面站的大气衰减实测统计值。否则,就需要使用 ITU-R 提供的方法,可用一种通用方法将雨量统计值转换成衰减量的预测值[5],该方法建立了衰减值与降雨发生概率、无线电频率、地面站位置以及卫星仰角之间的关系。如果当地没有雨量统计数据,可参考文献[6]制作的降雨率分布图。对于温带气候的情形,如果链路可靠性为 99.9%,这时典型的衰减余量范围:11 GHz 为 2 dB,14.5 GHz 为 3.5 dB。

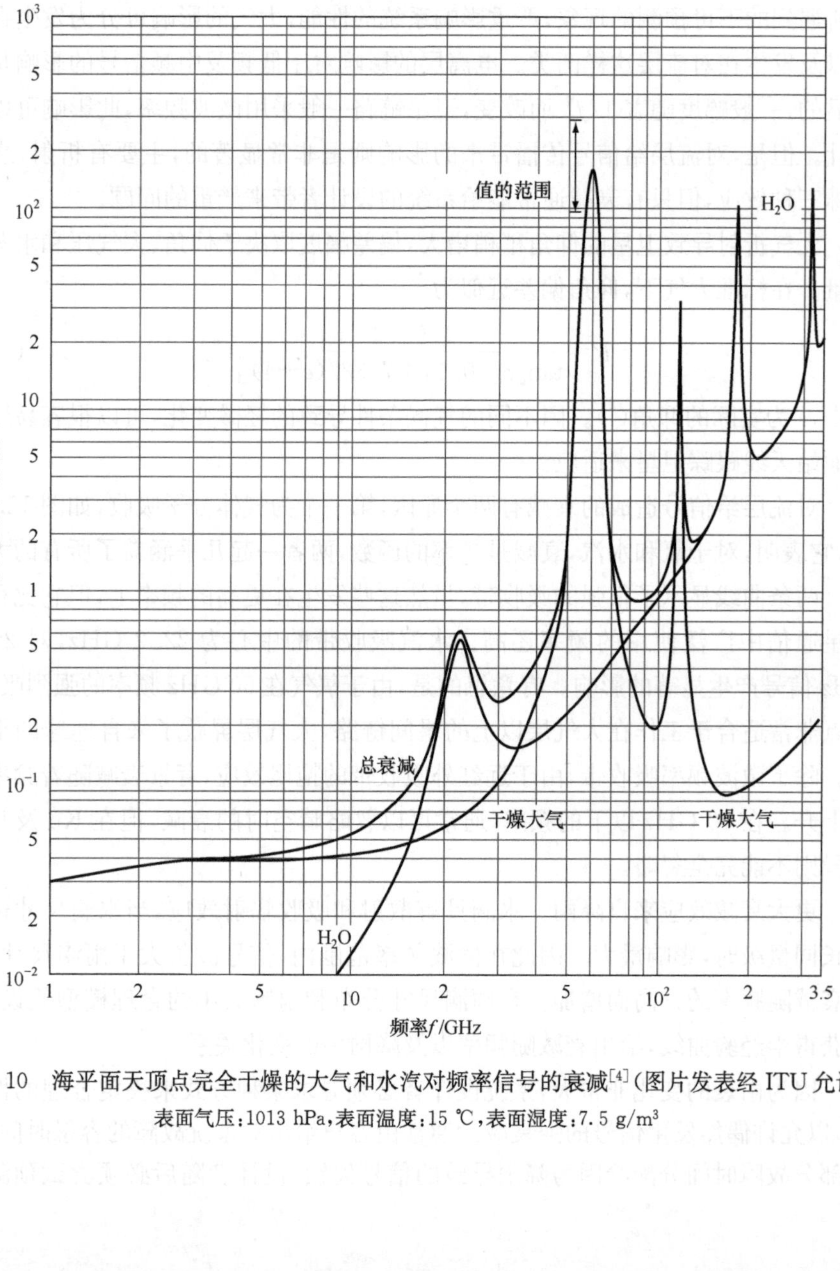

图 12.10 海平面天顶点完全干燥的大气和水汽对频率信号的衰减[4](图片发表经 ITU 允许)

表面气压:1013 hPa,表面温度:15 ℃,表面湿度:7.5 g/m³

如星光般的信号幅度闪烁或快速起伏，带来的影响通常很小，对于大多数应用可以被忽略。然而，在天线处于低仰角条件下，因为较长的大气路径，传输效应被大大增强了，在这种情况下经常出现几分贝的闪烁深度。作为一项普遍规则，卫星链路在天线仰角低于 10°的条件下是不工作的，但在某些情况下却无法避免。闪烁的重要性在于，除了晴空信号衰减以外，还总会造成通信容量略有减少(因此，在商业系统中，导致收入损失)。从长期来看，这可能与偶然发生的信号衰减同样严重，特别是在能够补偿短期信号衰减的系统，例如，通过重新为不同信道分配功率或者改变编码参数。

降雨的另一个后果是信号退极化。由于雨滴有些扁平，某一个平面极化的信号吸收超过另一平面极化。因为雨滴轴向通常与信号极化面成一定角度，这种不同的吸收造成极化面的轻微旋转，或使一个圆极化信号变为轻微椭圆极化的信号。由于信号极化与接收天线极化的不匹配所导致的功率损失并不大。然而，正交极化尽管低于需要的极化电平要求，它的存在会严重影响依赖极化实现频率重用的系统(见 12.2.9 节)。

需要进一步讨论的传播效应是多路径信号，即在卫星和地面终端之间同时存在 2 个或更多个传播路径。因为异常的对流层条件导致的多路径可能是偶尔发生的，而更常见的是由地面或建筑物的反射导致的。间接路径到达的信号对主信号的干扰可能是建设性的，也可能是破坏性的，导致信号增强或减弱。由于干扰条件取决于各路径的波长差，传输衰减可能随信道带宽内频率变化而迅速变化，从而导致信号失真。在固定卫星业务中，多路径通常不会产生任何问题，因为地面站站址条件良好，并采用窄波束天线(可以只选择一个到达方向)。然而，在移动卫星业务中，可能在城市环境中使用低增益地面终端天线，需要额外的链路余量来应对多路径(如建筑物的遮挡等)影响。

12.2.8　天线

这一部分包括天线的一般特性，因为这些特性影响通信系统的性能。各类星载天线将在后面讨论(见 12.3.3 节)。描述天线的特性一般以传输的术语给出，但它们也同样适用于接收。一副天线的主要特性，如增益和波束宽度，对于发射和接收都是相同的。

1. 天线方向图及波束宽度

没有一副天线是严格各向同性的。就是说，没有一副天线在所有方向上具有相同的发射和接收强度。事实上，大多数天线是特殊设计的，使得天线只在一个方向上辐射最强。

天线的方向属性可以用辐射场密度或功率的极坐标图表示为方向的函数。这种方向图的二维截面称为极坐标图(图 12.11)。显然,大部分辐射能量集中在一个狭窄的方向内,这个范围称为主波束;但在其他方向也会出现电平较低的辐射,这些方向称为旁瓣。旁瓣的重要性在于它可能显著增加了天线噪声,并形成与其他系统的相互干扰。图 12.11(b)说明了波束宽度的概念,通常是测量两个−3 dB 点的波束范围,称为 3 dB 波束宽度,有时也会定义其他的特定值(如−1 dB、−4 dB),方向图中第一个极小点之间的波束范围称为主波束。波束宽度与天线尺寸有关,许多微波天线具有很大的物理面积或孔径,激励可以是一个单一的主馈源或多个小的辐射单元。最常见的装置是被喇叭馈源激励的抛物面反射面(见 12.3.3 节)。在远场条件下测量的辐射方向图是在天线孔径上分布的电磁场的傅里叶变换,从傅里叶变换的标量特性可得到天线波束宽度与天线尺寸成反比。一个实用的计算波束宽度的经验公式为

$$3\ \text{dB 波束宽度} = 70(\lambda/D)\ (^\circ) \tag{12.13}$$

其中,λ 为波长,D 为天线直径。该公式适用于一种有典型激励分布的圆形孔径天线,但是也可以作为大多数"孔径"类型天线的一个粗略指导。

将天线设计成均匀激励的并不常见,通过在天线边缘实现"逐渐减弱"激励,可能实现较低电平的旁瓣,即减少来自主馈源的泄漏,导致的结果是波束宽度略微增加并降低了增益(见下文),而这个代价往往是值得付出的。

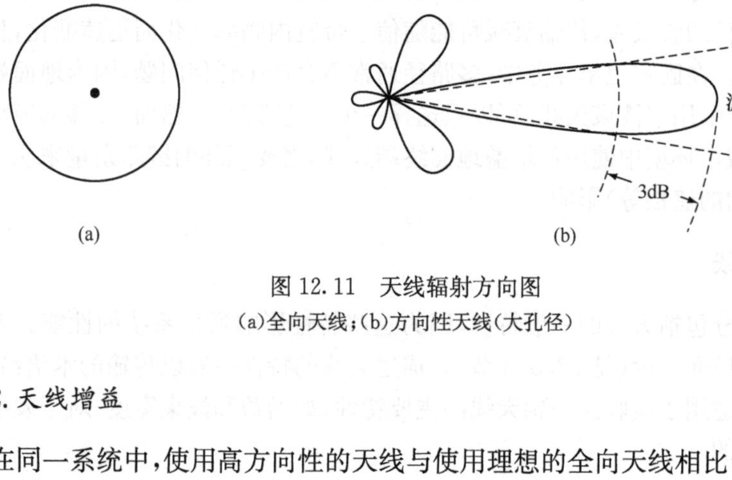

图 12.11 天线辐射方向图

(a)全向天线;(b)方向性天线(大孔径)

2. 天线增益

在同一系统中,使用高方向性的天线与使用理想的全向天线相比,其重要性在于能够提供信号功率增益。相关的增益表达式如下:

方向性增益=实际功率密度/具有相同总辐射功率的各向同性天线的功率密度;

功率增益=实际功率密度/具有相同输入功率的各向同性无损天线的功率密度;

假设在距天线相当远的固定距离处测量辐射密度,由于天线存在损耗导致功

率损失，实测的功率增益略小于方向性增益。

对于物理面积为 A 的均匀激励天线，在主波束中心位置的方向性增益由下面公式给出

$$G=4\pi A/\lambda^2 \tag{12.14}$$

可以使用相同的关系式来定义任意天线的有效口径 A_e，即

$$A_e=\lambda^2 G/4\pi \tag{12.15}$$

非均匀激励会导致有效口径小于天线物理面积。定义天线孔径效率如下

$$\eta=A_e/A \tag{12.16}$$

对于典型的微波天线，η 介于 0.5～0.7。采用相同的方法，用功率增益代替方向性增益来定义天线的总效率。

在一个指定覆盖区域的卫星系统中，最佳天线尺寸需在天线增益与波束宽度之间权衡。为了优化覆盖区域边缘地区的性能（这通常是系统设计的关键需求），在边缘方向的增益通常应该比波束中心低约 4.2 dB。

3. 极化轴比

多数天线被设计成纯圆极化或者平面极化，但实际上天线辐射总是椭圆极化的；从这个观点来看，天线的质量可以用"轴比"来表示，轴比定义为极化波在两个正交平面上的辐射功率之比(dB)，并选择使比率最大的极化平面。

对于圆极化天线，轴比的理想值是 0 dB。在直接指向卫星的地面站天线上可获得 1 dB 的轴比；但对于星载天线，在覆盖区域边缘波束的轴比可能高达 2～3 dB。

由于发射天线和接收天线的最大增益平面可能不是严格对准的，必须考虑补偿极化损失。

对于平面极化天线，轴比应尽可能地大，以排除可能出现的另一个极化方向的信号。轴比（或者在这种情况下通常被称为交叉极化率：XPD，一般都用这个术语）高达 30 dB 也并非不合理。

12.2.9 频率的重复使用

前面已经指出，拥挤的频谱致使卫星通信逐步转向使用更高的载波频率。然而，频率升高通常意味着降低可获得的发射功率以及增加在大气中的信号衰减。这样，最大限度地利用低频频段就具有显著的效益。现在有许多卫星使用同一个载波频率传输两个或更多的信号，实现途径可以采用空间分离的方法，使用同一个频率的两个信号分别用不同的窄波束发射到地面上的不同区域；也可以通过极化分离的方法，使用同一个频率的两个信号分别用正交的极化方式在同一路径上传输。在前一种情况下，点波束频率重用与蜂窝基站无线电的频率重用相似；在后一种情况下，天线的缺陷以及大气效应可能增加交叉极化干扰。虽然交叉极化干扰

可能是个问题,但专门设计的接收机可以提取一个信道上的信号而"忽略"在另一个信道上不需要的信号,从而使得极化分离技术在实际上可行。在无线电频谱上可能有相当大的节省空间。

12.2.10 链路预算

我们现在回到如何计算需要的发射功率这一问题。已经知道,对于一种给定的调制方式,系统总性能取决于接收机的射频载波功率与噪声功率密度之比,即 C/N_0。接收机剩下的问题是 C/N_0 与发射功率的关系。

天线增益的定义意味着发射机的输出功率 P_T 和天线的增益 G_T 有关,为了计算目的,可以用全向辐射功率 P_TG_T 代替,P_TG_T 称为等效全向辐射功率(EIRP)。各向同性辐射源的功率会各向均匀辐射,则距离辐射源 r 处的 PFD(即流过单位面积的功率)为

$$S=P_TG_T/(4\pi r^2) \tag{12.17}$$

如果因大气衰减导致功率损失的因子为 L_A,则接收出的 PFD 为

$$S=P_TG_T/(4\pi r^2L_A) \tag{12.18}$$

增益为 G_R 的接收天线的有效面积为

$$A_R=\lambda^2G_R/4\pi \tag{12.19}$$

因此,输入到接收机的信号功率为

$$C=P_TG_TG_R(\lambda/4\pi r)^2(1/L_A) \tag{12.20}$$

最终,对于系统噪声温度 T_{sys},在接收机输入端的噪声功率为 kT_{sys},得到信噪比为

$$C/N_0=P_TG_T(\lambda/4\pi r)^2(1/L_A)(G_R/T_{sys})(1/k) \tag{12.21}$$

在这个被称为通信链路预算方程的表达式中,因子 P_TG_T 可被视为衡量发射机性能的一个参数,比值 G_R/T_{sys} 可被视为衡量接收机性能的一个指标。除了常数 $1/k$ 之外,其余因素与信号传播路径有关,其数值

$$L_S=(4\pi r/\lambda)^2 \tag{12.22}$$

称为自由空间损耗。可以把它视为相距 r 的两副全向天线之间的信号损耗。可能看起来奇怪的是空间损耗应该取决于频率,但这是该考虑方式(略显主观)的一个假象,这种思考方式,把与发射机和接收机相关的因素分离开来了。

对于一颗处于地球静止轨道上的卫星(其中 r 为 3.6×10^7 m),从发射机到星下点的空间损耗如下

$$L_S=183.6+20\log_{10}f(\text{GHz}) \tag{12.23}$$

如果地面站不在星下点,所增加的路径长度将导致额外的空间损耗,其衰减量取决于从地面站看到卫星的仰角。

以空间信号损耗表示 C/N_0,为

$$C/N_0=P_TG_T(1/L_S)(1/L_A)(G_R/T_{sys})(1/k) \tag{12.24}$$

由于可以由系统指标确定所需的 C/N_0，我们可以用该表达式计算出所需的发射功率 P_T。一个典型的链路预算例子如表 12.1 所示。在该表中，计算从 P_T 值开始，最后推导出 C/N_0 值，以表明符合用户的需求。

表 12.1 链路预算举例[1]

发射机输出功率(每个载波)		−14.4	dBW
多载波损耗[2,3]	0.2		dB
发射电路损耗[2]	0.9		dB
发射载波功率		−15.5	dBW
发射天线增益		18.0	dBi
等效全向辐射功率(EIRP)		2.5	dBW
空间损耗[2,4]	206.1		dB
极化损耗[2,5]	0.1		dB
大气及多路径损耗[2,4]	4.0		dB
传输总损耗[2,4]		210.2	dB
地面站 G/T 值		35.0	dBi/K
玻尔兹曼常量		−228.6	dBJ/K
接收机 C/N_0		55.9	dBHz
发射机 C/N_0[6]		69.2	dBHz
最终 C/N_0[7]		55.7	dBHz
载波互调比 C/I_0[8]		67.0	dBHz
总 C/N_0(包括干扰)		55.4	dBHz
要求的 C/N_0[9]		55.3	dBHz
余量		0.1	dB

1. 基于海事卫星系统岸到岸的链路研究，这里的预算是一条采用单路单载波(SCPC)方式传输高质量话音业务的 11.7 GHz 链路(无前向纠错(FEC))，假设全球覆盖。

2. 以分贝数表示的损耗因子(大于 0 dB)，即功率除以损耗因子。以 dB 为单位时，用功率(dBW)减去损耗(dB)即可。

3. 校正由于噪声和互调分量导致的发射机功率损失。

4. 地面站天线的最小仰角为 5°。

5. 天线轴比：卫星 3 dB，地面站 1 dB。

6. 来自上行链路的预算。

7. 最终的 C/N_0 通过加上噪声功率来计算，如 $(N_0/C)_{tot}=(N_0/C)_{up}+(N_0/C)_{down}$。

8. 载波功率与互调分量的功率谱密度比(互调分量视为“噪声”)。

9. 来自用户的要求

信噪比与 12.2.5 节中描述的比特能量和噪声功率密度比(E_b/N_0)通过下式相关联

$$E_b/N_0=C/RN_0 \tag{12.25}$$

其中,R为信道数据率。

为便于计算,通常以分贝为单位,为此在表 12.1 中,所有与功率成比例的量均相对于适当的单位表示为 dB。例如,1 W 功率表示为 0 dBW(相对于 1 W 的 dB 数)或 30 dBm(相对于 1 mW 的 dB 数),1 MHz 带宽表示为 60 dBHz(相对于 1 Hz 的 dB 数),玻尔兹曼常量是－228.6 dB J/K(相对于 1 J/K 的 dB 数)。还应该注意,C/N_0 单位为功率/(每赫兹的功率),即为频率,可表示为 dBHz。

12.3 通信载荷

12.3.1 转发器系统

一个典型卫星转发器的简化框图,如图 12.12 所示,它与其相关的天线分系统共同组成一个完整的卫星转发器。根据卫星的不同用途,在同一载荷上可以有一个或多个这样的转发器。

在考虑这些单元的任何细节之前,我们将沿着信号通过转发器的路径,列出主要分系统并概述这些分系统的功能。本图的方案为二次变频载荷,后面也会介绍一些其他方案。

1. 信号路径

(1) 天线分系统的功能是收集入射信号的功率。显然,主要需求是天线的口径足够大以接收适当强度的信号,并且天线波束应指向正确的方位(一个不言而喻的需要,但在实现时常常是驻波问题的根源)。在一个频率重用的系统中,该天线分系统必须根据信号的方向和极化方式来分辨不同的信号,相同频率的不同信号必须出现在不同的输出端口。

(2) 低噪声放大器(LNA)必须把到达天线的微弱信号放大到一定的电平以便进行后续处理,避免因为电子电路的噪声而导致信号质量的下降。此外,LNA 通常配套一些基本滤波器,其主要目的是衰减那些可能在相邻通道频率上出现的强信号。

(3) 下变频器将信号变换到较低的频率(中频,IF),在该频率上进行足够的信号放大。这样就产生了适于多种通信方式的窄带信道,对于实现星载路由和处理功能也是必要的。频率变换还能有效地消除转发器的输出与输入耦合而产生的放大器振荡。下变频器在其输入端与输出端中均包含滤波器,图 12.1 中出现的输入滤波器是作为 LNA 的一部分,其目的是提供一个更陡峭的射频通带,并抑制“镜像通道”(见 12.3.5 节)。输出滤波器抑制各种在下变频过程中产生的不需要的频率,有利于所需要的中频信号。

(4) 中频处理器。处理器的第一部分通常是信号分离器或滤波器组,将下变频器输出的宽带信号分离为一定数目的独立通道。尽管在一个多通道转发器中设备的增加带来质量和费用的代价，但其优点是减少高功率级互调(IM)分量(见下面介绍)，在不同天线波束、不同频段之间的信号路由具有更大的灵活性，并能优雅退化(意思是，当设备出现故障时性能逐渐降低，而不是突然地完全丧失功能)。处理器的第二部分是一个执行路由操作的开关矩阵，在设备故障情况下，选择仍然能够工作的通道。最后，为每个通道配置一个中频放大器，并给转发器提供大部分的功率增益。

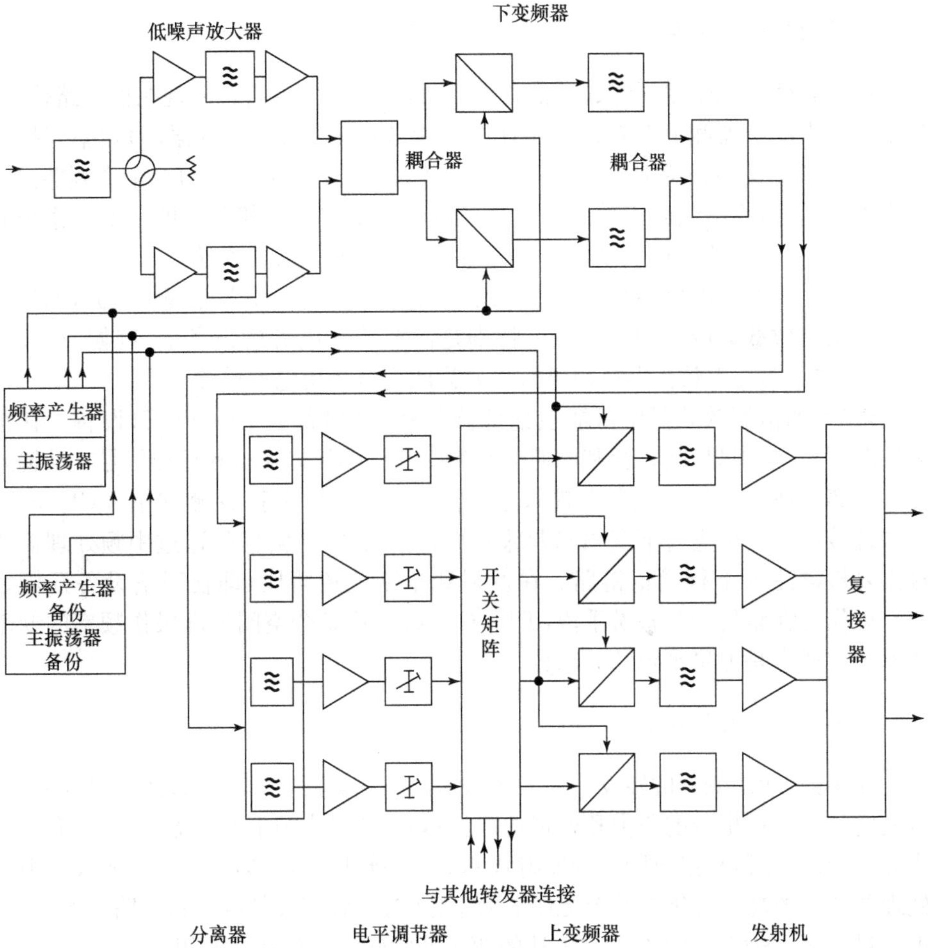

图 12.12 星载转发器简图

(5) 上变频器具有与下变频器相反的功能，将放大后的中频信号变换到要发射的较高的频率。与下变频器一样，它在输出一个正确频率的同时，也产生许多不需要的频率。因此，在信号被送到最后的放大器之前需要进一步滤波。

(6) 发射机(或称为大功率放大器，HPA)将信号功率放大到所需要的输出电平。功率放大器必须以最大效率来实现这一目标(减小对卫星一次电源的消耗)，并且信号失真度在可接受的范围内。在通道化的系统中,所有通道的信号必须经过一个复接器将多个信号频带重新组合,形成单一的输出频段。由于非线性功率放大器总会产生一些谐波以及其他无用的带外信号,需要一些滤波器滤除这些信号。如果信号发射和接收均使用同一副天线,发射机输出滤波器和接收机输入滤波器可以合成为一个单元,即双工器,其附加的功能是确保输入信号和输出信号被送到正确的端口。

2. 其他有效载荷单元

还有其他的几个单元组成通信有效载荷,但它们没有直接出现在信号路径上。其中有给下变频器和上变频器提供连续正弦波(CW)信号的本振,为频率变换提供所需的频率偏移。特别地,本振单元会提供多个信号输出,为每一个变频器提供一个本振信号,本振信号中的几个或全部可能需要与谐波相干。即使不是系统需求,但从单一主振荡器产生全部需要的频率通常是比较好的做法。

为了实现稳定的增益和频率,需要稳压电源来供电。服务舱提供电源,而进一步稳压由有效载荷内部单元完成。特别是需要特殊电源的设备上,例如,行波管(TWT)或固态功率放大器(SSPA),需要为此配备专用电源单元。

最后,通信有效载荷中可能包括部分跟踪、遥测和指令(TT&C)设备。在很多情况下,一旦卫星在轨,会利用通信频带内的频率传输遥测和遥控信号。从输入信号分离器或者中频处理器上提取遥控信号,或许为跟踪、遥测和指令(TT&C)分系统接口进一步进行下变频或者部分解调。同样,遥测信号通过中频处理器或输出复接器注入下行通信链路。在发射和早期轨道阶段(即在通信设备开机之前),也作为在轨的一个备份手段,TT&C 系统使用某个空间标准操作频率的专用转发器。通常是卫星平台的一部分。

3. 其他类型的转发器

几年前,两次变频的转发器在大多数情况下是最便宜和最有效的,提供必要的转发增益并实现星载的路由和处理功能。然而,如果去掉上变频器,就可以有助于降低复杂性,保留从接收频率到发射频率的唯一转换。这样,大部分的放大和中频处理器的其他功能必须在某个无线电频率(通常是频率较低的下行链路频率)上实现。对于 Ka 波段以上的频率,上述的两次变频转发器仍然在使用。

上面描述的系统被称为透明转发器。一个替代方案是采用星上信号解调,并紧随一个单独的下行链路载波调制,这样的装置称为再生转发器。在上行链路噪声显著的情况下,再生转发器能够改善数字系统的信噪比;例如,在使用小型地面站的情况下,上行链路的发射功率可能受到限制。在一个再生转发器中,在基带上可以将数字信号“清理干净”,即只有那些峰值大到足以引起比特误码的噪声才会被传递到输出端。由于比特误码率对信噪比通常是非常敏感的,在误码率积累而不是噪声功率积累的系统中具有优势。再生转发器的进一步优点是允许在基带上进行复杂的信号处理。除了对个别信号进行路由外,还可以根据信号传输条件的变化改变编码结构并选择正确的纠错码。

4. 冗余的使用

在全部有效载荷系统中,通信有效载荷通常包括最关键单元的冷备份。在信道化的系统中,前面已经提到其固有冗余可作为"优雅退化"的一个资源。对于所有或大多信号路径的共同单元,例如(图 12.12 所示的有效载荷中)低噪声放大器、下变频器和本振通常提供一个或多个备份,但是在具有多条并行信号路径时,备份数量的比例较低可能更合适。尽可能地使用无源功率分配器和合成器或混合耦合器将备件连接到转发器,这样可以简单地通过电源上电和下电来选择工作单元。使用无源元件而非射频开关可获得更高的可靠性。然而,由于使用这些组件都会引入信号损失(如使用一个功分器或混合耦合器,至少损失 3 dB),它们不能用于噪声电平非常关键的接收机的输入端,也不能用于发射机不能忍受功率损失的 HPA 的输出端,在这些位置上必须使用低损耗射频开关。

5. 质量和功率预算

设计有效载荷系统最重要的一个方面和选择有效载荷结构的一个决定因素,就是估计设备的总质量和总功率的需求。这些量在不同有效载荷设备上的分配差异是很大的,因此,表 12.2 和表 12.3 给出预算的示例不应被视为具有通用性。但是,它们广泛代表了大多数提供固定卫星和直播相结合业务卫星的情况。

两张表给出的预算是一个具有 20 个通道一次下变频的有效载荷,提供区域性覆盖。质量预算和用于功率计算的设备数量的差异是因为列入了冗余备份。功率预算显示,在 20 个通道都被驱动到其最高功率电平时功率需求最大。特别引人注目的是 HPA 在载荷质量的支配角色,HPA 的功耗不仅对有效载荷,而且对整个航天器的功耗都起主要影响作用。

表 12.2　航天器功率预算的例子

	数量	功耗/W		耗散功率/W
		设备	总功耗	
接收机(LNA、下变频器、本振)	2	20	20	20
通道放大器	20	70	70	70
行波管	20	3310	3310	1250
电源适配器(用于通道放大器和行波管)	20	3710	330	330
载荷总功耗			**3730**	
航天器平台功耗(春分或者秋分点)			340	

续表

	数量	功耗/W		耗散功率/W
		设备	总功耗	
损失/电池充电(春分或者秋分点)			670	
功率需求			**4740**	

表 12.3　航天器质量预算的例子

	数量	总质量/kg
接收机(LNA、下变频器、本振)	4	8.5
通道分离器	4	16.0
开关矩阵	2	11.0
通道放大器	28	8.5
行波管(包括隔离器、输出开关等)	28	85.0
复接器	2	9.0
射频电缆/波导	—	10.0
直流供电线缆	—	10.0
固定/安装板等	—	7.0
转发器总质量		**165.0**
天线分系统		60
载荷总质量		**225**
结构/推进		290
热控		60
姿态测量和控制		50
遥测、遥控、测距		50
太阳电池阵		125
蓄电池		180
电源适配器及线缆		80
余量		3
平台总质量		**838**
航天器干重		**1063**

12.3.2　有效载荷系统性能

1. 天线覆盖范围

已经注意到(12.2.8 节)天线的覆盖范围和增益与天线的尺寸(往往取决于可用的安装空间)密切相关。因此,在计算其他关键性能(如 EIRP 和 G/T)时,覆盖范围和天线增益通常被视为预先确定的参数。由于通常要求性能适用于最恶劣的情况，因此服务区域边缘的天线增益至关重要。

2. G/T 值

对于给定的天线增益，只有通过降低系统噪声温度 T_{sys} 才能提高 G/T 值。T_{sys} 的主要贡献来自第一级放大器的噪声和地球热辐射导致的天线噪声。假设采用了现代先进的放大器设备，那么几乎不能再减少这些噪声来源。其他噪声来源更容易为设计者所控制，包括来自转发器后级电路产生的噪声，来自发射机产生的噪声(不能通过输出滤波器完全滤除)以及来自接收机输入端损耗产生的噪声。

输入损耗包括天线连接馈线或波导的衰减、输入滤波器的衰减、测试耦合器(如果安装的话)的衰减和阻抗失配损失衰减。在航天器的布局设计中，LNA 应尽可能靠近天线，以尽量减少馈线的衰减。滤波器的衰减取决于滤波性能需求和滤波器的类型(见 12.3.8 节)。阻抗失配损失源于在接口设备之间实际的电阻抗值与正确的设计值略有不同所造成的信号反射，来自一个接口的反射通常可以保持在低至 1% 或 2% 的功率，但是级联几个接口后可以产生一个小的但不容忽略的损失。

如果 LNA 有足够的增益，来自后一级的噪声对整个系统的贡献可以降低到很小，尽管如此，IF 处理器有时会产生显著的噪声贡献，这是因为功分器、混频器和滤波器往往置于第一中频放大器之前，它们引入的衰减降低了高增益低噪声放大器的效果。

系统噪声温度的详细计算用来论证 G/T 值满足需求，并在不同设备之间分配所需的增益。

12.3.3 天线分系统

天线分系统往往是航天器设计中的一个关键因素，因为它对航天器的总质量和稳定性有影响，天线在发射阶段可能需要收拢，在轨阶段需要展开并要求指向地球，这一要求可能来自双自旋平台。

从通信的角度看，对天线设计的第一个约束是波束需要覆盖的面积，它决定了波束宽度进而决定天线的尺寸(12.2.8 节)。表 12.4 给出的天线直径，对应了三种下行链路频率以及两个极限服务区，一个是地球覆盖，对应于 GEO 轨道波束宽度为 17°，在覆盖边缘天线增益为 18.5 dBi；另外一个是点波束覆盖，如不列颠群岛，波束宽度为 1.5°，在区域覆盖边缘天线增益为 40 dBi。可以看到，较大的覆盖区域(与地球覆盖相比)大小适中的天线就足够满足使用要求，特别是使用较高的工作频率。

使用点波束几个可能的优点如下：

表 12.4 静止轨道上航天器的天线口径

	地球覆盖	英国国土覆盖
波束宽度	17°	1.5°
增益(覆盖区域边缘)	18.5 dBi	39.8 dBi
	直径/m	
频率		
1.5 GHz(L-波段)	1.0	11.0
4.0 GHz(C-波段)	0.37	4.1
12.5 GHz(Ku-波段)	0.11	1.3

(1) 可能要求覆盖区域严格受限,避免与其他业务产生干扰。

(2) 可能需要高增益天线为小口径的地面终端提供服务,在这种情况下,可能由多个点波束提供业务覆盖区域。

(3) 如果使用高增益天线(每个载波需要相对较少的发射功率)为高密度业务量区域提供服务,就可以更有效地使用发射功率。

(4) 点波束可以通过空间分离实现频率重用。

对点波束的数量和波束宽度进行折中显然是非常复杂的,涉及整体系统设计的诸多方面,包括航天器的结构设计、天线展开、姿态控制、供电、热控等,以及通信容量和市场预测。

天线类型

(1) 在 4 GHz 或更高频率的情况下,小口径喇叭天线可以很容易地覆盖地球。其最简单的形式是在矩形或圆形波导末端向外展开一段,产生所需要的孔径尺寸(图 12.13(a))。为了改进辐射方向图,往往对这种简单的结构加以改进,如在喇叭的展开部分采用阶梯设计或刻波纹。

(2) 贴片天线(图 12.13(b))主要由安装在与接地面绝缘的介质上的导体组成,它们的使用通常局限于相当宽的波束,增益小于 14 dB。可用于相控阵以提供方向性辐射图,通过改变馈电信号的相对相位实现波束扫描和改变波束。

(3) 反射式天线,如喇叭作为馈源的抛物面天线,通常是窄波束需求最令人满意的解决方案。最常见的馈源配置是前馈方式,波导直通或环绕至抛物面的焦点(图 12.13(c)),偏馈方式是反射面采用轴线一边抛物面的一部分(图 12.13(d))。前馈方式的缺点是馈源及其支撑结构遮挡波束,降低了增益以及散射功率落入旁瓣。此外,由于偏馈馈源能被牢固地安装在航天器表面,因此偏馈方式抛物面天线的机械性往往更好。另外,由于偏馈方式缺乏对称性,导致在线性极化时交叉极化指标较差,在圆极化时使反向极化波束的指向略微偏差。卡塞格伦系统(图 12.13(e))

常用于地面站,不常用在卫星上,作为一个小天线,副反射面的遮挡通常使其不满足要求。在某些服务区域形状不规则的情况下,具备适当"赋形波束"的天线可能是一个优点,一个反射面天线用一簇喇叭替代单一主馈源来实现,反射面要足够大,形成最小特征波束模式。

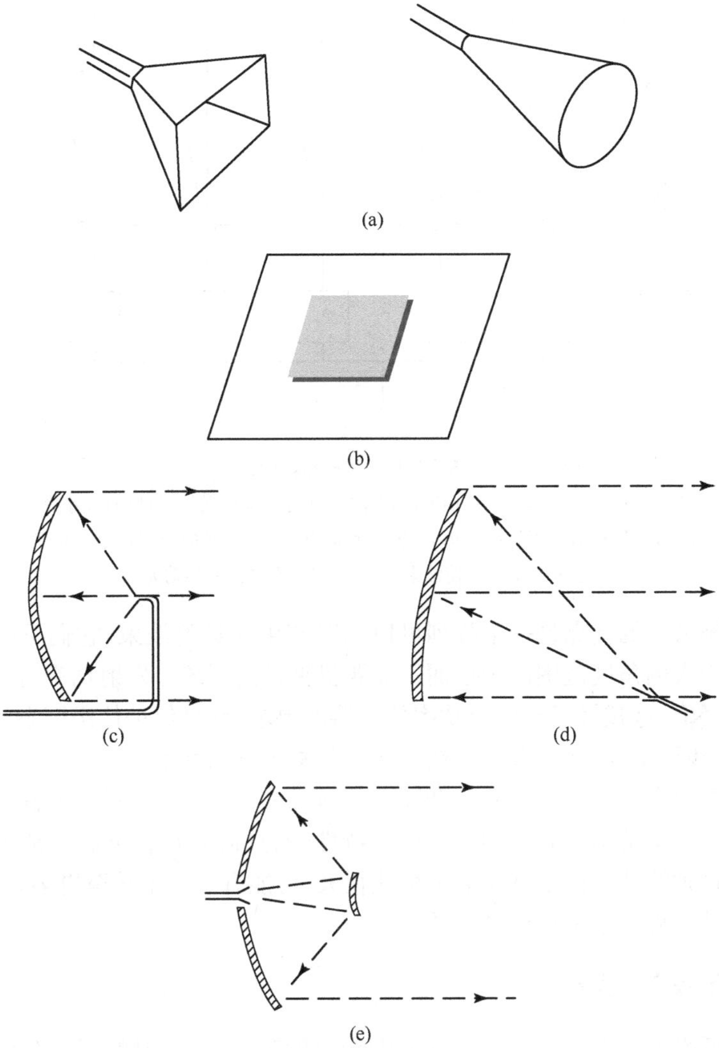

图 12.13　天线类型

(a) 馈源;(b) 贴片天线;(c) 、(d)、(e) 抛物面反射天线;其中,(c) 前馈;(d) 偏馈;(e) 卡塞格伦

(4) 相控阵天线的原理如图 12.14 所示。天线口径由许多方向性很弱的、独立的辐射单元来激励,而它们的组合可以产生非常窄的波束,因为在某些方向上的

辐射相互增强,而在另一些方向上相互削弱。图中显示为一维阵列,但这个原理可以很容易地扩展到二维情况。

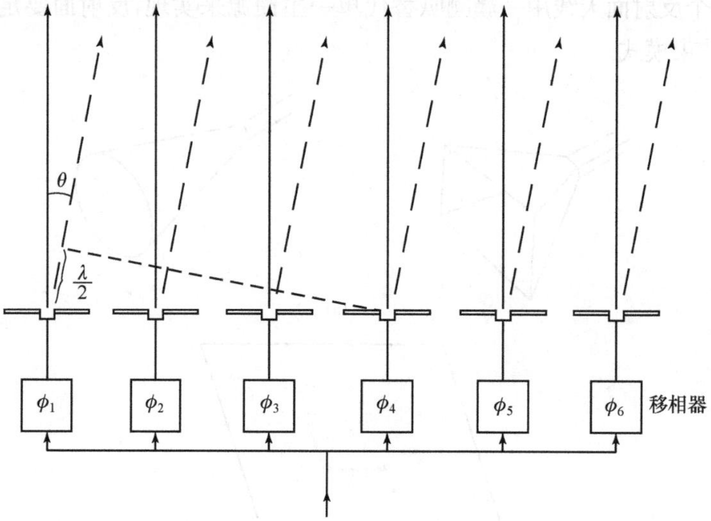

图 12.14 相控阵天线

如果所有相移 $\phi_1,\phi_2,\cdots$都相等,则在侧向方向上是加强的,与侧向成小角度 θ方向没有辐射,因为每个单元的辐射和相隔三个单元的辐射都是相消的。通过改变 ϕ_i可使波束实现电扫描,而不需要移动天线

相控阵天线的优点是一个阵列可以同时产生大量的波束,它们可以通过电子手段在相当大的角度范围内扫描而不需要机械指向系统。发射功率可以分布在许多输出路径上,这减轻了对单个功率放大器的要求,并且促进使用固态放大器。最后,阵列天线可牢固安装,容易制造成与某些常规表面共形。

其主要缺点是相关设备的复杂性。去向或来自一个阵元的信号路径中的每个设备必须有一个精确控制的相位和振幅特性,而且需要在较宽温度范围和信号电平内保持这种特性。由于阵元数量可能很大(可能有 100 个甚至更多),用于制造、校准和测试的程序也是相当可观的。

12.3.4 低噪声放大器

对于低噪声放大器(LNA)的基本要求是噪声温度低和增益足够高,以确保后级电路带来的噪声贡献足够小。以前使用过多种类型的放大器,包括行波管(TWT)、隧道二极管、参量放大器和晶体管。

在大多数现有的设计中,通常选择晶体管放大器用于"前端",性能要求最高的第一级放大通常使用一个单独的晶体管。对于后续放大器,一般不是关键电路,而广泛使用单片微波集成电路(MMICs),它们在减小尺寸和质量、提高可靠性和重复生产方面均具有优势。

低噪声放大器应尽可能安装到靠近接收天线馈源处，以最小化输入信号损耗。对低噪声放大器进行制冷以减小其噪声系数有可能日益普遍。

对于低噪声放大器进一步的要求是在宽动态范围内具有良好的线性特性。由于放大器要处理多载波信号（放在信号分离器之前），任何非线性都可能产生互调分量（详见 12.3.2 节），这些分量却无法通过后续的滤波器来滤除。

12.3.5 变频器

在原理上，任何非线性器件都可以作为一个变频器或混频器，因为对于包含频率 f_1 与 f_2 成分的输入信号，它的输出信号将包含 $nf_1 \pm mf_2$ 形式的所有频率成分（见 12.3.2 节）。通常混频器所需的输出频率为 f_1+f_2 或 f_1-f_2。最普通的混频器采用阻性二极管组成，通常设计成单平衡或双平衡的对称配置，以抑制一些不需要的输出信号，并在端口之间提供更好的隔离。在平衡混频器中，输入信号加在电路一个端口上，本振信号加在另一个理想隔离的端口。

当本振信号的幅度远比信号电平高得多时，以本振信号的频率 f_{LO} 有效控制信号的开关，混频器就获得了最佳性能。作为一般原则，本振信号电平应该至少达到最大信号电平的 10 dB 以上，以降低变频损耗（输出频率信号电平相对于输入频率信号电平的衰减），并保持互调分量电平尽可能低。

混频器除了产生期望的频率输出之外，还会输出多个其他频率，混频器对这些频率分量比期望的输入频率更加敏感。特别是对于一个下变频器，如果输入频率是 $(f_{LO}+f_{IF})$，那么变频器也响应频率为 $(f_{LO}-f_{IF})$ 的信号，它将输入信号下变频到同一中频（反之亦然），这被称为下变换器的“镜像”效应，在进入下变频器之前需滤除镜像通道内的噪声和干扰信号。

一个混频器的噪声温度与变频损耗密切相关，一种合理的近似是可以将下变频器看成经过一个中频放大器加一个电阻衰减器，混频二极管产生的半导体噪声相对不重要。因此，下变换器的噪声系数(dB)大约是中频放大器的噪声系数与变频损耗的总和。对于工作在 14.5 GHz 的混频器，噪声系数可能在 2 dB 以内。

12.3.6 本振

除了频率和信号电平之外，描述本振性能的两个最重要参数就是频率稳定度和相位噪声。频率的长期稳定性通常要求频率漂移小于 1 ppm/年，这需要一个晶体振荡源。由于晶体振荡器工作频率小于 150 MHz，倍频是必要的。一个非线性设备如变容二极管或阶跃恢复二极管可用于产生谐波，通过滤波或把一个高频振荡器的相位锁定在正确的谐波上，从而获得合适的微波频率信号。

12.3.7　中频处理器

数字信号处理(DSP)使得有效载荷实现若干功能,包括信号的调制解调、通道化、信道功率控制、行波管放大器线性化、天线控制和自主的分组交换,结果是能够提供更加灵活的服务,是数字时代一个关键需求,互联网接入和数字音频及视频传输可能会争夺卫星资源。

不使用 DSP 的有效载荷,IF 处理器的主要功能就是提供转发器的大部分增益,确定每个通道的频率响应,必要时,完成波束到波束的路由功能。因此,其主要的部件是滤波器、晶体管放大器和可能的电子开关电路。在路由要求将频谱划分成多个窄带通道的情况下,会选择一个更低的中频。在低于 200 MHz 的中频上,根据带宽、频率稳定性和重量,滤波器的最佳选择是晶体或表面声波(SAW)器件。对于更高频率的更宽信道,螺旋谐振器可提供令人满意的性能,而工作在 2 GHz 以上频率,可能会使用金属杆(同轴)谐振器或微带技术(通过蚀刻高介电常数基板上的金属膜从而形成微波电路的方法)。

12.3.8　滤波器

已经注意到,在转发器各点都用到 RF 滤波器。这些滤波器大多数可以用“低通”“高通”“带通”或“带阻”的字样来描述(图 12.15)。

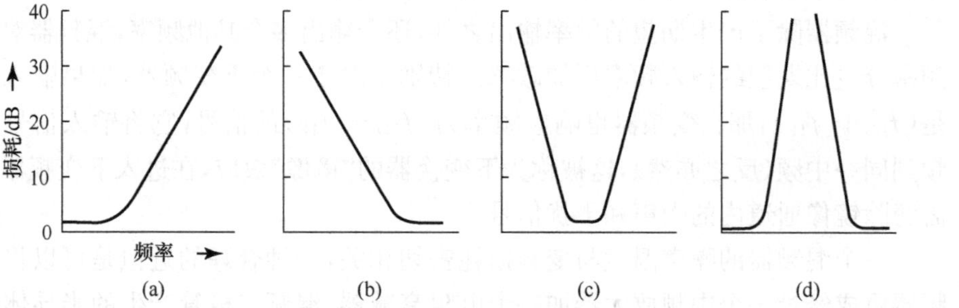

图 12.15　滤波器类型

(a) 低通滤波器;(b) 高通滤波器;(c) 带通滤波器;(d) 带阻滤波器

一个典型的 RF 滤波器包括一组谐振元件(或者是低通和高通滤波器的电抗元件),之间采用精确控制的电耦合。最重要的电特性是:

(1) 通带内的插损;

(2) 滚降率(衰减随着带外频率的增加而增大);

(3) 带内响应的平坦度;

(4) 相位线性度或群延迟特性。

在转发器中,一些更重要的 RF 滤波器列出如下。

(1) 输入滤波器。带通滤波器主要需求：带内插损低，而带外抑制足够大。

(2) 信道滤波器。带通滤波器主要需求：快速的滚降率，适当的带内插损，足够的带内幅度平坦度及群时延响应。

(3) 输出(谐波)滤波器。低通或带通滤波器主要需求：带内插损低，在指定较高频率处有足够的衰减。

(4) 复接器和分离器。一般情况下可以看成是带通与带阻滤波器的组合。如果信道是紧密排列的，可能需要非常快速的滚降特性。紧随高功率放大器之后的复接器，必须具有较低的带内插损，但是这个要求对于分离器并不严格。

在各种类型滤波器的设计过程中都有很多共同之处。如图 12.15 所示，任何类型滤波器开始都可以合成为一个低通设计，然后在必要时通过使用标准规则的阻抗变换满足所需的高通、带通特性。

根据不同要求标准响应曲线和元件值表格法可用于低通滤波器样机的优化。两种常用的准则分别为：带内响应平坦度最大(巴特沃思(Butterworth)滤波器)和给定带内幅值波动前提下具有最大滚降(切比雪夫(Chebyshev)滤波器)。这些特征可以通过相邻滤波器之间的耦合获得，如果允许非相邻部件间的耦合，可能产生其他的响应，其中最重要的是椭圆滤波器响应，椭圆滤波器的特点是在带外实现快速滚降使衰减达到最大。

理论响应曲线可以用来确定滤波器所需要的阶数(谐振器)以达到所需要的滚降特性并保持足够的带内平坦度，然后就可以预测滤波器的其他性能，如群延迟响应和带内插损。

在设计一个空间应用的微波滤波器时，非常重要的是留出足够余量应对温度变化。其主要效应是中心频率偏移，对于使用铝材料的滤波器，在 50 ℃的温度范围内频率偏移可达 $1/10^3$。对于殷钢相应的变化约为 $1/10^4$，但会有显著的质量代价。另外，使用两种不同膨胀系数的材料设计滤波器时可实现温度补偿。许多滤波器现在用碳纤维材料制造，这些材料质量轻、热膨胀小，但是由于加工困难，在某些应用中受到限制。

12.3.9 发射机

为了放大信号满足下行链路传输所要求的电平，只有两种普遍接受的信号放大方法：行波管和功率晶体管。行波管是最常用的，但由于晶体管技术的改进，固态放大器正在得到越来越多的应用，主要是因为其较高的可靠性和更低的质量。

1. 行波管放大器(TWTA)

在行波管中，通过电子束与电磁场形式、沿着细长导引结构传输的信号相互作用实现信号放大。一个明显的效果是电子束和信号必须以几乎相同的速度传播,这意味着导引结构一定要显著降低信号的速度。在低功率和中等功率管中,“慢波结构”是固定在陶瓷棒上的螺旋导线。信号调制电子束密度,电子束反过来把能量传递给信号,当信号沿功率管传播至输出端口时其幅度呈指数增加,螺旋管的输出功率可高达约 200 W。对于更高的功率,可能需要更强大的慢波结构,如一系列的电耦合腔。然而对于包括直播电视的大多数空间应用,首选是螺旋管。

行波管放大器的缺点是需要一个复杂的高压电源(图 12.16),加速电压需要几千伏,并且电压必须很稳定。行波管放大器本身的功率效率可以高达 70%,加上供电电源效率约 60%～65%。

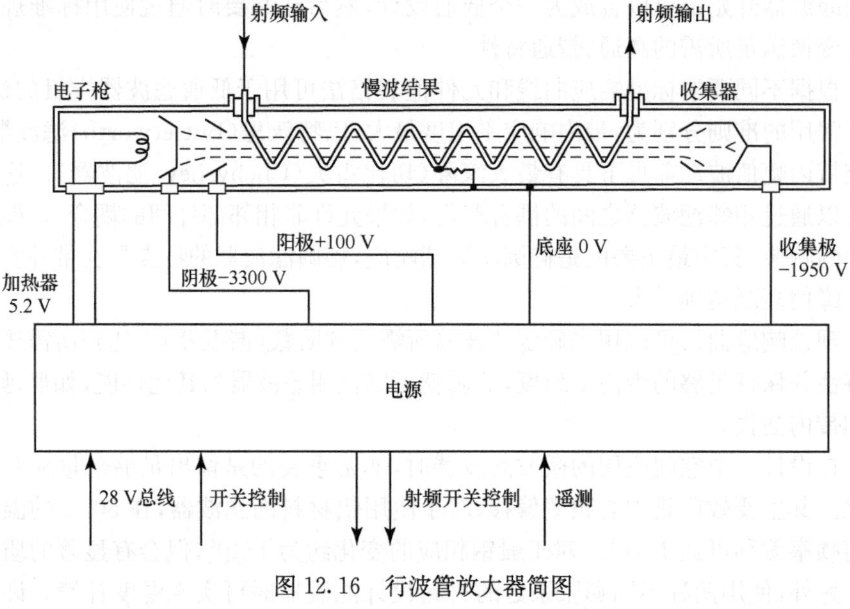

图 12.16　行波管放大器简图

现在为大多数任务制造的行波管都相当可靠,但由于在其寿命期间阴极发射的损耗,其性能一直在逐渐降低。在某些情况下,提供一种可遥控提高加热器电流的措施,以恢复其性能。另外,通过一个改变阳极电压或控制栅极电压的控制回路可以维持正常的阴极电流。

虽然行波管从增益、效率和输出功率的角度来看具有吸引力,但是行波管还是一种有着非线性特性的放大器。当放大具有多个载波的信号时,它既产生互调分量(IM),又将信号幅度变化转换为寄生调相。通过“回退”使行波管输出功率调整到一个较低的电平,可以获得更好的线性性能,但这也导致降低功率效率。

在要求多载波同时工作的情况下,常在行波管放大器之前引入一个线性化电路,这实际上是一个非线性的驱动放大器,它以部分补偿行波管非线性特性的方式对信号进行预矫正。这样,行波管可以工作在最大功率(饱和)电平(保持高效率)附近,而且互调分量继续保持在较低电平。

2. 晶体管功率放大器

与等效行波管放大器相比,固态功放质量轻、可靠性高且成本低,同时还有一个重要优点是不需要行波管使用的复杂的高压电源,简单、低电压的供电使固态功放在质量和可靠性方面进一步提高。然而晶体管的主要缺点是功率效率低,输入到晶体管的微波功率成为其输出功率中显著的一部分,因此在计算功率效率时,不能忽略驱动级的电源功率。对于一个工作在多载波情况下的 L 波段(1.5 GHz)晶体管放大器,总的功率效率可能为 30%~35%,明显低于饱和的行波管放大器。但一个行波管放大器的效率随着功率"回退"而迅速降低。如果需要好的线性度,可以证明在某些情况下晶体管放大器比行波管放大器的效率更高。

相控阵天线的出现允许使用分布式功率放大器,每个固态放大器的输出功率都比较适中。在低噪声放大器中,关键放大级(该情况下为输出级)使用单个晶体管来完成。但为了减少尺寸和质量,预放级和驱动级以及一些必要的控制功能可以用 MMIC 技术来实现。

行波管在性能、可靠性、适应性和成本方面不断改善,但也面临着来自固态功放的很大竞争,尤其是在低输出功率条件下。每个转发器的输出功率通常从几瓦到几十瓦,L 波段固态放大器的输出功率可高达 300 W。固态放大器适用于上至 Ka 频段的所有频率。

12.4 结　论

一个现代的通信卫星,远远超过了 Telstar 及 Early Bird 携带的简单转发器功能。在 20 世纪 60 年代出现的一个似乎大胆而富有想象力的举动变成现在的一个成熟技术,促进卫星工业数十亿英镑的持续增长。通信卫星已经成为日常生活的重要部分。毫无疑问,这种技术在元器件技术进步的激励下和对数字时代产生的新型市场的响应中不断发展。地球静止轨道卫星的转发器在功率上不断增加而且转向使用更高频率,导致了电话和电视传输、移动和互联网业务的迅速发展。技术的进步并不局限于地球静止轨道卫星。经过过于乐观的市场潜力评估时期后,运用低轨卫星星座提供专业的服务已趋于稳定。但在非地球静止轨道卫星应用方面,目前导航业务是最成功的。随着欧洲伽利略(GALILEO)系统的引入,期望会产生进一步的刺激因素。

鉴于 21 世纪公众对服务需求的不断提高,卫星提供的独特机会,将确保这种传播方式在可预见的未来通信服务中扮演重要的角色。

致谢

感谢霍华德史密斯(Howard Smith)对本章的重要贡献。

Ray E. Sheriff[1], Adrian R. L. Tatnall[2]

[1] *School of Engineering, Design and Technology, University of Bradford*

[2] *Aeronautics and Astronautics, Faculty of Engineering and the Environment, University of Southampton*

参考文献

[1] Clarke, A. C. (1945) Extra-terrestrial relays, Wireless World, 51, 10.

[2] FINAL ACTS WRC-07, World Radiocommunication Conference, 2007, ITU, Geneva.

[3] Radio Regulations (2008) ITU, Geneva.

[4] Recommendation ITU-R P. 676-7 Attenuation by Atmospheric Gases (02-2007) ITU.

[5] Recommendation ITU-R P. 618-9, Propagation Data and Prediction Methods Required for the Design of Earth-space Telecommunication Systems (08-2007) ITU.

[6] Recommendation ITU-R P. 837-5, Characteristics of Precipitation for Propagation Modelling (08-2007) ITU.

13 遥测、指令、数据管理与处理

13.1 引 言

遥测、指令、数据管理和处理功能在航天器与地面站之间建立起双向信息流，执行传输（下行链路）和接收（上行链路）功能，同时收集和处理传输数据、处理和分发来自地面站的指令数据。另外，航天器上会有一台用于测距的应答机为有效载荷提供支持服务。

在明确系统设计的性质时，任务、轨道、有效载荷的种类以及被选地面站起着重要的作用。这个结论通过以下研究得到证明：地球同步轨道（GEO）上具有通信载荷的国际通信卫星（Intelsat）和国际海事卫星（Inmarsat）系列；在近地极轨（LEO）以主动和被动传感器监测地球的地球遥感卫星，如 Envisat、METOP、TerraSAR-X、Sentinel；以及在非太阳同步近地轨道（LEO）上的国际空间站（ISS）。

对于一个地理位置恰当的地面站，GEO 航天器一直是可见的，航天器与地面站之间形成一条可持续通信的直接链路，与非地球同步轨道卫星的链路相比较，这样就有一条不受约束的传输链路。例如，Envisat 卫星每次过境时对地面站的可视时间只有几分钟，所以它需要星上存储数据，并且需要一条高速的数据传输链路。国际空间站的运行需要一条持续不断的链路，这可以通过两种链路来实现：一条使用可视弧段内的地面站，另一条使用跟踪与数据中继卫星系统（TDRSS），它通过 GEO 上特定的航天器建立星-地链路。

定位在 GEO 上的航天器在早期轨道阶段（如发射段和转移段）是非同步的，在移交给专用地面站控制之前需要地面的特别支持。Intelsat 航天器在发射和后续阶段使用了 C 波段全球发射支撑网络。其他航天器在初始轨道阶段可以使用 ESA 的 S 波段网络，定轨后将航天器控制转交给工作在 Ku 波段的专用地面站。

下行遥测链路必须为地面控制人员提供航天器各分系统功能状态的信息，以便他们能够确定星载设备正常工作或者是发生了故障，一旦出现故障，他们必须诊断出原因。当航天器是执行科学探测或者地球观测任务时，该链路也是传输有效载荷信息到地面的通道。当有效载荷包含通信设备时，该设备一旦使用就可以作为遥测数据的备选传输通道。

上行遥控链路要保证地面控制人员能够改变航天器状态，如重新定位、修正错误、操作机械等。该链路必须高度可靠地工作，并对已执行的指令进行确认。

测距应答机为地面控制人员跟踪航天器、完成定轨的系统的一部分。

有效载荷要求具有有效控制、数据管理、数据存储和处理功能。由于航天器设计朝着自主运行的方向发展,平台本身也要求扩充数据处理和存储功能。

13.2　系统结构

所有航天器都需要本章描述的大部分功能,但物理分配和实施却变化很大。

13.2.1　与其他分系统的关系

遥测、指令、数据管理分系统与其他主要分系统的关系如图13.1所示。一般都将要讨论的分系统作为系统的中心,在本例中遥测、指令、数据管理分系统确实是中心,因为该系统是航天器操作者和用户能够"看见"并与其互动的数字系统。

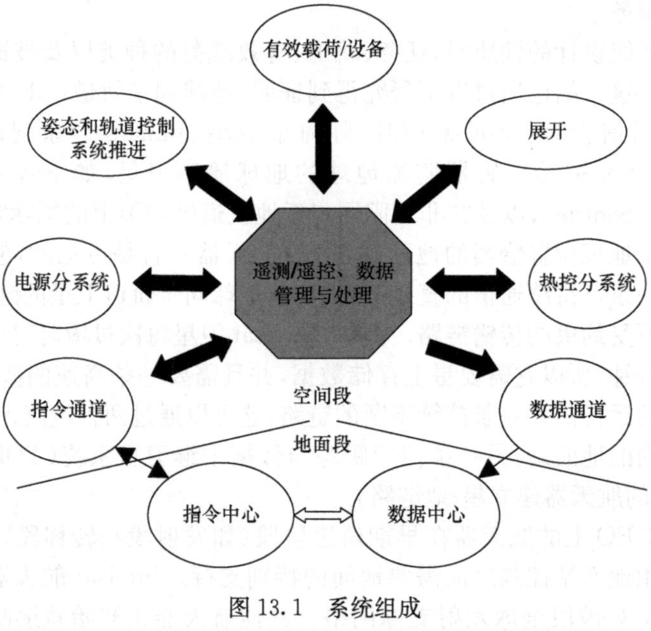

图13.1　系统组成

指令接收一般通过S波段链路,完成解码后将指令放入一个队列,用于内部分发或者分发给其他分系统。通常在指令分发的每一个环节以及指令执行后,通过遥测反馈来实现对每一条指令的确认,通过检查遥测来证实每一个环节都是正常的。所有其他分系统的操作也以这种方式实现。某些分系统没有数据处理需求,但是对任务仍然是关键的,如展开机构。其他分系统对数据处理要求非常苛刻,但对任务并不是关键,如仪器设备。当载荷码速率较大且普通的遥测链路不能满足要求时,可为有效载荷数据提供单独的X波段或Ka波段下传链路。系统协议与地面控制中心,有时是独立的数据采集中心进行互动,系统通常以多种不同模式工作——从航天器存活的基本"安全"模式(从接收指令、热控和功率角度来看航天器仍然存活),到平台和载荷完全工作模式。

13.2.2 综合电子

术语“综合电子”(avionics)的使用有时不是很准确，它可以指姿态和轨道控制(AOCS)分系统设备中的电子学部分，有时也覆盖了所有的平台电子学硬件及软件，包括 AOCS 部件、航天器的遥测遥控(TM/TC)、数据通信、数据处理、数据存储和应答机。在一个中型航天器中，上述功能的全部处理可以用单一的星载计算机完成。在一个大型航天器上，常常使用数个分布式处理器，有时用不同的处理器和装置。综合电子通常不包括仪器和试验需要的有效载荷电子学部分，或者嵌入通信载荷用于形成射频波束的处理器。

13.2.3 在轨数据管理功能

数据管理功能的重点根据任务不同而变化。一颗典型的通信卫星仅有基本的遥测、遥控功能要求，以便于保持载荷所在平台的正常工作及轨道位置。带有信号处理能力的通信卫星可能需要与地面的交互更多一点。

对于其他类型的任务，任务的主要产品体现在数据中，这些数据通过遥测通道送到地面。这些任务也趋向根据任务阶段和要求的数据产品运行在多种模式下，所以包括更多与地面的交互操作。数据管理系统因此更直接地与任务产品的生成相关，比通信卫星的数据管理系统更加复杂。

在轨数据管理(OBDH)系统的主要功能如下：

(1) 实现星务和科学数据的数据传输；

(2) 接收、分发指令；

(3) 执行遥测、遥控协议；

(4) 航天器时间分配——时间同步和信息时间标记(标注日期)的需要。通常由超稳定振荡器和任务指定的时间元年获得时间基准；

(5) 提供数据存储；

(6) 执行指令和计划；

(7) 控制载荷与分系统；

(8) 监视航天器健康状态；

(9) 做出自主决策；

(10) 进行数据压缩。

13.3 遥测数据格式化

13.3.1 数据分类

遥测数据基本分为三类：星务管理、姿态和载荷。

星务数据，有时也称为工程参数，需要对在轨设备的工作状态及健康状况保持

监控。这样的数据可能以多种形式呈现,一些典型例子如下:

(1) 设备外壳、太阳能电池阵、姿态控制推力器、增压室、结构部件的温度等,使用热敏电阻将温度转换为模拟电压,热电偶则用于高温情况,其输出的几个毫伏直流电压需要放大到遥测采集编码器适用的电平。

(2) 燃料储箱、增压室等的压力,将使用不同形式的压力转换装置。

(3) 设备供电的电压和电流,母线电压遥测被归一化到 0～5.12 V 的满刻度量程范围,电流监测可以使用许多不同的电路技术。

(4) 独立的数字比特代表设备的运行状态,每个比特表示一个特殊功能模式被选用或者是没有被选用;对于成比例的状态信息,如设置放大器增益,用若干个比特组合成适当长度的字来表示。

(5) 备份设备状态,通过给每个相关继电器或开关的触点提供比特状态位,用来提供现用设备是主份还是备份。

(6) 机构展开、与运载火箭分离等。安装一个微型开关,提供一个合适的状态比特位。

在现代大型通信卫星中,有几百到上千个工程参数需要监控,并且每个指令的执行结果常常都要通过遥测数据进行检查。其中,大多数的遥测数据仅需要在 30 s 到 2 min 内这样稀疏的时间间隔内完成采集,所以传输遥测数据仅需要很小的信号带宽。每秒几百比特的数据率足以传输所有遥测信息。

姿态数据来自不同的传感器,如太阳敏感器、地球敏感器、星敏感器、陀螺和加速度计(见第 9 章),数据可以是模拟信号、数字信号或者是两者的混合。

在转移和中间轨道阶段,航天器的姿态和速度迅速变化,需要更加频繁的采样,一般每秒钟采样 1～4 次。对于 GEO 轨道操作,需要通过命令提供降速采样。

尽管所需姿态信息通道较少,在某些任务阶段需要的高采样率,可能导致超出标准的脉冲码调制(PCM)数据系统通常能够提供的带宽,这样就不得不额外提供一种宽带高速数据系统。

有效载荷数据的变化非常大,需要针对任务情况分别考虑。科学探测和地球观测任务可能产生非常大的数据量,例如图像是典型的密集型数据,常常只需要少量数据通道,但是它们的数据率可能高达数 Mbps 甚至数 Gbps,如 Envisat 卫星上,不得不提供一个完全独立的高速数据传输系统,也可使用数据压缩技术以减小数据率。对于近地轨道卫星可以实现高速下行数据传输链路,而深空图像则需要数小时甚至数天时间才能传输到地球,数据传输能力受到在轨存储容量及通信链路带宽的限制。

除了服务舱中产生的遥测数据通道外,通信载荷本身还形成了许多工程参数数据通道。由于通信载荷的复杂性和使用了大量冗余,它可能比服务舱需要多得多的数据通道。

通信载荷的典型监测要求如下:

(1) 行波管放大器和其他转发器的温度;

(2) 每个主要设备的供电电压和电流；

(3) 许多波导和同轴开关设备运行和备份设备状态的监测；

(4) 每个主要射频设备接口处模拟信号强度的监测；

(5) 不同通道放大器数字增益遥控设置的遥测监测。

13.3.2 不同任务阶段的影响

航天器的任务阶段涵盖地面测试阶段、发射阶段、在轨运行阶段，遥测在上述各阶段均起重要作用。

在地面测试中，除了常规的遥测数据，还可通过测试和诊断连接器连接到内部单元。在配置了综合电子数据总线的卫星上，可直接访问总线，允许遥测、遥控的数据率更高，给快速地面测试带来好处。但是，射频链路的遥测数据通道仍然用于整体性能的测试。

在发射阶段中，卫星遥测数据通常最少并限于几个星务参数，如电池状态、关键点温度、反应控制设备压力、展开机构状态。卫星在轨运行和完成必要的放气过程之前，载荷一般不开机，但是一些遥测活动可能在分离时就已开始，这些遥测数据通过运载火箭下传到地面。

在静止轨道任务中，在轨运行阶段包括其转移轨道阶段和中间轨道阶段。在这种情况下，除非使用中继卫星，否则遥测数据是不连续传输的。航天器必须尽可能自主运行，以避免需要地面控制的介入。例如，可使用表决技术来代替冷备份。

13.3.3 遥测数据编码

到目前为止，所有遥测数据表现为三类基本形式：模拟、二值电平和串行数字。数据以时分复用(TDM)方式嵌入一个 PCM 比特流中，该比特流调制在下行链路的射频载波上(参见第 12 章)。

整理模拟数据的第一步是将信号归一化到共同的满量程，通常是 0～+5.12 V，通常在数据源完成；超过采样频率一半的信号频率分量需要用一个低通滤波器滤除，以避免出现信号混叠；实践中，一种好方案是每条模拟信号线中设置一个简单的低通滤波器。

各通道信号完成滤波后，通过模拟开关控制轮流采样，采样转换成数字量，与后续描述的串行数字数据混合。对于大部分数据，总体精度达到 1%足以，使用 8 比特模数转换器就能够达到这个精度。

模拟变换固定在两个阶段进行：主帧多路复用器以相对高的速率来采样，慢速子多路复用器以主帧速率的二幂次方降速采样。大量的星务通道使用子多路复用器，每分钟采样仅需一两次，需要快速采样的较少数量通道直接接入主多路复用器。

由于一些子多路复用器可以远置于分系统或者载荷中，减少了星上电缆线束的复杂性和重量,设计上非常方便。

二值电平的数据来源于继电器触点闭合等状态,首先将通断状态转换成适应集成电路逻辑的电平,常用零电平代表“断”状态、正电平代表“通”状态;然后将单独比特组合在一起成为 8 比特或者 16 比特的字,由逻辑门采样,逻辑门输出连接并-串转换器,并被复用到主 PCM 数据流中。

数字化的数据传输通常为串行方式,因此可简化星上电缆线束。这样的数据最初以 8 比特字或者 16 比特字的形式存储于产生数据的设备内的移位寄存器中,使用处理器的设备也使用随机存储器中的字块。

在通常的 PCM 模式中,来自模拟-数字转换器和串行数字复用器的 8 比特并行字与二值电平状态数据一起被载入并串转换器内的移位寄存器中,并以遥测数据比特率为时钟输出连续的 PCM 比特流。在比特流中嵌入独特的同步和识别码,以便其到达地面时所有数据能够被识别出来。最后,在发送至两个遥测发射机之前,上述比特流以二相方式调制相干副载波上,副载波频率为遥测数据比特率的整数倍。

在许多编码器中,一种替代上述做法的方式是采样形成一个特殊字,排除使用其他数据。通过把预期通道地址载入控制和定时模块,获得一种“驻留”模式,该模块永久性地建立通道的输入多路复用器,代替通道的查询方式。

宽带模拟信号绕过 PCM 编码部分,采用频率调制一个压控振荡器(VCO),使用美国 IRIG 标准中心频率。由于相移键控(PSK)副载波与 VCO 频率的不同,PCM 通道与 FM 通道能够同时运行。

13.3.4 遥测量目录和 PCM 数据格式

设计遥测系统的第一步是为航天器拟定一张遥测量的目录,其中每个项目的内容包括信号名称、数据类型(模拟、二值电平、串行数字)、精度和采样速率要求。第一次建立该目录是在“A 阶段”可行性论证时开始,并随着工程进行而不断发展。在开始时预留足够多的空闲遥测通道十分重要,满足工程发展带来的需求自然增长。

下一步是安排 PCM 信息的数据格式,可使用简单的由 8 帧组成的数据格式,每帧包含 64 个 8 比特的字。每帧最开始的两个字包含一个固定的同步码,长度为 16 比特,地面站设备通过同步码识别数据帧的开头。下一个字是帧识别通道,地面站解复用过程能够识别格式中的每个通道,并且地面站“快视”功能显示出包含在其中的参数。计算机完成进一步处理,为用户提供工程/科学形式的数据输出。

其余格式由数据通道组成,一个通道在每一帧中通常被采样一次,这样的通道就是所谓的主帧或者主通道,它能够用于如章动传感器或其他需要快速采样的数据源。当需要一种更高速率的采样通道时,同一个遥测量可放入多个主通道,这样的通道被称为超级复用通道。

对于不要求频繁采样的星务管理数据,可以使用子复用器,在每个完整格式(如 8 帧)中仅采样一次。

通过在一个序列很长的帧上扩展出子复用、超级复用的原理，就可以适应一个宽变化的采样速率要求，而且一旦实施，就能够根据最小采样率设计出每个参数遥测所需要的比特率。对于一颗标准的通信卫星，上述例子中 8 帧的子复用深度是不够的。

PCM 系统常用于已经具备基础设施和/或设备，或者不需要额外使用 CCSDS 数据分包系统的航天器上。

13.3.5 分包遥测

CCSDS 组织为数据系统制订了一系列建议书，如“分包遥测”[1]和“空间包协议”[2]，ESA 已采纳并形成欧洲空间合作标准(ECSS-E-ST-50 系列)，并取代了 PCM 遥测标准。它们代表着一种技术进步，从过去的分时方法转入到现在的多部门合作工程，如 ISS，其中提高空间数据系统的互操作性和标准化至关重要。分包遥测系统的数据流程如图 13.2 所示。

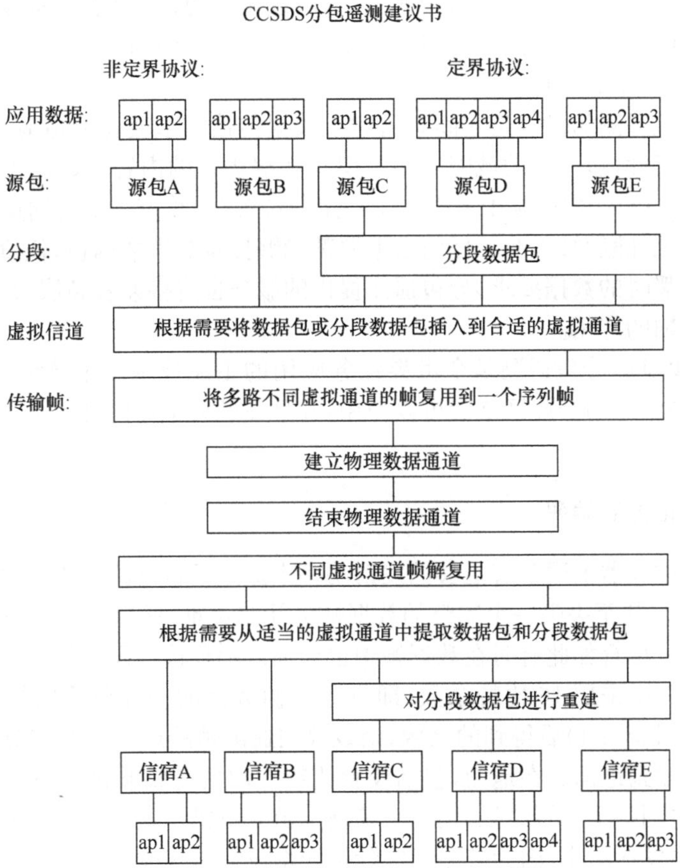

图 13.2 分包遥测数据流(发表经 ESA 许可)

应用数据首先在数据源端被封装为一个“源包”,它以一个被称为“包头”的标准标签作为数据的开头。包头可用于在系统中路由数据,并因此需要在包头中具备源端标识及特定的应用过程,在源端按照包生成顺序产生的包序号(所以数据包能够以正确的顺序在宿端被分发)及数据域长度紧随在包头后面。超出一个预定长度的源包将被分段截短为几个较短的遥测包,可与来自其他源端的遥测包交织的条款已从 CCSDS 标准中删除。

下一步是将每组数据源分配到所谓的“虚拟信道”。数据包被插入长度固定的帧,即虚拟信道数据单元(VCDU),然后它们被多路复用到一个单一传输帧用于在下行链路中传输。如果需要,每个虚拟通道能以不同速率采样,以适应通道带宽的限制。

传输到地面后,数据传输帧按照常规方式进行解复用,遥测和数据源包得到重建,并且使用帧头信息将它们送到目的地。用路由和解析信息来标记源包是分包系统灵活性的关键。

开发了大量的扩展包系统,用途更广、协议层次更高,用于可靠传输文件及互联网操作。CCSDS 的“高级在轨系统”(AOS)[3] 和“空间通信协议规范”[4] 是其中的两个例子(见 13.5 节)。

使用分包遥测的优点是它固有的对于数据传输需求变化的适应性,这是因为包的变长度特性,包头中的域能够用于识别和解析包的内容。数据长度和周期不受到“必须在 TDM 数据帧中占据一个特定的位置”的约束。发送周期性数据到地面不浪费带宽,随后被丢弃。任何数据源都能够异步分发数据包,任意包长的组包方式顺应了瞬时的数据要求,分包遥测提供的服务也直接兼容高层次应用服务,如联网和互联网的应用。

现在 CCSDS 分包遥测是全世界任务应用的主流技术。宇航级芯片组、软件库、由地面站组成的全球网络都可以使用,并且在航天工业内已大量积累的相关专业知识。

13.3.6 差错控制编码

在通信航天器上通常有足够的发射功率来保证下行链路的比特误码率(BER)优于 1×10^{-5},甚至丢失一个完整的数据帧也并非灾难,所以没有纠正这些错误的巨大需求——尽管如此有时在数据帧中也会加入一种检错码。

常见方案中采用 16 比特余数,即将遥测帧数据的一部分除以指定的多项式(如 $x^{16}+x^{12}+x^5+1$)后得到的余数,余数放在遥测帧的最后两个字节并与其余数据一起被传输到地面。在地面,包括校验比特在内的完整帧再次被同一个多项式相除,如果得到一个非零结果,则这个帧被标识为出错。这一检错方案不能纠正错误,不能减少发射功率,因为链路的实际错误率没有得到改善。

当需要前向纠错时,在高斯噪声信道条件下,一种基于卷积编码的方案可以提供较好的纠错能力，而且该方案的硬件实现简单。要进一步改善纠错能力（特别是出现突发错误），可以通过卷积编码级联 RS 分块编码。RS 编码作为外层码使用，而卷积编码作为内层码使用。

前向纠错的一个应用是在分包遥测中。为了有效地控制路由及数据包，需要近乎无误码的信道。编码技术可以单独使用或者联合使用，这已经成为分包遥测标准的一个完整部分。

对于信号传输距离很长的任务，如去往土星的卫星——土卫六的惠更斯探针就要求使用信道编码。通常，探测器上的遥测信号发射机决定了功率预算。在给定误码率下，几个 dB 的编码增益就能够有效减少所需的射频信号发射功率。

NASA/ESA 联合编码指南已经发布并对专用卷积和分块编码进行了标准化，使联合任务中的地面网络设备能够交叉支持。推荐的卷积编码参数是约束长度 $k=7$、码率 $r=1/2$，这种编码在 ESA 和 NASA 的 GSFC 和 JPL 机构中常用。CCSDS 建议书已经被 ESA 采纳，在 ECSS 的遥测同步和信道编码标准中[5]给出了卷积编码、RS 编码、级联编码和 Turbo 编码的标准。

RS 编码的基本形式是(255,223)，它可以是非交织的（深度 $I=1$），也可以是交织的（深度 $I=5$）。这意味着有 $223*I$ 字节未编码信息被送往 RS 编码器，并产生不变的附加 $32*I$ 字节校验符号，然后对整个 $255*I$ 字节码块进行传输，随后是 $223*I$ 字节信息，如此不断循环重复。RS 编码能够纠正长度从 1 直到 $16*I$ 个连续字节的突发错误，显然，在解决长串的突发错误使用交织更加有效。

由于 RS 编码器包含了二进制乘法、中间存储和处理长达 1275 比特的移位寄存器或等效 RAM，因此 RS 编码器比卷积编码器要复杂。然而，由 NASA 和 ESA 设计的订制芯片可将硬件减少到可接受的程度。在数据率相对适中时，也可使用软件解决方案，随着宇航级处理器性能的提高，将越来越多地使用软件解决方案。

使用软件判决维特比译码时，卷积编码一般能够提供 5.1 dB 链路增益（在一定速率下将需要的发射功率减少为近 1/4）。而 RS 编码能够进一步提供额外的 2.5 dB 链路增益。

13.3.7 下行链路频率和调制

至少在任务早期阶段，航天器需要将全球范围的一个或者多个地面站网络用于遥控、遥测和测距。载波频段将受到所选定支持任务地面站的限制。

选择使用频段的第一步是带着对意向频段的要求去接触地面站网络的“频率管理部门”。第二步是在分配频段内选择频率点，因为需要与其他空间组织和国家管理部门协调。这种选择是非常复杂且漫长的过程。

支撑 Intelsat 任务的地面站除外，许多地面站网络遥测支持频率为 UHF。

在下行射频链路中广泛使用载波相位调制，在 ESA 标准与 NASA 标准之间存在一定的兼容性，即允许相互支持，具有一定的局限性。

在低比特率情况下,需要使用 PSK 调制副载波,以防止调制边带在靠近载波处出现,搅乱地面站接收机中的锁相环路。在高比特率情况下要获得同样结果,使用 PCM-SPL 数据直接调制射频载波,编码定义如图 13.3 所示。

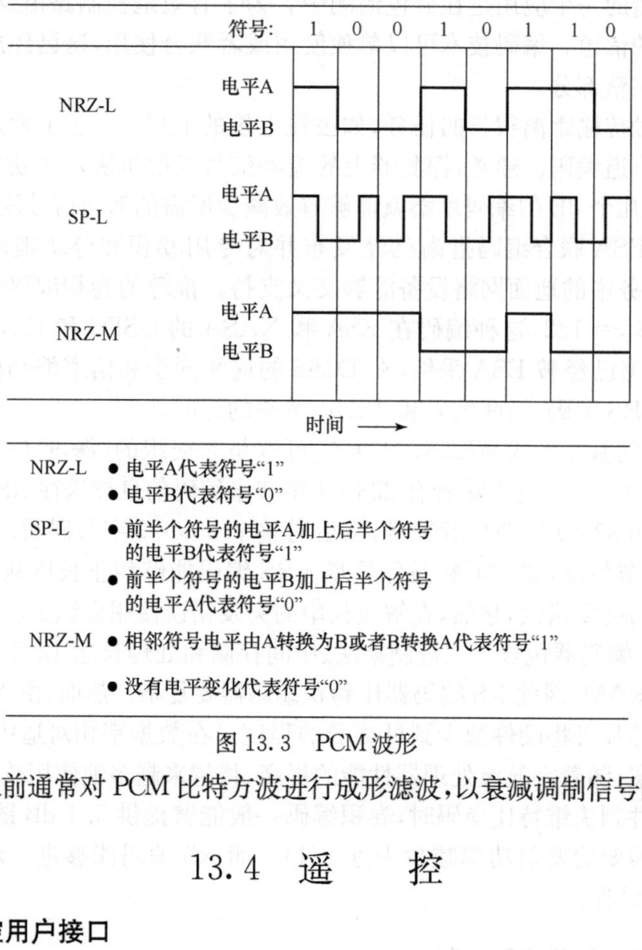

图 13.3 PCM 波形

在调制之前通常对 PCM 比特方波进行成形滤波,以衰减调制信号的高阶边带。

13.4 遥 控

13.4.1 遥控用户接口

对于相对简单的任务,三种基本的指令如下:

(1) 低层次的开/关命令,用于置位或者复位双稳态逻辑脉冲。

(2) 高层次的开/关命令,操作自锁继电器或者射频波导切换的高功率脉冲。持续几十毫秒的 12~28 V 脉冲,通常能提供 90 mA 继电器驱动,或者提供 600 mA 驱动机电式射频切换开关。需要在两条不同线路上提供独立的“开”和“关”脉冲,以便驱动自锁装置的两个线圈。

(3) 数据注入,这些是完全数字化的量,可用于如对星载计算机中的存储器进行重新分配,或者设置姿态控制分系统中的寄存器。

为了避免在后续阶段可能出现重新设计，要为需求的自然增长留出足够的各类空闲通道，通过指令列表的产生和维护来控制。

越先进的任务越要求更加高级的服务，如 ESA 的分包应用标准(PUS)，为上述功能及时间基线装载、装载、检查和释放存储器、软件打补丁等功能提供标准化工具。PUS 也包括标准遥测服务。

13.4.2 PCM 遥控标准——Intelsat 和美国空军卫星控制工具(SCF)

由负责地面站网络的机构发布相关标准，这些标准覆盖了从空间到地面的接口要求和命令传输的过程，目的是保证航天器设备与地面站设备之间的兼容性。符合这些标准是强制性的，对于个别任务，偏差项加入设计之前必须得到机构的批准。

地球静止轨道卫星具有来自多个地面站的连续可见性，很少出现一个命令序列在很短时间内必须发送的情况。所以 Intelsat 的命令操作规范基于一种“命令—确认—执行”的策略，即待执行的命令先保存在卫星的译码器中，通过遥测完成验证后再执行。

图 13.4 给出一个用于 Intelsat 卫星的具有代表性的译码器简化框图。这种操作方法最初用于 Intelsat V 系统，但是最近更多的同系列卫星都使用了类似的基本原理。

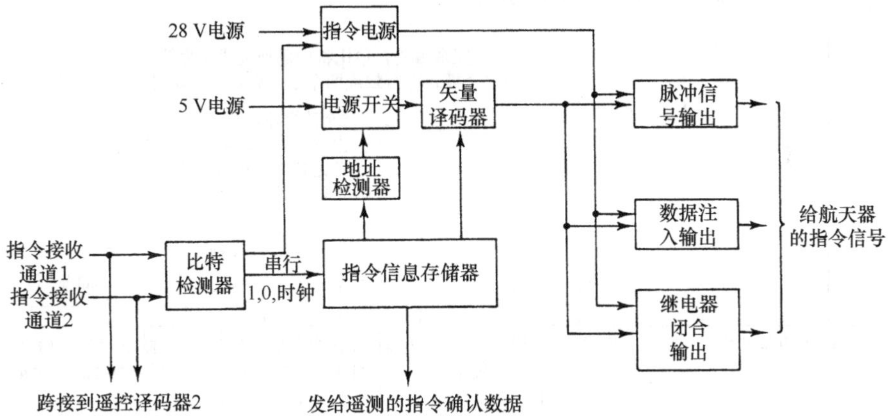

图 13.4 遥控译码器

指令上行链路信号由一系列的单频信号组成，代表数字 0、数字 1 和执行信息“比特”。将它们以调频方式调制在 6 GHz 载波上，由两个指令接收机解调，地面操作者通过选用其中的一个数字来选用接收机。

每个数字指令消息包括一个“0”导引序列用于选定接收机、同步比特检测时钟,后面紧跟着一个译码器地址字、一个指令向量,最后是一个开-关指令字或者是数据注入指令字,组成指令消息的“0”和“1”存储在移位寄存器中。

每个指令单元都有由硬件确定的唯一地址,只有包含这个地址的消息才能被接收。指令信息存储器中的数据通过遥测传送到地面进行确认,如果确认成功,由地面突发执行单频,这个单频指令打开执行电源开关,然后输出指令到特定用户通道。由电源开关、二极管隔离以及在输出电路中冗余部件组成的电路,允许两个指令译码器的输出以防故障的方式相结合,不会由于单点失效而降低可靠性。美国空军 SCF 跟踪网络使用一种类似的三频移频键控调制方式。

13.4.3 ESA 和 NASA 的 PCM 遥控标准

在卫星飞过一个地面站的短暂时间内,支持科学与 LEO 任务的机构常常需要发送快速指令序列,尽管 ESA 和 NASA 系统都使用地面确认,但遥控指令的结构允许在卫星的译码器内部进行检查和纠正。

ESA 的遥控指令消息开始于一个固定比特数的捕获序列,通常是 15 个“0”紧跟着 1 个“1”。消息序列由不可分割的一个或多个 96 比特帧组成,和图 13.5 所示类似。用一个 16 比特的航天器地址及同步字(ASW)来界定消息,16 比特 ASW 的初始值用于航天器识别和译码器同步。

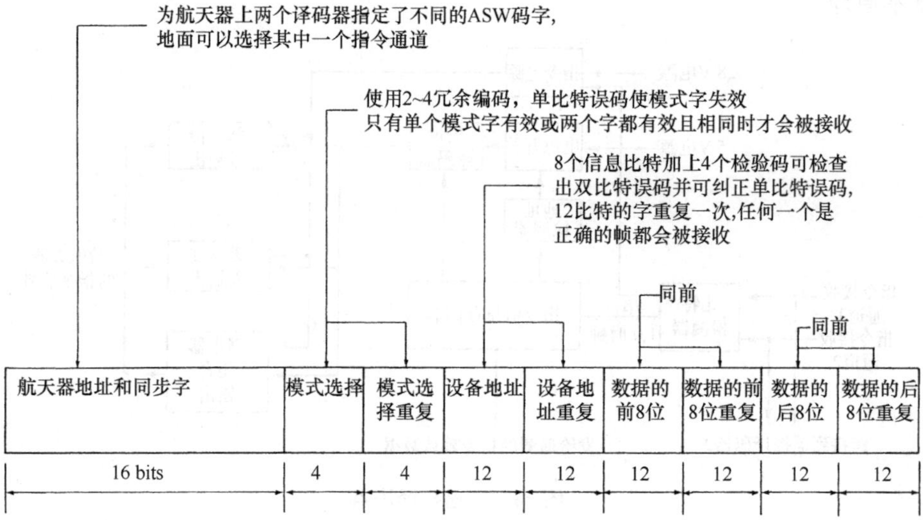

图 13.5　指令帧结构

ASW 之后每帧中包含一个使用 2～4 冗余编码组成的 4 比特模式选择字。这个控制字会重复一次,为选择开-关脉冲指令、数据注入指令或者带时间信息的延时指令执行提供途径。

因为单比特误码就会给出无效模式字，如图 13.5 中的接收准则，即使发生单比特错误时也能保证正确接收指令，如果发生多于一个比特的错误，指令就会被丢弃。另外，如果信噪比太低，指令接收机的静噪开关就会阻断比特检测器的输入，以便保证一个较低的比特错误概率(一般优于 10^{-5})和一个相对高的帧接收概率。

紧随在模式字后面的三个数据字每个都是 8 比特，分别代表被发送数据的 16 比特存储器地址、这个数据的前 8 个比特和数据的后 8 个比特。每个数据字都被重复一次以便增加接收概率，为每个数据字增加 4 比特汉明校验码以便航天器检测错误并纠正。将接收到的校验码与数据字本地产生的校验码比较，可检测出所有单个比特、双比特错误，在单比特错误的情况下，还可以确定比特出错的位置并进行纠正。

端到端的指令丢弃概率能够减小到优于 1×10^{-6}，并且误指令概率小于 1×10^{-8}。

使用 ESA 标准的航天器与 NASA 的地面网络及处理过程兼容，后者的调制及编码技术具有更大范围的兼容性。

13.4.4 分包遥控

PCM 遥控标准已经被基于数据包的系统所取代，这与分包遥测系统有一些相似性。CCSDS 建议书已被 ESA 采纳并形成“分包遥控标准”[6]和 ECSS 标准。

分包遥控系统被安排在数个分层中实现，这些分层提供来自地面(源)到航天器分系统(宿)的数据流进程。这些分层的功能如下。

(1) 应用处理层：允许地面用户遥控在轨载荷或分系统，提供人与计算机之间的界面。它也能用于支持更高层的协议，如文件管理。

(2) 系统管理层：提供用于应用处理层的指令语言与用于分包层的详细通信和控制语言之间的转换。

(3) 分包层：允许用户独立于其他用户、用最小约束优化应用数据。应用数据被装入由固定长度 48 比特包头和一个可变长度数据域的 TC 包中，包头提供了识别、顺序控制和包长度，数据域头和包错误控制作为可选项加入到数据域中。

(4) 分段层：为数个变长 TC 包形成一个虚拟通道提供途径，使得来自数个不同源的 TC 包进行复接并进行数据流控制。一个 TC 分段标准结构由一个 8 比特段头、一个变长段数据域和一个可选的变长尾组成。

(5) 传输层：使用 TC 传输帧在射频链路上提供数据的无差错传输。为顺序控制提供两种传输帧，其中一种专门用于状态恢复的加急服务，TC 传输帧的标准结构由 40 比特帧头、变长数据域(包含一个 TC 段)和一个 16 比特帧错误控制域组成。

(6) 编码层:提供接收机需要的纠错和同步。每个传输帧被放入一个单一指令链路传输单元(CLTU),CLTU 由 16 比特头序列、n(最大 64)比特编码块和与编码块长度一致的尾序列组成。这里 n 是一个整数,它足以涵盖一个编码传输帧,需要时可用填充数据。BCH(63,56)编码使用多项式 $x^7+x^6+x^2+x^0$ 产生覆盖 56 比特数据的 7 比特校验码。

(7) 物理层:即无线电链路本身。它运行在以下四种载波调制模式之一:

① 无调制载波;

② 捕获序列调制;

③ 协议数据单元(CLTU)调制;

④ 空闲序列调制。

接收机、解调器、译码器和 OBDH 运行在同样的层次,只是操作次序相反。在每个阶段通过遥测向地面报告状态,如确认正常接收,命令成功执行。

和分包遥测类似,分包遥控协议相比早期的 PCM 标准为用户提供了更大的灵活性,为先进卫星操作提供了所需的动态指令,使得地面与航天器之间的复杂操作成为可能,如软件上载、在轨文件系统操作,甚至在任何地方通过地面互联网访问卫星的网站。

13.4.5 差错控制编码

一般差错控制编码没有译码处理任务繁重。对于遥测链路,地面段需要做更复杂的差错控制工作,因为星载电子分系统的资源约束,在空间段上实现强大的遥控指令差错控制译码是十分困难的。为此,在遥控标准中使用的差错编码是非常基本的。CCSDS 遥控建议书选定了 BCH(Bose-Chaudhuri-Hocquenchem)算法,它的主要优点是错误检测。实际上,差错编码也代表遥控指令帧的结束。

在任何情况下,通过编码的差错控制仍然留下小但很重要的可能性错误,对于遥测可能不重要,但对于任务的关键性的命令却是灾难性的。指令链路一般使用自动重传机制(在 CCSDS 协议中称为 COP-1),通过检测差错并重传失效帧来确保指令分发的正确性,该协议也保证遥控指令按照正确的顺序接收并执行。

13.4.6 上行链路频率和调制

指令上行链路频率常用 S 波段(2025~2120 MHz)或者 X 波段(7145~7235 MHz),并且支持相对适中的码速率。早期的 ESA 射频调制基于副载波,最大码速率为 4 ksps(symbol per second);然而,新的应用要求较高码速率,因此 CCSDS 提出一种直接在载波上调制的 SP-L/PM 方式,该调制标准能够支持码速率到 256 ksps。在 ECCS 标准[7]中给出了更多先进的调制方式。

二相相移键控(BPSK)载波调制能够获得更高的码速率,然而与低速率系统不同的是，它不支持链路上的同时测距。

13.5 通信技术及协议

13.5.1 测距

测距通过一种属于星载应答机的设备来实现，即遥控链路接收到的测距音频通过遥测通道转发至地面。

在 Intelsat X 卫星上，指令接收机在 6 GHz 载波上的输出信号被连接到一个信标发射机，它将测距音通过相位调制在 4 GHz 下行链路载波上。在地球观察卫星中，如 Envisat，这些操作用 S 波段链路实现。在 ESA 测距标准中给出这些单音信号的规定。这些单音信号可以代替指令信号调制在上行载波相位上，同时与遥测信号一起下传。通过选择合适的副载波频率可以避免下行链路的干扰，而且，实现一体化的多普勒频率测量以便跟踪航天器，详见参考文献[8]。

13.5.2 高级在轨系统(AOS)

在 19 世纪 80 年代后期，国际空间站(ISS)、空间运输系统如 Hermes 和地球观测系统的需求超过了 CCSDS 分包遥测系统设计的能力。

不足之处如下：

(1) 支持同步服务(如声音或者视频)；

(2) 支持高容量的下行链路(如地球观测图像，包括合成孔径雷达、视频等)；

(3) 支持交互服务(如双向文件快速传输)。

CCSDS 建议书提出了这些问题并利用这个机会推荐采纳一种服务驱动的结构，而不是分包遥测建议书中的协议/数据格式的导向系统。ISS 和 Envisat 的下行链路使用 AOS 协议。AOS 还被引入 CCSDS 标准网络，同时与面向连接的高效路径协议合并，并支持 ISO 8473 无连接网络协议，接着为支持互联网协议(IP)而改进。

13.5.3 近距链路

CCSDS Proximity-1 协议适用于功率受到约束的链路，并且专门用于设计星间链路、星座任务和行星轨道器/着陆器/巡视器的构型。

Proximity-1 协议采用对称操作，即没有遥测、遥控的区别或者前向、后向链路的区别。Proximity-1 协议包括的特性如下：

(1) 自动检测链路可用性并对链路参数进行初始化，介质访问控制(MAC)子层在数据传输之前提供链路建立、链路保持和链路终止，它也控制链路特性，如数据率、数据链路状态和物理参数。

(2) 使用自动重传功能完成双向可靠的、顺序的数据传输；使用一个称作“保留”的过程来确认数据传输正确性。

(3) 在双向链路上使用卷积编码和RS编码。

(4) 使用固定长度或者可变长度的传输帧。

火星探测任务或许是使用Proximity-1协议的典型例子，该协议对CCSDS分包遥测和分包遥控标准的一些特性进行了修改。

13.5.4 空间通信协议标准(SCPS)

NASA通过与美国国防部合作开始研发，在军用及民用卫星星座和传感器网络可见需求的驱动下，SCPS采用地面互联网用于网络层、传输层、应用层的已有协议，并将它们扩展到满足更加繁重的空间网络要求。SCPS协议族的组成包括网络协议(SCPS-NP)、保密协议(SCPS-SP)、传输协议(SCPS-TP)、文件协议(SCPS-FP)。

SCPS空间任务应用进展缓慢，特别适合复杂的空间星座。然而，对SCPS的地面应用也引起人们的兴趣，因为地面应用具有和空间环境相似的约束条件。

13.5.5 CCSDS文件传输协议(CFDP)

CFDP提供一种可靠的数据传输服务，它是在CCSDS或者其他链路之上运行的应用过程，CFDP的主要特性如下：

(1) 存储和转发网络。不同于实时网络，实现网络通信不要求一条端到端的路径必须同时存在。该协议考虑了面向非连接链路的动态网络配置。

(2) 文件连续传输。支持无分隔的遥测数据流传输，文件片段到达后即可传输，也包括文件传输失败后恢复的文件。

(3) 消极自动报告排队(ARQ)策略。该策略保证数据传输，对大带宽/时延产品和低开销的返回路径进行优化。重传需求可以优化处理，例如在有合适的重传机会时处理出现的错误，或将它们捆绑在一起重传。

(4) 代理传输机制。提供数据传输的第三方控制。

(5) 挂起/恢复。对于可预测链路的中断可以实施挂起/恢复。

(6) 垃圾清除机制。协议识别软件可能出现的错误或者由于单粒子翻转事件造成的中断，保证系统错误不会积累，需操作者干预。

(7) 文件操作。允许远程命名、删除、复制和管理在轨文件系统。

CFDP协议产生于支持航天器在轨文件系统的需求并为批量数据传输提供了一种可靠的服务。特别是对于采用先进的在轨自主管理和数据压缩的航天器遥测，能够减少下行链路数据冗余，使未修正的比特误码能够在忍受范围内。

13.5.6 星际互联网(IPN)

IPN 由互联网研究任务组(IRTF)提出。IRTF 是一个基于互联网的小组,在很大程度上担负着未来互联网发展方向的责任,IPN 研究组(IPNRG)负责这项研发任务。不管它的名字如何,这个倡议计划涉及所有空间网络应用,包含近地和深空的应用。

IPN 组成如下:

(1) 原地分散的互联网,如地球互联网、火星互联网、属于卫星星座的互联网。一般地,这些网络由专用子网络协议构成,支持常规的 TCP/IP 网络传输协议。

(2) 星际骨干网络,在遥远的分散互联网之间提供一种广域传输服务,这种广域传输协议(LTP)正在研发,一些技术已应用于 CFDP。

(3) 星际网关,将分散的互联网连接起来,或者将它们与星际骨干网相连。

(4) 互联网网间对话,在长时延或者由于轨道和行星运动造成的断续通信情况下提供存储转发的联网方式,它为要求互联的分散互联网提供存储转发。

互联网网间对话基于保管传输概念,就像 IP 网络层提供跨越异类子网络实时数据传输,保管传输在存储转发环境下提供跨越异类互联网的数据传输。

希望在星际环境下,发展专用的保管传输应用以避免大量的短离散传输,这种情况就如使用一些公共电子邮件交换协议,如 SMTP。

13.6 在轨数据管理(OBDH)及处理

13.6.1 平台和载荷

OBDH 功能既用于航天器平台也用于有效载荷。它们提供与之前讨论的遥测、遥控操作相关的指令和数据管理。通信卫星,例如 Inmarsat,具有单独的、非常复杂的载荷用于接收和传输用户数据。遥感和科学卫星常常为仪器的数据提供独立处理和传输,后者或许需要特殊的措施来满足高数据速率要求,例如,合成孔径雷达产生的数据率从 100 Mbps 到超过 1 Gbps。

经典的 OBDH 架构基于中央处理器,通常使用一条视频或者数字通道与射频通信分系统相连接。中央处理器使用数据完整性高的串行总线与平台分系统(如 AOCS 和载荷)通信。ESA 的航天器常用一种 ESA 标准的 OBDH 总线,它采用分设的询问线和应答线、变压器耦合和 Litton 编码,速率为 250 kbps。为了特定的用途而采用各式各样的终端设备。

近来,ESA 和其他机构的航天器使用一种基于军用标准的 1553B 总线,该总线同样用于 Ariane 运载火箭。1553B 总线是一种串行总线,能够运行在 765 kbps 或者更高的速率上,采用变压器耦合和曼彻斯特编码。该总线的速率正在逐渐提高,有趣的是我们注意到某些航天器设计采用混合总线架构,以便在设备采购时具有灵活性。

中央处理器有两个主要功能,提供遥控指令译码和总线控制。根据航天器需要,这些功能可以使用1～5个分离的单元来实现,详细的安排将取决于所承担的任务。在实施之前需要提取高优先级命令,为其设置开关操作。在分系统中可能包含火工品设备的解锁和引爆,也常常需要扩展宏指令和带时间标识的指令。超稳定振荡器用于精确定时控制功能和推算日期。某些不能与地面站持续保持联系的任务要求一定程度的自主运行,至少故障安全的生存模式下需要自主运行。图 13.6给出一个遥感平台的例子,其中央处理器即为数据处理分系统。

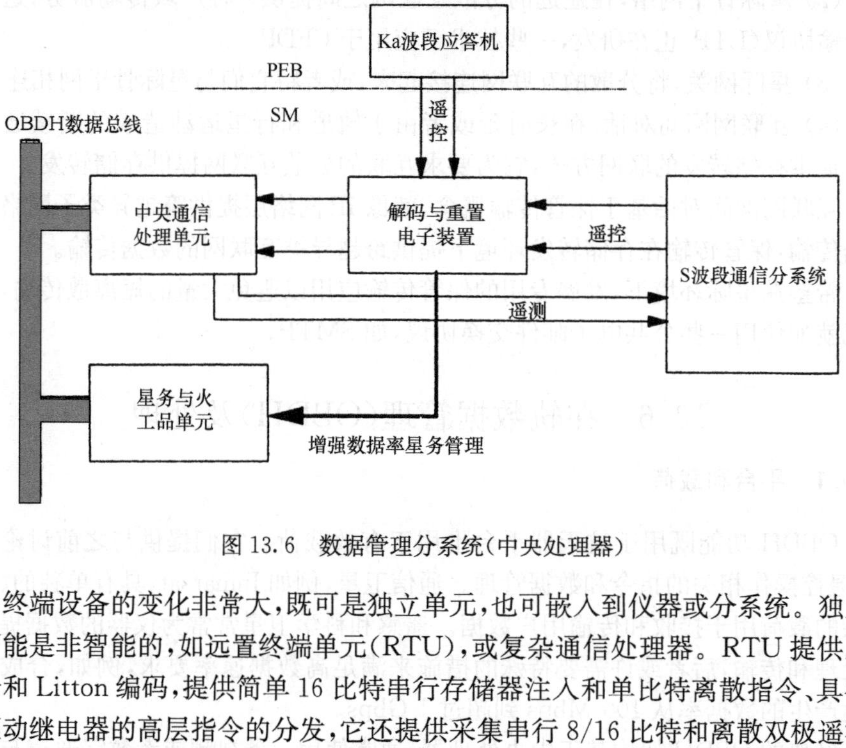

图 13.6　数据管理分系统(中央处理器)

终端设备的变化非常大,既可是独立单元,也可嵌入到仪器或分系统。独立单元可能是非智能的,如远置终端单元(RTU),或复杂通信处理器。RTU 提供总线耦合和 Litton 编码,提供简单 16 比特串行存储器注入和单比特离散指令、具备直接驱动继电器的高层指令的分发,它还提供采集串行 8/16 比特和离散双极遥测的功能;RTU 还包括模拟遥测信号的调整和模/数转换;当一个 RTU 需要最小化内部电路数量时,常使用一个切换矩阵提供大量接口,具备多路复用及解复用的功能。

通信处理器作为智能终端单元能够给载荷提供数据分包服务,通信处理单元与载荷之间的接口可以是专用端口,也可以是总线。

嵌入式终端可作为小型 RTU 或者更复杂的远端总线接口(RBIs)来运行,直接访问载荷中的存储器。在上述情况下,由独立单元控制总线耦合和 Litton 编码功能。

更复杂的仪器可能包括基于处理器的智能控制单元(ICU),同时使用一个嵌入式 RBI。某些载荷的处理能力有时超过平台计算机的能力。

有效载荷处理器能提供一个通信处理器、ICU 和科学数据处理器的功能。

一台典型的星载计算机使用 32 位微处理器、一个微控制器或数字信号处理器(DSP)——嵌入了抗辐照或耐辐照技术。将打造高标准嵌入式软件,通过如文档、评审、结构、余量和确认等多个方面来控制软件生命周期,包括使用面向目标技术的安全方法、工具和高级语言如 ADA 或 C-ANSI 等。优化操作系统是不错的选择,通常将系统设计成允许飞行软件打补丁和卸载,允许在轨执行修改和检查。

星载软件代码产品正在从每行代码都为具体任务而编写向从一个很相似的任务继承的方向发展。星载处理和存储能力紧随地面上的工业处理器而发展,而且任务的要求也正在向地面流行的控制应用方向发展。这些趋势显示了在复杂数据组织、自主决策、密级信号处理和多任务、大量分散研发团队协调的自身需求。

这种高可靠应用的软件系统产品已经用于地面系统,并且形成高集成、实时操作系统。它们正在星载处理系统中寻找应用的机会并将带来以下优点:

(1) 更快、更廉价的研发;

(2) 容易保持和协调研发队伍;

(3) 现成的研发系统;

(4) 现成的处理和通信库;

(5) 嵌入文件处理,多任务和任务间通信;

(6) 在软件可靠性上有较大投资。

仪器的数据常常由单独的数据处理系统采集,一个已知的例子是有效载荷数据处理与传输(PDHT)系统。这些系统允许直接、独立的数据采集并且比标准总线处理速率更高。它们拥有连接地面的专用射频链路,这样的系统具有数据包的高速多路复接能力,并且在失去与地面的直接联系时提供数据存储功能。过去很长时间使用的磁带记录仪容量达到 10 Gbits 以上,然而高密度半导体存储器的出现使得现代航天器用上固态数据存储器。它们提供了随机存取的优势,并且峰值速率能够达到数 Gbps,容量达到 Tbits。

13.6.2 仪器、实验和传感器

图 13.7 描绘了航天器常规设备的组成,设备包括仪器、实验设备或者传感器等。典型设备如下:

(1) 主动雷达,如在 Envisat 卫星上的微波高度计和先进的合成孔径雷达;

(2) 被动微波探测仪,如 NOAA 和 METOP 卫星上的微波湿度计(MHS);

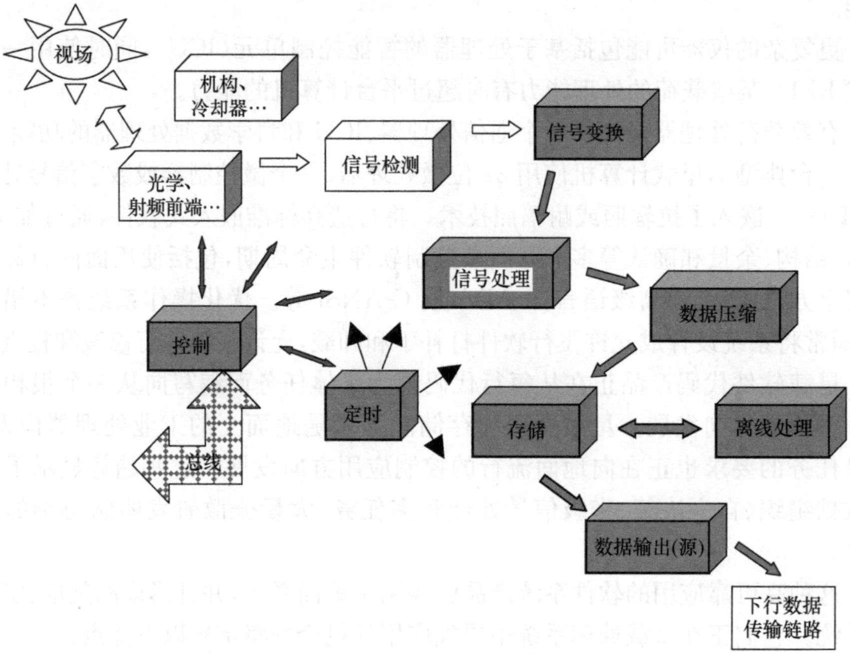

图 13.7　常规设备的组成

(3) 红外及可见光谱仪，如 METEOSAT 系列卫星上的有效载荷；

(4) 多光谱、超光谱仪，如安装在 PROBA 卫星上的小型高分辨率成像光谱仪(CHRIS)；

(5) 基于激光的仪器，如 Aeolus 任务用的 ALADIN 激光雷达；

(6) 用于姿态控制的星敏感器；

(7) 科学仪器，如 Rosetta 航天器上的科学仪器。

除了最简单情况外，大多数载荷系统都具备一个控制器，它提供与平台的功能接口，也提供本地和常规的实时操作，另外还可支持数字信号处理和数据管理功能。从这些系统输出的数据一般为源包格式，许多仪器具备多种工作模式。

控制器通常是一个标准的微处理器，如基于 SPARC 架构的 LEON，或者是 DSP 器件，如 20MIPS 和 60 M 浮点运算处理能力的 TSC21020F，除了处理设备控制功能外，还需要进行信号处理。在写作之时，为空间应用正在开发 1 G 浮点运算的 DSP。在某些应用中，如 LEON 标准处理器设计，或者高性能的 DSP 功能被嵌入到定制的专用集成电路(ASIC)中，设置了适当的智能特性，这些标准设计称为“IP 核”。

仪器内部的数字通信可以基于多站总线、专用并行及点对点串行链路。

当一个设备(主控)需要与多个设备(终端)通信时，可使用多站总线，如 ESA

的 OBDH、军用标准 1553B 总线和 CAN 总线，它们用于智能设备的遥控指令和遥测采集，在 1 Mbps 左右的适当速率下也可用于采集科学和仪器的数据。

点对点链路，如军用标准 1355、ESA 的 SpaceWire[9]、HotLinks 和 GigaLink 可用于两个设备之间的直接通信，它们特别适合传输数据块，比多站总线提供更快的速率，速率范围为 10 Mbps 到 1 Gbps 以上。多个并行的点对点链路可用于支持更高速率和数据路由功能。

13.6.3 信号处理

这里提到的信号处理适用于模拟和数字形式的平台传感器及运行，也适用于有效载荷试验与设备。上述信号的处理方式与处理速度的差异是相当大的。

平台运行和传感器：控制和导航分系统依靠许多传感器提供关于太阳、地球、星系和航天器惯性等信息，这些信息将作为控制算法的输入（见第 9 章）。敏感部件需要进行信号调整、转换成数字量、信号检测及所需要的信息数据处理。正如在常规数字照相机中看到的一样，电荷耦合装置（CCD）和主动像素检测阵列要求定时、读出电路和模数信号转换。类似的传感器产生数据率一般为 20 Mbps。

载荷试验与设备常常要求在时域和频域进行基带信号处理，例如数字滤波器、数据压缩、特征提取、数据格式化、差错控制和数据加密等。运行在多个通道下，每个通道要求的速率可能达到 200 Mbps 或者更高。

13.6.4 压缩和存储

通过减少冗余或者重复的数据内容实现数据压缩。例如，可以通过去除不需要的信息或者降低图像分辨率实现图像压缩。

在线数据压缩，如块自适应量化可用于将数据率减少到更易于管理的比率，并且通常将数据率减少 2～8 倍。得益于先进先出（FIFO）缓存技术，块自适应量化数据压缩在数据流上能够实时运行。

离线数据压缩，通常与一个大型数据存储装置一起工作，运行于专用处理器或者 ASIC 上。有许多可用的算法能够实现压缩比为 2 的无损压缩，或者压缩比达到和超过 100 的有损压缩。算法选择实际上取决于被压缩数据信息和压缩比的需求，压缩算法可建立标准，如 JPEG（Java Picture Experts Group）和 CCSDS[10]。

对于那些产生数据量大于链路传输能力的任务来说，数据存储是一项重要的功能。在曾经使用过磁带记录仪的地方，都可以使用动态 RAM 芯片组成的固态存储器，它能够提供更大的存储容量。通常用户无需对固态存储器的每个 RAM 进行外部寻址，而采用基于数据块或者文件的操作，数据块大小可能是 1000 字节的量级或者有时对应一个数据源包。保持数据完整性十分重要，这需要使用数据编码和差错控制来保护数据，以免遭受由于宇宙辐射产生单粒子翻转效应造成的错误。输入、输出总线的具体设计必须考虑数据速率、仪器产生的数据量、下行链路的传输能力。为了提供灵活操作并应对存储阵列的性能下降,通常需要在输入和输出中提供一种数据路由功能。

星载大容量存储器与地面计算机磁盘存储器面临同样的组织数据存储挑战,数据最好分级管理,用文件名而不是精确的地址来标识数据文件。这样导致两种趋势:一是采用前面介绍过的工业实时操作系统;二是由 CFDP 协议提供的远程文件控制功能。

13.6.5 数据下传链路

一个典型的系统结构由数据管理功能加上一条或多条射频传输链路组成。数据处理需要提供数据路由、不同速率数据输入输出缓存(使用一个简单的 FIFO 或者一个大型的数据存储)、数据格式化、载波调制、信号放大及产生射频信号波束。

常用正交相移键控调制(QPSK)技术或者更高阶调制技术。在正交相移键控调制(QPSK)情况下,100 Mbps 数据码流需要 55 MHz 射频信号带宽。为近地轨道卫星分配的 X 波段可用带宽是 8025～8400 MHz,保护频带能够支持 500 Mbps 左右的码速率。但是,要从国际电信联盟(ITU)获得许可,将所有频率带宽授予某一个任务是不大可能的。

通过放大器获得典型的 15 dBW 等效全向辐射功率(EIRP),一般需要行波管放大器或者固态放大器和带一定增益的天线。有多种天线解决方案,从固定的近全向反射器到聚焦电控扫描波束,为了在地球上需要的地域得到可靠的链路并满足世界无线电管理联盟(WARC)规则限制的功率谱密度,必须很好地控制波束。

需要链路层数据处理将数据源包转换为物理通道存取的协议数据单元(PCA－PDU)。这包括以选定的 CCSDS 标准要求来建立 VCDU 的格式化工作、伪随机平滑数据的频谱、加入同步比特使得地面处理能够恢复随机化的数据、组成通道存取数据单元(CADU)、差分编码解决相位模糊、在调制器之前将数据分离为同相和正交(I、Q)通道,可选用前向纠错编码以改善链路预算。

对于 LEO 任务,传输链路可用性是一个重要的系统设计,它取决于航天器轨道和地面站分布。一般对于纬度比较高的地面站,一轨 100 min 中地面站可用时间为 3～10 min。对于低纬度地面站,相当数量的轨道没有可用性。

13.7 技　术

航天器数据处理系统通过使用电子技术来实现。空间环境在很多地方给使用电子技术带来主要约束。在航天器中为电子分系统提供的资源也受到限制,三个主要参数是质量、功耗和体积。对于电子部件和分系统,在航天器上的物理环境压力很大，必须选择和设计成能够承受发射的严酷振动和在轨的极端温度，内部没有密封的封装（一般针对塑料封装）必须适应真空环境，并且没有放气材料污染其他航天器设备，例如光学表面。

在选择合适的部件时，一个主要的考虑是辐射环境，有三种辐射效应要加以注意（参见第 2 章）：

（1）单粒子翻转（SEU）。SEU 是瞬间效应，由于离子辐射改变了一个半导体器件中电子结的状态，而且该效应是不可预报的。SEU 能导致数据中的噪声、随机切换事件、改变存储器的寻址、软件代码的随机跳变或者非法状态机配置；由于积累的 SEU，在星载存储器中长期存储的数据容易变成随机化，使用纠错编码能够减轻这些影响，在需要的情况下，通过检查固定的编码规则可以纠正错误的数据，称之为内存刷新；采用表决逻辑（如三模冗余）或者通过与软件看门狗定时器配合可以保护其他类型的电路。

（2）总剂量损伤。总剂量损伤是由于长时间离子辐射积累效应导致的，结果会造成设备的灾难性失效。设备对总剂量的忍受能力用 krads 衡量，根据航天器的轨道和寿命，总剂量的要求在 1～100 krad。通过航天器结构、设备外壳、设备特殊包装或局部屏蔽等手段来防护设备避免总剂量损伤。

（3）闩锁。闩锁是另一个灾难性事件，由于单个高能离子在设备内产生失控电流而产生失效，同样，屏蔽能够减轻该效应（尽管二次离子发射能够加重该效应）。一种替代的方法是用电流传感器和限流电路来阻断失控效应以保护设备，并且在事件过去后能够返回正常工作状态。

注意到在设备未加电时上述灾难性效应会有效地减轻，因此，另一个减轻效应的办法就是在不使用时关闭电子分系统。

专门为空间环境中使用而设计的微处理器仿制于地面使用的微处理器，尽管它们落后于地面产品技术若干年，但这并不是一个问题。航天器常规处理任务如姿态控制、星务管理、系统管理、指令执行和时序等对处理能力要求很低，这样，简单 8 位微控制器便能够胜任。

值得记住的是，许多如 RAM、ROM、缓存器等支持设备具有有限数据宽度或者串行接口有限，选择一个具有宽数据总线的微处理器会导致支持设备数量成比例地增加，应该始终选择最小宽度数据总线。

对于更大需求的应用，可使用宇航级技术的 32 位处理器和信号处理器，与相应的地面处理器相比处理能力是有限的，但能在控制复杂航天器或载荷软件、完成密集的信号处理任务中得到应用。

尽管某些处理器以宇航级技术生产，但是外围设备就不同了。通用异步接收器和发送器（UART）、动态 RAM 控制器、I/O 控制器和通信装置常常使用现场可编程技术在定制的基础上实现。

航天器电子设备在整个设计周期中通常非常昂贵。过去的解决方案一般采用小于50门规模的分立数字电路,结果是在获得一种满意飞行产品设计之前,要完成大规模的装配和多次耗钱耗时的印制电路板(PCB)。由于ASIC的出现,电子分系统的尺寸大大缩小,但ASIC的设计及完善过程也是耗钱、耗时的。

目前抗辐射FPGA已经广泛应用,FPGA功能很强大,并可在一部台式机上完成设计和编程,大大减少完成设计所需要的时间。有些器件能够被多次修改,有些只能一次编程。对于关键的或者大规模生产应用,FPGA常常用作ASIC设计的原型。采用FPGA可实现电路板一次布局,方法是先将电路板上所有信号线引入FPGA,然后再实现FPGA的功能。连同计算机PCB设计,FPGA技术增加了可用的功能并缩短了星载电分系统开发周期。

13.8 工具和控制文件

由于航天器在设备研发及生产上较高的经费投入,加上对应用的批评和风险管理的需要,必须对需求和设计保持良好控制。在其生命周期的每个阶段对解决方案进行适当的验证也是必须的。

在数据处理及其相关领域,越来越多的大量使用计算机工具,如高速集成电路硬件描述语言VHDL、数字信号处理的数学模型、模拟和数字电路仿真、自动布局布线等。市场上有许多可用的商用软件包。

定义和控制过程通过正式文件来实现,如国内及国际标准、规格书及用户手册、遥控及遥测目录、硬件/软件接口控制文件、电气及机械接口控制文件等。这些文件只是在产品生命周期中产生和维护的一些例子。

以上提到的一些ESA-PSS规格书已经被欧洲合作空间标准(ECSS)文件或者后来的CCSDS文件所代替。再有,读者需要注意的是,一些术语在不断演化,例子详见参考文献[2]之附录C。

Nigel P. Fillery[1],**David Stanton**[2]

[1] *EADS Astrium, Portsmouth*

[2] *Keltik Ltd, Hampton Hill*

参考文献

[1] CCSDS Packet Telemetry, 102.0-B-5 Issue 5 (November 2000).

[2] CCSDS Space Packet Protocol , 133.0-B-1 Issue 1 (September 2003, TC September 2010).

[3] CCSDS Advance Orbiting Systems, Networks and Data links, 701.0-B-3 Issue 3 (June 2001).

[4] CCSDS Space Communications Protocol Specification,713. 0-B-1 Issue 1 (May 1999).
[5] ECSS Telemetry Synchronisation and Channel Coding,ECSS-E-ST-50-01C Issue 2 (July 2008).
[6] Packet Telecommand Standard, ESA PS-04-107 Issue 2 (April 1992).
[7] ECSS Radio Frequency and Modulation, ECSS-E-ST-50-05C Issue 1 rev 1 (March 2009).
[8] ECSS Ranging and Doppler Tracking, ECSS-E-ST-50-02C Issue 2 (July 2008).
[9] ECSS SpaceWire Links, Nodes, Routers and Networks, ECSS-E-ST-50-12C Issue 2 (July 2008).
[10] CCSDS Lossless Data Compression, 121. 0-B-1 Issue 1 (May 1997, TC September 2007).

链接

http://public.ccsds.org/publications/default.aspx

http://www.ecss.nl/

http://www.ipnsig.org

http://www.irtf.org

14 地 面 段

14.1 简 介

地面段由欧洲合作航天标准化(ESCC)研究所在参考文献[1]中进行了定义，由地面运行控制组织和地面系统组成，前者雇用参与任务人员，后者对准备阶段到完成支撑任务的所有地面基础设施进行集成。航天器操作主要包括监视地面站接收到的遥测数据并对执行任务的在轨设备进行配置，这两项主要任务的完成意味着进入发射前的紧张准备阶段，不仅包括设计、执行和测试地面段的硬件和软件，也包括规划运行控制和执行任务参与人员的培训等。

航天器操作可以比作驾驶赛车，即工程师利用现代技术设计一个高度复杂的产品满足用户的需求，然而比赛中驾驶者及其驾驶的方式决定是否成功，否则只能是竭尽全力了。最终产品满足所有的需求，但给驾驶者提供很差的人机工程环境，不太可能赢得比赛！就像赛车的基本实践让驾驶者参与设计阶段，航天器运行控制团队也一样。运行控制工程师应尽早参与航天器的设计过程，则设计会大大受益于运行控制工程师前面工程的经验，运行控制工程师反过来又会获得对将要运行控制的航天器的深入理解。

本章给出航天器操作的主要特征，描述在准备阶段和任务执行阶段运行控制工程师需要完成的任务，以及使用的典型硬件和软件。下面对组织和特征的描述采用了一种灵活的方法，即每个航天任务是独特的，根据需求需要对地面段进行定制，有时对一些特征不予考虑，有时开发新的功能。例如，对于像 ENVISAT 对地观测任务有用的特征对大学生和老师的航天工程就不一定合适。航天任务的组织也取决于可用的人力资源情况。本章的结构围绕地面段一般涉及的四个主要系统进行展开：

(1) 地面站；

(2) 飞行动力学系统；

(3) 地面数据系统；

(4) 飞行运行控制系统。

本章结构重点集中在对任务有贡献的专家团队，图 14.6 给出这些团队的典型组织概况，是对参考文献[1]地面段分解的补充。

14.2 地 面 站

地面站提供与航天器的通信界面，它负责地面段所有的射频事务。地面站的中心部分（最可见部分）是天线（见图 14.1），但射频信号的处理，无论是航天器遥控命令的生成，还是遥测数据的解调，在地面站中占有同等重要地位。

图 14.1 Weilheim 30m 天线（图片由德国航空航天中心提供）

14.2.1 地面站位置和天线

天线是和航天器通信的界面。所要支撑的任务特性决定了所需要的天线类型，地面站在设计时要考虑运行控制的各个方面。

第一个问题就是地面站的位置，因为地面站要和控制中心交换数据，需要一些通信基础设施（如电话、网络等，参见 14.4.2 节），以及与电源系统的连接。虽然这些设施在城市附近随时可用，地面站在偏远地区（沙漠、极区等）可能会缺少这些基础设施，从而意味着会增加成本。有些地面站在非常偏远的地区，例如南极，可通过遥控进行控制，只有在夏季完成检修。然而，发生异常事件时，这些地面站的服务中断显然是个问题，启用备份是非常必要的。天线参数中一个重要特性是水平方向遮挡，界定了天线能够和航天器通信的空间区域，以及天线安装方式的机械限制，周围的山、建筑和其他天线这类障碍物，如图 14.2 所示，决定了天线的最小俯仰角。另外,这种地形特征也视为来自机场和其他类似无线电发射机外界射频干扰的保护。另外一个例子是位于德国 Weiheim 的地面站,如图 14.3 所示,跟踪时俯仰角最低可以到 3°。

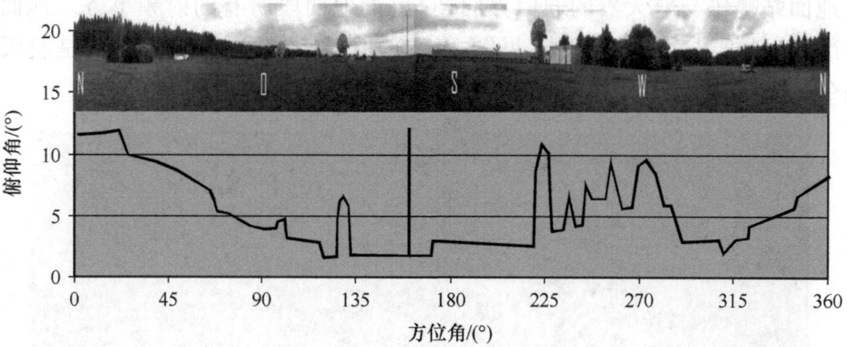

图 14.2　水平遮挡例子,图中给出地面站最小俯仰角限制(图片由德国航空航天中心提供)

图 14.3　Weiheim 地面站位于平原,被森林环绕,远处是巴伐利亚阿尔卑斯山脉,最低可跟踪到 3°(图片由德国航空航天中心提供)

建造天线时,由于地基要坚固和稳定,场地的基础地质至关重要,因为它强烈影响指向精度。每年的主要气象条件也是选址的影响因素,因为降水较大会影响射频信号接收,多云天气会影响激光通信终端(LCT)的使用。由于激光通信可提供较高通信速率(1 到几百 Gbps),最近几年的使用在增加。

天线参数需要仔细核对。天线的工作频率由要支持的航天器决定，天线工作频率分为上变频和下变频，直接影响天线的增益。

在发射、初始轨道阶段和紧急情况（安全模式）下，一般由 S 波段执行运行控制，然而载荷数据的传输速率较高，因此需要比 S 波段更高的传输带宽，结果是有效载荷工作趋于使用更高频率（X、Ku 或 Ka）。为了减少地面站的协调工作，在常规运行阶段有效载荷和平台一般工作在一个频段。表 14.1 总结了卫星通信常用频率，此问题的详细讨论见第 12 章。

表 14.1 卫星通信典型射频频率

频带	频率/GHz	
	下行	上行
S(深空)	2.29～2.30	2.11～2.12
S	2.20～2.29	2.025～2.11
C	3.4～4.2	5.925～6.425
X	7.25～7.75 8.4～8.5	7.9～8.4 7.145～7.235
Ku	10.7～12.75	13.75～14.5
Ka	17.7～21.2 25.5～27.5	27.5～31

卫星通信频率分配的准确信息在国际电信联盟（ITU）出版的频率分配规划中能够得到。更高频率的使用一般会产生更多的问题，这就解释了为什么像初始轨道阶段和紧急模式这些关键情况下还是采用 S 波段进行运行控制，在不久的将来这些紧急控制有可能采用更高频率。尽可能支持更多类型任务符合地面站的利益。地面站必须向当地国家电信管理部门进行频率申请，反之国家电信管理部门要符合国际电信联盟的规定。

天线的直径和接收航天器反射信号的可用面积直接相关，是影响链路预算等效全向辐射功率（EIRP）和接收系统品质因数（G/T）的关键因素（另请参见 12.2.10 节）。天线安装的转向能力也非常重要。虽然对于静止轨道卫星的情况并不重要，但对于其他卫星天线的操纵能力限定了跟踪航天器的空间区域。例如，地平式经纬仪天线由于机械的限制不能对天顶附近区域进行观测。最后，天线辐射方向图，表示天线各个方向辐射信号强度，给确定 3 dB 波束宽度提供了有用信息（天线最大增益－3 dB 的波束宽度）。

跟踪航天器期间天线的运动由天线控制单元（ACU）进行控制。一般情况下，当航天器经过地面站可视范围时天线将对航天器进行跟踪。为了进行跟踪，天线简单指向航天器星历表给出的方向，星历表对轨道进行描述，是离线状态下进行的计算(一般指程序跟踪)。这种跟踪也可以延伸到星历给出的航天器位置附近进行搜索(如一个螺旋运动)。这一特点在没有接收到信号时非常有用,特别是第一次捕获跟踪。通过使天线指向最强信号方向来改善跟踪质量是可行的,天线控制单元用不同的模式来实现此特性。例如,全向单脉冲控制天线使用自动跟踪模式,固定位置天线用步进跟踪模式指向静止轨道卫星,步进跟踪模式使天线偏离一个小角度并通过此角度下和偏离前信号强度比较来实现控制。为了获得最强信号,通过这种比较法判断天线应该移动的方向,这种方法分别用于天线的两个轴。当天线使用自动跟踪或步进跟踪模式时,测量到的天线指向角度(方位角和俯仰角)可用于定轨。

如果航天器上安装合适的转发器,天线还能用来测距和测量多普勒频移。测距包括发射一个指定频率信号给航天器接收机,接收机接收信号后立即把信号发送回来,从而根据往返时间计算距离。多普勒频移测量通过发射一个已知频率信号,按照上行频率的固定比例值接收机返回信号(也称相干模式,避免干扰上行信号),通过下行信号频率的测量可以计算得出多普勒频移,并得出径向速度(也称距离变化率)。距离和距离变化率都是定轨的输入条件。

正如上所述,地面站第一次捕获航天器具有挑战性。如果程序跟踪没有成功捕获航天器,在控制环中可增加捕获辅助天线。捕获辅助天线具有更宽的主波束(另请参见 12.2.8 节),能够对更宽的空间区域进行扫描。但因为辐射能量较宽导致通信链路质量较差,因此辅助天线作为主反射面指向控制的辅助手段,主反射面是与航天器通信的主要途径。稳定的通信链路建立后,可以启动自动跟踪模式。

14.2.2 数据处理

当天线接收到信号后,在发送到控制中心之前必须进行进一步处理。对于接收的低功率信号,首先要经过低噪声放大器(LNA)放大。为了防止电缆线引入噪声的增加,低噪声放大器安装在可能靠近馈源。信号通过下变频器后降低频率,射频信号(例如 S 波段信号为 2～3 GHz)转换成中频信号(一般为 70 MHz)。接着中频信号经过基带单元处理,基带单元是地面站的核心部件,基带单元首先将信号从模拟量转换成数字量,然后根据通信使用的代码(见第 13 章)进行解调。如果信号没有加密,最后基带单元进行位同步、帧同步和 CRC 校验。这些操作后的结果是包含遥测数据的位流,送到控制中心进行进一步处理(见 14.5.1 节)。

给航天器发送遥控指令任务,处理过程相似。基带单元接收监视和控制系统(MCS)发送来的位流(见 14.5.1 节),首先将数字信号进行调制并转换成模拟信号。上述处理都是在中频上完成,通过上变频器将中频信号转换成需要的上行频率。最后信号通过高功率放大器(HPA)进行放大,然后通过天线进行辐射。这些操作需要一个参考频率,可由参考振荡器或直接由时钟源(例如GPS)提供。为了进行测试,基带单元一般能够对控制中心产生的一些指令进行存储和回放,也能够对存储的遥测数据进行回放,仿真实时通信。图14.4给出这些单元之间的关系。

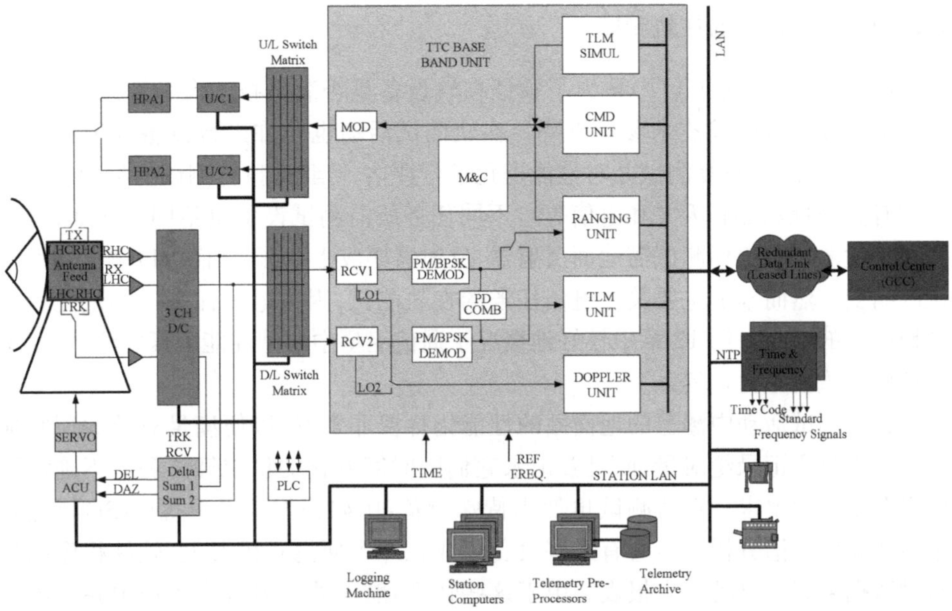

图14.4 地面站框图(图片由德国航空航天中心提供)

必须对地面站数据处理链与航天器之间的兼容性进行测试,这是射频兼容性测试要达到的目的。可以将其与航天器本身进行测试,更多的情况是和航天器制造商提供的辅助的"射频盒子"进行测试,"射频盒子"模拟航天器的射频特性。然后该"射频盒子"用于和任务有关的各个地面站的测试,和地面站天线馈源系统直接相连。大气损耗由衰减器进行模拟,模拟航天器遥测信号注入数据处理链,测试信号就当成来自航天器的真实信号处理。对调制的正确性和比特误码率(BER)进行验证。发送代表任务期间使用的遥控指令,验证"射频盒子"是否接收到正确的比特图案。

在任务期间,在航天器经过地面站之前,航天器的轨道星历加载到天线控制单元,高功率放大器(HPA)进行预热并在地面站和控制中心之间进行数据流测试,地面站回放遥测数据并传输到控制中心进行处理,控制中心则发送一些测试指令使天线切换到假负载,把功率转换成热能消耗掉(为防止将指令真的辐射出去)。这两种测试确保通信链路、地面站设备和控制中心上行通信的正确配置。

在通信过程中,天线从信号获取到信号失锁都要和航天器进行数据交换。这些数据直接传送给控制中心,但为防止通信链路中断也要进行存储。指向角(如果工作在自动跟踪模式)、测距和多普勒数据不进行实时传输,作为离线产品处理。信号发送结束后,天线恢复到停放位置。所有这些活动都通过地面站的监视和控制系统进行监视,其功能与控制中心用于任务执行的监视和控制系统类似。

14.2.3 通信任务的在轨测试

航天器在轨测试(IOT)是为了验证在轨设备是否满足技术参数要求,并确认在发射阶段没有造成技术参数下降。在轨测试活动也允许进行设备性能指标测试,在任务期间要重复测试并对性能退化进行评估。当然,执行测试的类型和任务类型有关(对地观测、天文和电信等),不同任务所需测试设备也不同。例如,合成孔径雷达的一种定标测试需地面反射器,反射器摆成十字形,从而可以测量获取图像的畸变。然而本节主要关注电信任务的在轨测试,因为电信任务的测试尤其需要地面站的参与。第 12 章中较好地概况了通信卫星中典型性能因素的测试,这里对这些测试就不再重复。

在轨测试活动中涵盖的地面站的性能指标要非常好,以便满足有效载荷验证需求。不仅要记录绝对量,而且要记录它们随时间变化的稳定性。测量不确定性要符合精度的要求。在轨测试也使用特殊设备,例如相邻卫星干扰(ASI)特性测量需要使用频谱分析仪。所有这些设备集成在一个便携式机架上,软件程序用于自动数据采集并自动产生报表。由于这些特性,航天器一般日常操作中并不需要这样的地面站。支持测试活动的地面站的在轨测试能力在验收测试中必须充分验证,并且用测量到的性能建立在轨测试技术说明书。例如,饱和输入功率通量密度的测量受地面站等效全向辐射功率(EIRP)的限制。

在轨测试方法必须精心策划。影响测量因素很多,为得出有意义的结论需要考虑每种因素。例如,相邻卫星上行和下行信号的干扰必须进行表征,以便在测试中考虑其影响。卫星入轨完成后尽早开展在轨测试活动,但是相邻卫星信号的干扰可能需要将航天器移到另外一个轨道位置进行测试。地球大气的影响(另请参见 12.2.7 节)也起到重要作用,特别是对于 Ku 或者 Ka 波段的有效载荷,在测试期间获取每天的天气预报是必要的。如果没有晴空天气或者风速较大,一些测试(例如增益测量)可能会被推迟。卫星平台的指向也是很重要的,因为其强烈影响航天器天线的指向,在轨道机动期间有些测试不能执行。无论如何平台姿态的改变对天线方向图的测量是有用的;毋需多个地面站测量信号强度,可以旋转平台,整个天线方向图测量使用一个站。最后对波束在地球表面的投影进行覆盖校正,退化校正也必须考虑。

14.3 飞行动力学

飞行动力学专家处理与航天器轨道和姿态任务有关的各个方面。在准备阶段，他们主要参与任务的分析。在分析的基础上，他们把包含轨道预测信息的产品(称为运行控制产品)提供给其他系统(地面站、地面数据和飞行控制)的专家来支持他们的准备工作。在任务期间，飞行动力学专家对轨道和姿态进行测定来控制实际执行并对运行控制产品进行更新。最后飞行动力学提供与空间态势感知和碰撞预警相关的服务。

14.3.1 任务分析和运行控制产品

飞行动力学专家通过与卫星制造商密切联系进行任务分析工作，这种关系对确保所有任务需求得到满足和允许商议一些需求在必要时是否可以放宽和如何放宽至关重要。任务分析在第5章中进行了详细讨论，因此本章只概括给出地面段需求的主要输出结果，可总结如下：

(1) 识别根据地面覆盖范围满足任务需求的地面站网络。在轨道初始阶段地面站网络一般为全球性的并且密度较大，此阶段重点检查航天器系统工作是否正常，并确保轨道机动(如果需要)执行正确并到达最终轨道。航天器第一次捕获地面站的选择要认真考虑，因为第一次和航天器建立联系是任务的关键环节，运载火箭分离点和执行第一次捕获地面站的距离、提供的跟踪数据质量以及辅助捕获天线的可用性是决策时需要考虑的几项准则。航天器试运行及开始常规运行后，地面站网络可以减少到几个站，此时的地面站网络是地面数据系统准备阶段的基本网络。

(2) 根据最终轨道和轨道机动计划的需求选择发射窗口。为应付发射延期，要对计划发射日期附近几个月进行计算，计算结果提供给发射方，如果有搭载任务则可能需要讨论。

(3) 从转移轨道到最终轨道的轨道机动计划(如果任务需要)。对备份策略方案也需计算，以防其中的一个轨道机动不能按计划执行。

最终轨道的捕获和轨道保持策略也由任务分析和主要输出范畴决定，但和任务紧密相关(编队飞行、对接、行星际任务、静止轨道任务等)。在需要进行轨道机动时，只有在上次轨道机动后完成轨道定轨才能最终确定轨道捕获策略，和主发动机的推力散差以及模型误差有关。除了这些主要输出外，任务分析也产生几个特殊的运行控制产品，这些控制产品具有任务特殊性，下面是典型的任务分析输出结果：

(1) 轨道相关事件清单。这是任务规划的基础(见14.5.4节)，按照时间顺序确定事件。例如，进出阴影区、过远拱点和近拱点及传感器被太阳和月亮遮挡等事件。

(2) 地面站事件。和轨道相关事件类似,但主要关注和地面段相关的事件。例如,关心的事件是载波的捕获、信号失锁和射频收到太阳的干扰(当太阳在地面站和航天器的连线附近时)。

(3) 地面站星历。对网络中每个地面站建立星历,当航天器经过地面站时,在软件跟踪模式下给天线提供指向信息。

所有这些运行控制产品都在接口控制文件(ICD)中有详细说明。当然,在此阶段这些产品只是理论上的,基于利用重力场工具或者是发动机特性模型。任务期间对这些产品进行更新,将在下节进行介绍。

需要说明的是运行控制产品的另外一个种类是遥控和遥测文件,执行任务期间在飞行动力学和飞行运行控制间相互交换。遥测文件包含传感器和执行机构相关的测量信息(GPS 位置、速度、星敏感器输出姿态四元数、对地传感器的滚动角和俯仰角、动量轮速度等),由航天器下传并作为定轨和定姿的输入条件。在这些文件的基础上,飞行动力学也要对一些参数数值进行计算并上传给航天器。这些参数数值以指令文件的形式交给飞行运行控制组,指令文件准备好后加载到监视与控制系统。典型的指令文件包括在轨轨道递推参数、ΔVs 等轨道机动参数、航天器重新定向进入机动姿态的四元数、定标后陀螺仪的偏移或者设备轴线失配等。

用于任务期间的飞行动力学系统的使用任务分析工具,和处理遥测和生成指令文件的工具一起使用,任务系统的准备有时需要开发特殊工具(和任务活动类型有关——编队飞行、对接、高精度定轨等)和特殊的测试。

14.3.2 定轨和定姿

如上节所述,在准备阶段产生的运行控制产品基于理论模型,在实际任务执行中如果运行正常则运行控制产品差别较小,在异常情况下则差别较大,需要对运行控制产品进行更新。

第一次对运行控制产品更新的机会是在发射阶段或者是分离后立刻进行,根据运载火箭实际工作情况(主要是起飞时间及计算的转移轨道参数,均由运载火箭供应商提供),飞行动力学专家须决定对完成第一次捕获任务地面站的星历是否更新,这是在载波捕获前需要作出的一个非常重要的决定(发射后的几分钟之内决定),最坏的情况是在第一次链路建立过程中进行决策!这次更新决定航天器在第一次链路建立期间是否能够成功被跟踪,非常重要。一般情况下,根据运载火箭提供的轨道参数跟踪航天器变得日益困难。如果分离后距离第一次捕获的时间很长,使用辅助天线跟踪数据会缩小差距。最后一种办法,可以利用美国战略司令部提供的两行轨道参数,不幸的是此参数的获得时间可能是发射后的几个小时,也可能是几天!

更新运行控制产品另外一种可能是非标准发射顺序，导致航天器被释放到和预定目标不相同的轨道上。在这种情况下，所有地面站运行控制产品需要立即更新，以保证它们能够跟踪航天器。当运载火箭工作异常时，轨道近地点一般是太低，为了避免高密度大气影响，需要尽早执行轨道机动。需要计算新的、完整的轨道机动计划策略，因而，重新计划所有的后续运行控制。

第一次链路成功建立后，飞行动力学专家可以立刻开始任务中他们的主要工作，即定轨。此工作可能基于多种数据类型，取决于任务可用的测量方式。例如，航天器安装 GPS 接收机下传的 GPS 数据，在轨转发器支持测量工作情况下地面站收集的距离和距离变化率数据，或者天线自动跟踪模式下包含天线角度的简单跟踪数据。参考文献[2]和[3]对定轨方法进行了概述。至少需要对一个完整的轨道周期进行测量，通过全球地面站的良好分布获得可靠的定轨数据。表 14.2 给出不同测量方法的定轨精度典型值。

表 14.2 不同定轨方法的典型精度

轨道类型	测量类型	位置精度/m
近地轨道	角度数据	<100
	GPS 导航精确数据	<10
	GPS 原始数据(单频接收机)	<2
	GPS 原始数据(双频接收机)	<0.01
地球同步转移轨道/地球静止轨道	角度、距离、距离变化率数据	x,y: <100, z: <400

轨道机动后都需要进行定轨，通过轨道机动前后轨道参数对比，可以获得点火期间实际的 ΔV。实际的和计划的 ΔV 之差用于确定定标系数(一般用于推力级)，在下次轨道机动计划中给予考虑。由于航天器姿态由推力器控制，对总的 ΔV 也有贡献，因此有时计算此定标系数是非常复杂的。虽然可以通过选取合适的测量时间点(例如在推力器点火前)的办法来滤除推进器的贡献，但是轨道机动期间姿态控制带来的推力贡献只能通过更精确的分析来分离。定轨完成后，运行控制产品更新后提供给所有组织，轨道机动计划也要进行最后更新。

和定轨类似，定姿也是任务期间飞行动力学专家的职责。测量依赖于在轨航天器姿态控制系统安装的传感器和执行机构(见 9.2 节)，参考文献[4]对定姿方法给出了有用的评述。和定轨结果用于轨道机动计划一样，定姿结果可用于姿态机动准备，也用于对一些设备(例如陀螺仪)的定标或者对在轨指向算法功能进行验证。

14.3.3 空间态势感知和碰撞规避

航天器安全运行需要了解空间环境造成的威胁，第 2 章对空间环境特性进行了介绍,表明这些威胁来源于自然环境(地球大气、太阳和宇宙辐射及流星等),或者来自人类太空开发产生的后果(主动型航天器或空间碎片)。意识到需要此专业领域的可靠信息,欧洲航天局于 2008 年 11 月开始制订空间态势感知(SSA)计划,目的是对所有地球轨道物体(卫星和碎片)及空间环境(也称空间天气)进行监视。

近地空间日益增加的卫星和空间碎片数量使轨道物体间发生碰撞的风险越来越受到关注,在某些常用的运行轨道,例如地球静止轨道(大多数通信卫星使用此轨道)和容纳了很多对地观测航天器的太阳同步地球近地轨道的碰撞风险会增加。图 14.5给出目前碎片环境的示意图。

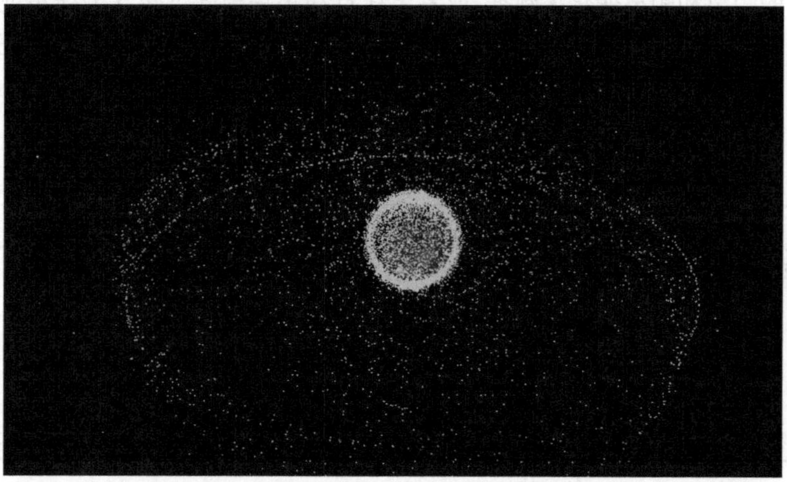

图 14.5　2010 年 2 月 17 日地球轨道中的物体,来自美国战略司令部目录
(目前有 14137 个物体,图片由德国航空航天中心提供)

尽管单个航天器的横截面和可利用的空间相比非常小,2009 年 2 月 10 日铱星 33 号和宇宙 2251 号卫星相撞(第一次发生在两个编目完整的物体之间)提示我们不能低估碰撞的风险。航天器和其他物体(卫星或碎片)近距离接触的预报精度依赖于它们的轨道参数精度。美国战略司令部编目的两行轨道参数(TLE)是唯一可获得的关于轨道物体的公众信息资源,不幸的是,数据质量受到限制并且一些军事卫星并没有包含在目录内(这也是欧洲航天局空间态势感知计划立项的原因)。因此,考虑到数据精度,近距离接触预报也许太悲观,会导致大量报警。任何没必要的防撞轨道机动的结果是减少运行寿命(增加燃料消耗)、服务中断或可能丢失科学数据。在可能的碰撞预警事件中,通过地面雷达站实施跟踪活动来提供其他物体的轨道精度非常必要。它能够提高需要的轨道信息精度,最终在合适的时间实施规避机动(如果需要)。

必须对空间天气认真仔细监测,很多卫星(例如 SOHO、ACE、GOES 和 POES

卫星)和地面站在对太阳进行严密监视,可以对地磁场波动、辐射暴、射线波动进行预报,飞行控制团队可以决定在这类事件期间是否暂停航天器活动。一些情况下,航天器甚至可以调整姿态使不敏感一面朝向太阳。

14.4 地面数据系统

地面数据系统全体人员要照料地面段用来支撑运行控制的基础设施。如图 14.6所示,该设施可以大致视为航天器控制中心,包括飞行运行控制和飞行动力学系统,和地面站网络及代表客户的组织有接口。控制中心内部或者和外部数据交换通过通信链路完成。为了确保功能正确,航天器具体指标的规定和整个地面段的测试是必要的。

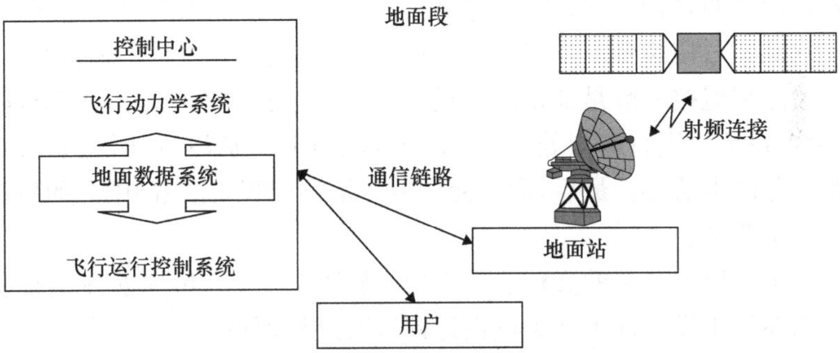

图 14.6 地面部分简单概况(图片由德国航空航天中心提供)

14.4.1 控制中心和网络基础设施

控制中心控制和任务相关的所有人员和基础设施。有时相同的基础设施被很多不同的任务(多任务控制中心)所共享。第一个明显结果就是很多计算机需要安置在一起并连成网络,因此在中心内需要热控系统将产生的热量扩散出去。热控问题由于监视和控制服务器或数据存储服务器等关键功能硬件的备份而变得更加恶劣。为了防止人为干预及优化系统的可用性,备份开关的执行常常是自动的。控制中心所有数据会进行周期性备份(每天)以防止数据丢失。对于高精度定时应用,所有计算机都同步到协调世界时(UTC),分布于控制中心网路。共用电源一般为单点失效,有必要安装基于分离源(例如发电机驱动电池系统)供电的 UPS 电源,断电后接通直至公用网络电力恢复供电,备份电源的切换由软件自动控制。

控制中心的运行需要专门管理网络及基础设施维护的小组。计算机一般连续运行,给硬件增加了沉重负担。需要仔细计划基础设施维护和更换策略,特别需要考虑供货延迟和备用件的管理。控制中心设备实行标准化是非常好的实践。一般情况下维护活动应不影响运行控制。然而,长周期任务(例如在GEO轨道上工作20年)对于维护来说具有挑战性,因为在常规任务阶段任务工具不会有大的发展。因此,在很长的一段时间内维护需要相同的计算机硬件和软件,也包括系统。虚拟技术的出现能够帮助解决此类问题,即完全在一台主机上用软件仿真虚拟设备的硬件和软件。

需求中安全性考虑更为重要,目标是确保航天器任务在准备阶段和执行阶段任务数据具有保密性、完整性和可用性。安全性影响整个任务,因此需要从一开始就要考虑。每项任务是不同的,但都会有相似性。安全性考虑从安装独立的局域网开始,防火墙通过对敏感数据限制访问进行保护。每台计算机需要设置个人登录用户名和密码,通过政府处理机密分类的机构对所有人员进行清理。这可能对系统管理员造成问题,他必须有通达所有机器和数据的路径。电子邮件和交换的数据一般是加密的,假设需求的功能具备该能力。也需要限制对敏感区域(服务器和控制室)的访问,使用日志功能(访问过此区域或设备的人员名单)和视频监视进行限制。遥测和遥控一般是加密的,对航天器和监视及控制系统(MCS)都产生影响,需要考虑在地面进行专门处理,对安全方法需要特别注意,因为如果实施不正确可能对任务产生威胁。最后,通过使用专门培训课程,让控制中心的所有人员意识到安全的重要性。

和控制中心设计有关的文档非常重要,特别是对于人员周期性调整的长期任务。此文档在初步设计评审和关键设计评审时进行评审。

14.4.2 通信链路

运行控制需要人和系统间顺畅交互。地面站和控制中心的通信链路、控制中心本身内部通信以及和用户的通信,是任务的"黏合剂",缺少它们整个系统的日常运行是不可能的。

最明显的通信链路需求是地面站和控制中心之间,遥测数据通过此链路由天线传送给监视和控制中心(MCS)。遥控指令数据的流向正好相反,发射给航天器。所有这些数据一般都是用租用的综合业务数据网(ISDN)传输,有时互联网作为中间载体使用,处理过程中可能会包括数据中继卫星。不同任务共享通信线路,除非用户需要专线。对于数据格式需要特别注意,协议转换一般需要"网关"并意味着在开发和测试中需要额外工作。空间数据系统咨询委员会(CCSDS)建议中关于SLE服务(参考文献[5])的部分已认识到此领域需要进行标准化,提出新的概念来改善地面段的互操作性。用户或者航天器制造商也会提出从发射塔架接收卫星遥测的需求,以执行卫星最后一次健康检查。其他发射前的通用需求有指令测试、发射机构提供的发射视频(如果可能)接收或者至少是发射图像接收。

通信链路另外一种用途是把运行控制产品分发给涉及运行控制的所有参与

者。科学数据或图像与 14.3.1 节讨论的直接用于运行操控的数据一道，可能需要从档案中提取并传输给用户或者其他控制中心进行进一步处理。由于安全措施使数据传输变得复杂，一般在定义明确的数据采集点与数据分发点之间使用专用工具实现数据自动传输。

除了设备间传输的数据外，人始终参与控制，我们日常生活中习惯的声音作为媒质传递信息是最好的方法，具有不同通道的语音会议系统(称为语音复读)经常应用于控制中心和地面站。允许参与运行控制的不同组的全体人员相互通话并能听见目前正在进行的工作。参与运行控制的所有人员讲话必须得到许可/或者在不同的通道倾听，取决于他们参与运行控制的程度。作为备份，控制中心内也使用常规外线电话，和常规私人通信网络独立，可用于桥接服务中断。最后，传真机用于传输签字文件。传真在发射阶段特别重要，发射方需要以清楚的文字方式确认起飞时间、分离时间及转移轨道的轨道参数。

所有这些通信链路都在地面段文档中进行描述，但更为重要的是在接口控制文件中进行描述。地面处理程序和飞行运行控制程序类似(见 14.5.3 节)，需要开发、验证配置任务和切换备份。这些文件在初步设计评审和关键设计评审时进行评审。在参考文献[6]中给出了地面段文件的详细概述。

14.4.3 配置管理和测试

任务的地面系统需求是复杂的，需求的准备和用于卫星产品保证(参见第 19 章)的技术类似。

在任务初期，地面系统需求分为设备和软件。与此同时，发布整体测试方案，测试方案描述了需求验证方法。验证可以使用不同的方法，包括检验、分析和测试。整体测试计划然后分解成专注于特殊子系统(例如运行控制设备验收测试的执行)或系统级的(集成测试包括分系统之间的接口测试)几项测试规范。测试规范连同测试步骤一起交付，准确地细化验证需求的每个步骤。测试之前，在测试评审委员会的监督下，参与测试的所有人员开测试准备就绪评审会。测试准备就绪评审确保产品配置受控、文档有效、测试正确记录、偏差报告程序到位。最后签署测试报告、总结所有的偏差、测试程序执行情况(即测试期间加一些注释)、根据测试结果测试评审委员会给出结论。质量评审会上对所有测试结果进行评审。

如果对所有的运行控制部分(硬件、软件、飞行程序、数据库等)没有合适的配置管理程序，则管理类似控制中心这类复杂系统是不可能实现的。跟踪安装状态很重要。在测试或仿真过程中的偏差要上报，为促进一些新的测试，更新一些工具总是必要的，并将新的工具集成到整个系统中。特殊程序如异常情况下的不符合项报告(NCR)需要更改情况下的工程更改申请，确保每个问题都要有记录且所有的更改都具有可追踪性，这样就有了修正的机制。在任务准备进展中，实施更改总是非常关键,因为存在影响系统其他部分的风险。最后,在即将发射前,系统要冻结,更改只有在各责任方组成的特殊委员会同意后才能实施,在多任务控制中心,更改会对其他任务共享的资源产生影响。

14.5 飞行控制系统

飞行运行控制团队负责实施运行控制,主要包括给航天器上传指令并监视遥测数据。这两项任务的实施都是在监视与控制系统的帮助下完成,监视和控制系统准实时处理遥测和遥控数据并归档。运行控制基于飞行运行控制程序,它描述了飞行器的控制指令,而任务规划则描述了控制指令的执行时间。

14.5.1 监视与控制系统

监视与控制系统是运行控制的中心。在遥测方面,它处理地面站产生的位流并传送给控制中心,它也将处理数据按照有意义的方式提供给飞行运行控制组。在遥控方面,它将操作者的指令转换成航天器可解译的比特流。第 13 章中详细给出遥测和遥控编码技术,为了避免过于强调编码技术,在本章中使用术语“比特流”。

遥测数据处理包括以下几个步骤:

(1) 从比特流中提取每项遥测参数的原始值,要已知参数第一个比特的位置及参数的比特长度来完成此项工作。

(2) 将原始值转换成工程值。在预定义的区间内使用多项式或线性方程作为转换工具。离散状态使用表格校准(例如,0=关,1=开)。

(3) 参数有效性验证。它可以定义具体的参数有效性条件(和 CRC 校验比特流整体有效性截然相反)。例如,当设备下电时,和设备相关的特殊参数读数可以标记为无效。这是非常有用的,例如,尽管单元本身不再发送任何数据,但来自单元的最后数据也会下传。

(4) 超限状态计算。设备是在地面进行测试,但它们的功能要在不同的条件下(鉴定和验收测试)得到保证。为防止在非测试条件下使用设备(可能会损坏设备),对提交的参数值明确了限制范围。第一级限制,称为软件报警或警告,信号参数的变化必须密切监视,可能会达到潜在的危险程度。第二级限制称为硬件报警,信号数值已经达到潜在的危险程度,必须采取正确的行动。另外一种可行方式是定义并限定两个相邻信号差值。

(5) 衍生参数。这些参数是从其他参数数值计算得来(原始值或工程值),为达到此目的监视控制系统一般提供一套数学函数。

一旦完成遥测数据的处理,显示系统(有时和监视与控制系统集成在一起)就将数据呈现给飞行运行控制工程师。显示页面的基本类型为按照字母数字顺序，其中的参数及其描述、数值以及图形一并列出。图形为参数的数值随时间变化的曲线或随其他参数数值的变化曲线。除了这种类型外，报警显示对参数与限制条件进行汇总并综观全局给出分系统概括图形。也可以使用遥测参数控制的三维动画，但这种方法不经常使用。图 14.7 给出了三种基本显示类型。

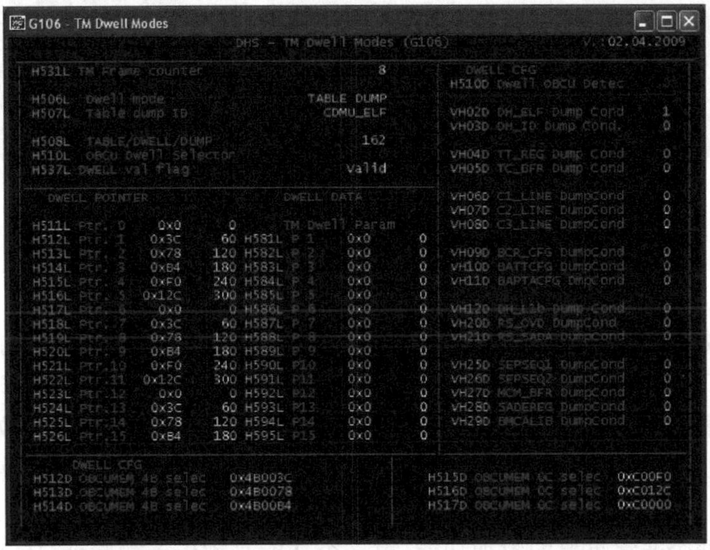

(a)

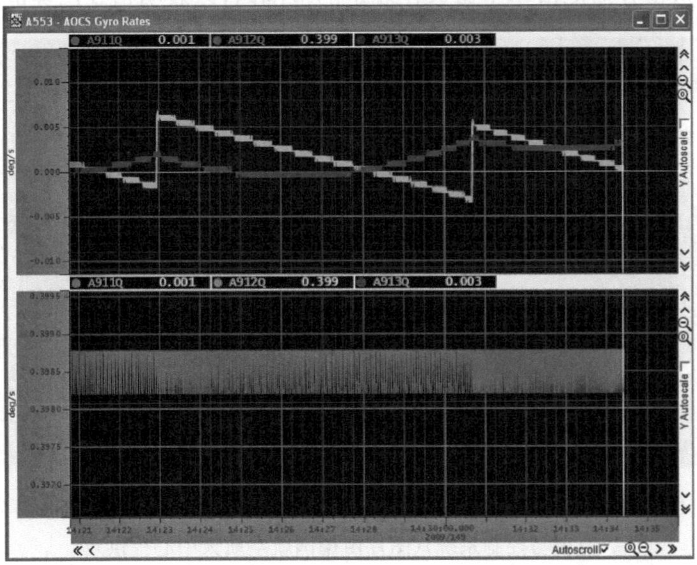

(b)

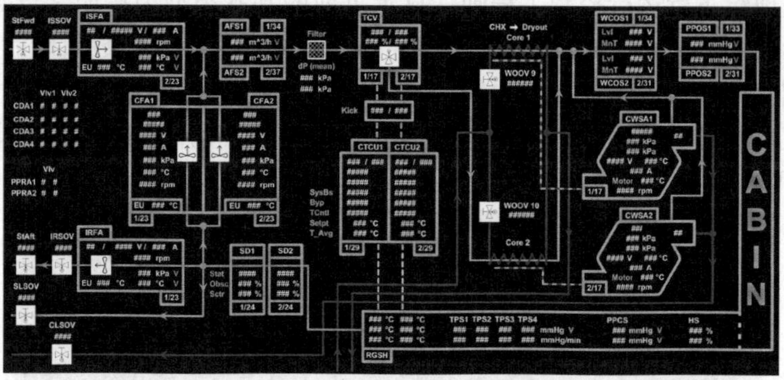

(c)

图 14.7　页面显示例子

(a) 字母数字类型;(b) 图形;(c) 综观全局图(图片由德国航空航天中心提供)

遥控数据的处理和遥测数据的处理类似,显示方式采用指令队列的方式(一个例子如图 14.8 所示),它是可手动执行(使用删除、加载、移动、插入和修改等功能)的指令列表。指令处理可以直接处理指令队列,或者手动逐条发送、批处理或自动处理,取决于地面站和在轨航天器使用的技术,指令处理(发送确认、在轨接收和执行)一些信息反馈给监视与控制系统,该系统可以显示出执行的不同阶段。在指令处理中有两个非常重要的附加功能:第一个功能是预先遥测验证(PTV),确保在遥控指令发送前遥测清单中的参数必须在规定的范围内。第二个功能是指令执行验证(CEV),检查遥测清单中参数在规定的范围内,以表明指令已经成功执行。

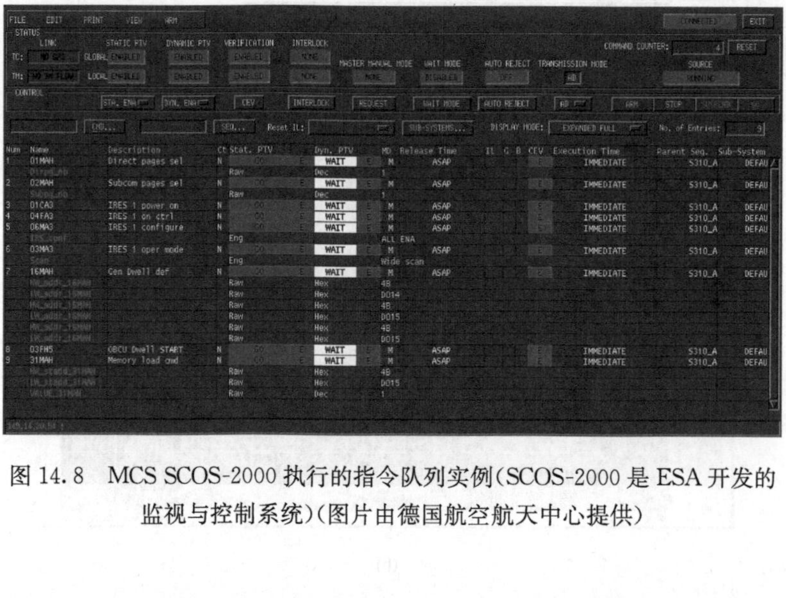

图 14.8　MCS SCOS-2000 执行的指令队列实例(SCOS-2000 是 ESA 开发的监视与控制系统)(图片由德国航空航天中心提供)

这两个功能是安全措施，必要时可以越过它们。一般使用参考文献[7]CSSDS推荐的COP-1对航天器执行指令操作。当使用COP-1时，指令发送可以以应急业务方式(数据传递业务或称为BD业务)，指令只被传送一次，或者是顺序控制业务(数据接收检验或称为AD业务)方式，使用重传机制确保指令不丢失、不重复并不错序发送。

监视和控制系统所需要的所有信息都存储在数据库中，数据库连同适当的文档由卫星制造商提供给飞行运行控制团队，这是一个潜在的冲突源且不可轻视。航天器制造商地面测试使用的是自己系统的数据库。另外，飞行运行控制系统可能使用另外一套不同数据结构的监视与控制系统。将数据库转换成控制中心已经在用的监视与控制系统格式与转换或改编所带来的风险和费用之间需要仔细权衡。然而，使用航天器制造商的监视与控制系统意味着运行控制团队需要额外的训练并达到所需要的熟练程度，也需要管理数据库的工具(编辑、版本控制等)。面向目标的管理组(OMG)正在作一些努力对遥测和遥控信息模型进行规定，以实现数据库交换的标准化。可扩展标记语言(XML)的遥测和遥控转换(XTEC)结果成为CCSDS建议议题(见参考文献[8])并可能会改善目前状况。

14.5.2 归档和离线处理

遥测数据处理的执行一般都是准实时的，即在轨数据的产生到地面数据处理之间的延时只有几秒钟。对于静止轨道卫星或者是在地面站可见范围内的一般地球轨道卫星都是如此。然而准实时处理也不是总能实现，例如中继任务或者卫星和地面站不能建立直接链路时，数据一般进行在轨存储，当和地面站建立链路时和当时的实时数据一起快速下传。这些数据的处理是在“离线”状态(和准实时处理相反)。相同的监视和控制系统可能会用于处理实时和离线两种遥测数据，特别是需要数据拼接时。不论如何，科学数据要能在不同的控制中心和不同的系统上进行处理。

所有航天器下行的数据或上行给航天器的数据都要永久归档，包括和实时数据进行拼接的离线处理数据。归档中临时需要的数据一般使用在轨时间(航天器计算机定义的时间)，特别是需要显示离线数据时。当发生时间复位时一定要引起注意，例如在轨计算机的重新启动后，或在轨时间用计数器来实现(例如每秒钟整数加1并且编码的位数有限)，对于后一种情况，计数器达到最大值后重新设置为零(归零)。有时为避免这类问题的发生，和地面站连续通信时使用地面收到时间(ERT)(由地面站遥测数据接收基带单元在接收到遥测数据时给出的时间)。遥控指令一般使用和UTC同步的服务器时间，直接由监视与控制系统进行归档。

归档系统的定义也要指示哪个阶段的数据必须归档。原始比特流可以在地面站临时归档，避免当地面站和控制中心链路中断导致数据丢失。地面站一般能够回放这些数据,因此使监视和控制系统能够正常处理这些数据(当然时间上有延时)。原始位流也可以在监视与控制系统处理之前进行归档,则数据在进一步使用前需要再处理,但是如果航天器制造商采用另外一套系统或者监视与控制系统和航天器之间的数据采用加密编码就可能变得很困难。另外一种可行方法就是只对监视与控制系统处理后的工程数据进行归档。采用的方法完全取决于任务需要,一般几种归档方法都会使用。

归档数据只有在很方便获取的情况下才有用途。第一种使用可能性是在监视与控制系统内进行数据回放。数据进行简单连续回放,或逐步回放,显示系统显示的参数数值,看起来和实时数据显示一样,特别是对于异常情况的准确分析非常有用。数据回放的优点能对当时环境进行完整再现,此功能也用于给用户编辑任务报告。

获取归档数据的另外一种可能性是遥测提取。此功能能够对从开始到结束之间的遥测参数数值进行提取,用于将生成的产品传送给其他工作组,例如飞行动力学组或者科学家团队,他们可能使用不同的数据分析工具。

尽管监视与控制系统可以定义衍生参数,但一般不足以支持复杂分析。衍生参数最适合近似于实时的简单计算,并用于支持运行控制,但对于其他目的并不合适。复杂分析需要将参数进行先进的可视化、频率分析(傅里叶变换)或者使用外部工具进行复杂轨道计算。这些分析所涉及的都是离线分析工具,明显和任务有关,如果在运行控制中使用则可以由卫星制造商进行指定。一个典型离线工具的例子是从推力器的工作时间和脉冲计数来计算燃料质量,当然这类工具将被特殊开发与测试。

14.5.3 飞行程序及验证

由于航天器的高成本及复杂性,因此不会给航天器运行控制随意操作的空间。在给航天器发送遥控指令时需要考虑很多限制因素,这些限制因素或者来自分系统级(设备温度、预热时间、视场等)或者来自系统级(功率平衡、可利用的存储空间、角动量等),所有这些在任务中要执行的相关信息都要在飞行运行控制程序中进行相关总结。

飞行控制程序可以看成是按照时间顺序排列的一系列操作步骤,逐条列出要执行的动作。两个基本功能是遥测参数的验证和遥控指令的验证,前者包括在监视与控制系统数据库中进行代码检查及预期值或范围检查(例如“验证 AU50K＜50”),后者包括代码检查和相关参数数值检查(例如图 14.8 中命令堆栈的第一行“发送 01 MAH, Dirpg_nb＝2”)。其他动作一般为地面段配置任务(例如“配置 MCS 使用 COP-1 AD 业务”,见 14.5.1 节),或者调用执行其他飞行程序,这些行动可能嵌入分支条件中(例如“if-then-else”)。一个重要的特征是和主要事件有关步骤的计时(例如“助推器点火 5 分钟倒计时”),给出和执行时刻相关的指南,为任务规划奠定基础。根据这些程序,产生包括相关命令的文件,当执行飞行程序时,这些文件加载到监视与控制系统中。

飞行程序不但要覆盖整个任务中所有预期的标准动作,也要覆盖一组适当的紧急情况。对于所有可能的单一失效和多项失效开发应急处理程序是不现实的。但需要考虑任务在面临危险却没有快速反应动作的情况,并开发应急程序。应急程序的好处是事前已经对程序功能的正确性进行了验证,指令文件已经准备好并准备载入监视与控制系统。飞行运行控制团队的经验在面对紧急情况事件时是非常宝贵的财富,设计工程师往往会低估航天任务可能会遇到的问题,特别是当遥测数据是诊断失效的唯一手段时。当然在任务执行期间也可以开发应急程序,在没有时间压力的情况下进行开发最好,否则可能会使航天器面临风险。

飞行程序由航天器制造商提供,与航天器设计和运行控制的详细说明文件一起提供(一般以操作手册的形式)。修改和定制这些程序使其契合特殊控制中心及监测控制系统是飞行运行控制团队的任务。如果卫星制造商和飞行运行控制团队使用的监视与控制系统不同则特别需要定制飞行程序!所有的飞行程序必须经过验证以确保程序的执行及时可行并且“正确”。可以通过软件模拟器或工程样机及交付的数据库进行验证,软件模拟器由航天器制造商提供并且在遥测值反应遥控指令方面能够代表航天器。尽管一般不需要完整的热仿真,环境模拟也需要真实,而且,也还应该提供监视与控制系统的遥测和遥控接口并能够模拟失效。软件模拟器无疑是最灵活的解决方案,它使飞行运行控制团队和装配、集成和验证(AIV)团队并行开展工作,否则需要给使用工程样机验证分配时间,从而阻碍地面测试和集成的时机。飞行程序的验证是一个迭代过程,不仅包括飞行程序本身,也包括航天器文档、监视与控制系统数据库、仿真器和页面显示。过程中对所有这些方面都要进行验证。最后是端到端的系统验证测试(SVT),包括对任务要使用的所有遥控和遥测设备的测试以证明控制中心和航天器之间的兼容性。射频部分一般不包括在系统验证测试中,因为此部分包含在射频兼容性测试中。

在验证过程中,一套常见的显示页面定义需要在飞行运行控制团队和航天器制造团队之间达成一致,对任务执行非常重要。因为常常要求航天器制造商支撑飞行操控团队,来自两个团队的专家能够轻松互动非常重要。飞行程序的验证情况在运行控制准备就绪评审会(ORR)上提交。

14.5.4 任务规划

任务规划系统(MPS)在用户与空间段和地面段之间建立接口,目的是使用空间段资源最大限度支持用户产品(图像、测试数据、带宽等)。此系统在发射和轨道初期阶段很少使用,在常规运行控制阶段即在轨航天器有效载荷完全工作后将充分使用。

任务规划首先要考虑建立发射和轨道初期时间表,然后在任务执行期间,任务规划也支持航天器和地面资源管理,因为这些资源对运行控制产生直接贡献。

任务规划产生的发射和轨道初期时间表是任务早期阶段预见的详细的所有事件的顺序表,时间精确到秒。时间表是以飞行动力学提供的运行控制产品为基础,增加飞行运行控制动作和地面数据系统。事件顺序是参与任务所有人员的指南,将任务的所有方面按照顺序予以考虑,包括:

(1) 飞行动力学提供的运行控制产品中定义的轨道事件;

(2) 飞行动力学提供的运行控制产品中定义的地面站事件,例如在规划中的项目,包括地面站切换、用于上行和下行的地面站、在关键事件及测距期间的备份地面站;

(3) 航天器和地面运行控制是已规划的飞行和地面程序序列及处理时间(这些程序和轨道事件相关,顺序显示规划了哪些行动、什么时候执行);

(4) 轮班计划将规划行动需要的各类人员列入计划表。

当然,建立事件顺序是一个迭代过程而且所有的行动都是相互联系的。例如,执行轨道机动,任务分析时飞行动力学团队进行了计算,指出最佳开始操作时间,以便航天器在计算的助推器点火时刻能够正确定向和配置。然而在规划过程中,当以航天器为参考点的太阳矢量和地球矢量几乎平行时,可能发现指定飞行程序期间需要基于太阳和地球敏感器对陀螺仪进行的定标会在共线性区进行,这将意味着从太阳和地球两个位置信息计算得出的姿态精度可能很差。根据其他限制,飞行运行控制团队可能需要提前开始工作,在定标和助推器点火之间留出间歇时间,反过来可能会产生通过备份地面站延长地面支撑的需求。其他可能情况是轨道机动可能被延迟。任何操作顺序的可行性都需要通过任务演练来证明。

任务规划必须非常明确地由适当的软件支持,以允许在任务执行期间快速重新规划。无论如何为应对正常情况下的运行控制产品的不断更新,重新规划总是需要的,当然异常情况发生或者用户后期提出需求时重新规划则是必须的,需要图像和文字输出。一般任务规划顺序用协调世界时(因为可能参与任务的团队来自世界各地),但以发射开始计时的任务用时(MET)进行列表,这样做使任务规划处理和可能的发射延迟不再相关联。

任务规划的主要方面和资源管理相关。对于复杂任务,此功能甚至可用于一个特定的系统,此系统负责整个流程的规划、获取和发布航天器产生的数据。每项任务是不同的,但一个例子能帮助突出任务规划系统的主要特征。考虑TerraSAR-X项目,为地球低轨道卫星,载有X波段合成孔径雷达,提供给众多的商业和科学用户团体使用。这些用户通过指定地球成像区域及获取图像时间范围的办法详细给出他们的需求。短期需求一般由商业用户提出或者是用于灾难监测。可行的任务规划策略建设包括空间段提出的限制(内存大小、轨道位置等)和地面段提出的限制(和地面站链路建立的机会)。以 TerraSAR-X 任务规划系统为例,在规划中大约有一百项限制进行了建模。在下次和地面站建立链路(一般一天两次)6 h 之前接受用户的请求并签发后续三天的计划。根据用户不同,对这些请求设置优先级(从 0~9)以解决潜在的冲突。解决冲突的最后一个办法就是采取先到先服务的策略。首先规划最高优先级请求并根据限制对规划结果进行检查,如果规划不可行,请求将被废弃,否则将被接受,然后处理下一个请求,直至处理完所有请求。然后规划将转换成命令文件并上传用于后续 24 h 观测周期,即覆盖两次可能和地面站建立链路的时间,此方法增加了健壮性,以防范地面站失效。命令操作器在系统中输入反馈信息,即哪些请求被实际上传,任务规划系统记录在轨已安排请求的概况。由于请求在下次建立链路 6 h 之前才能被接受,对于提出较晚的高优先级请求,任务规划系统必须具有重新规划的能力(删除或增加请求)。轨道保持机动或者紧急情况也要在规划处理中给予考虑,在此情况下不能获取雷达图像。任务规划系统连续工作,给用户提供他们请求的最新信息,它全自动运行并且和监视与控制系统集成在一起。

14.5.5 任务执行

任务执行的成功和整体质量取决于准备阶段采取的行动的完善程度。例如,未经测试的地面设备很可能在关键支持活动中失效,或者培训不充分的人员更容易监测不到在轨航天器的错误。因此一定要付出更多努力使参与执行任务的所有人员要达到一定的熟练程度,没有遗留问题,明确自己的职责和将要执行的任务。

参与执行任务的所有人员的职责一定要定义明确,包括飞行动力学团队、地面数据团队和飞行运行控制团队的所有人员,用户代表也要参与任务执行,在遇到非正常运行控制情况时他们将给出最终决定。用户一般也会让航天器制造商成员(卫星支持团队 SST 或者工程支持团队 EST)直接在控制室内参与支持轨道初期阶段(从发射分离到最终轨道),也包括在轨测试阶段(验证航天器系统经受住了发射考核并工作正常)。来自联合飞行运行控制团队的所有人员接受飞行指挥官的指挥,飞行指挥官执行操作并协调相关的飞行控制团队的行动(见图 14.9)。在此团队中,每个成员一般负责一个航天器分系统(例如电源、姿态测量与控制、轨道控制、热控制、数据处理等),或者是主份岗位,或者是在备份岗位。为获得专业支撑,备份位置非常重要,特别是在主份专家由于疾病或者意外缺席的情况下。

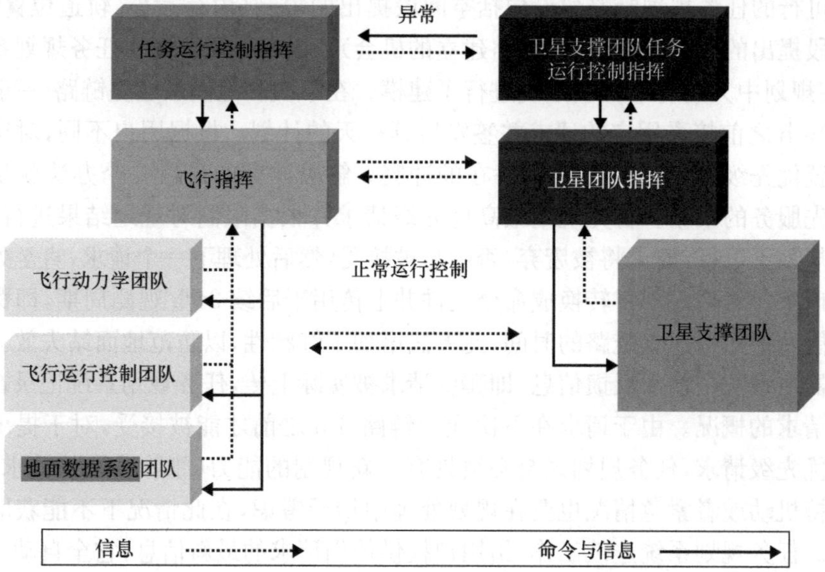

图 14.9　典型地面控制团队结构,图解说明决策流程

组织结构必须形成文件(在任务操作计划中)并提供给用户。员工要和他们负责的分系统及任务期间要做的相关工作建立正式联系,明确决策权以及用于异常情况的决策过程。飞行运行控制程序表(包括版本号和验证状态)与任务规划结合形成飞行运行控制计划。据此开发培训和仿真计划以使组合团队获得要求的熟练程度。所有这些文件在整个准备阶段都要进行评审,特别是飞行运行控制准备就绪评审,其目的是说明任务地面部分是否准备就绪。

人员培训可以从航天器设计课堂教学开始,这种课程可以基于航天器制造商提供的文件(例如运行控制手册)。可能的话,为提高传授给操控员工的信息质量(覆盖议题广泛),这些课程应该由航天器制造商方面的人员主导。如果必要,也可以使用软件模拟器等类似工具。

随着准备的进行,飞行运行控制团队成员将获得和一个或多个航天器分系统相关的专业培训,以便熟练运行控制这些分系统。每个分系统专家负责与他们分系统相关的飞行程序,特别是验证。分系统运行控制的知识通过培训传递给团队的其他成员。培训也包括分系统及为控制(离线工具、衍生参数分析等)开发的专用工具。

同时,组织对任务的不同特性进行仿真。可以用卫星软件模拟器或者使用地面支撑电子设备进行,使用验证过的飞行程序、运行控制工具、监视与控制系统和提供的数据库。任务规划处理定义的事件顺序也用于验证规划的行动的可行性。航天器制造商人员和用户都参与运行控制过程并熟悉运行控制环境。

最后执行一到两个任务演练,覆盖整个任务。演练是在飞行环境下(飞行运行控制的最终系统,包括监视与测试系统、数据库、飞行程序与事件顺序)由联合飞行运行控制团队(包括飞行动力学和地面数据系统、航天器制造商、用户甚至是地面站团队)执行。演练的目的是演示联合飞行控制团队的熟练程度及地面段的准备情况,包括从航天器参数手册中正确加载最后的参数,它是一个包括运行数值输入例如传感器校准或航天器最后质量的文件,在即将发射前不久以最后版本的形式提供。也模拟紧急情况以确保决策处理程序被正确理解,所有人员对紧急情况都要熟悉。

任务执行本身在正常情况下就是演练的重复。一旦和航天器建立了链路,就要进行总线和平台检查,确保在发射阶段没有系统损坏。此后执行轨道机动,使航天器进入最后轨道。然后是在轨测试阶段,根据设计需求验证设备性能。在轨测试结束后,在验收评审会上将航天器交付给用户进行常规运行。此时,航天器进一步运行控制(如移交计划所定义的)需要的数据(例如轨道参数、下次计划轨道机动实施跟踪的地面站、加载带时间标记的命令、当前警告和报警等)都要交给用户。

卫星交付后,开始常规飞行运行控制,所有团队(飞行动力学、地面数据和飞行运行控制)的规模通常逐渐缩减。一些专家成员离开项目,由其他成员代替,表明对文件进行更新及提供周期培训课程保持团队的熟练程度是有必要的。通过趋势分析检测老化和退化效应对航天器性能进行监视,和用户一起通过周期性的评审来评估提交服务的质量。任务后期最后一个关键事件是航天器淘汰并离轨。最后同样重要的是将任务中取得的经验和教训写成文档以对后续任务进行改进。

致谢

作者真诚地感谢德国航天运行控制中心(GSOC)同事的审阅和建议,他们是 R. Faller, M. Haeusler, W. Kruse, T. Kuch, M. Wickler 和 H. Wobbe.

特别感谢德国航天运行控制中心飞行动力学团队(S. Aida, R. Kiehling, M. Kirchner 和 F. Meissner)对空间态势感知的输入及图 14.5 USSTRATCOM 的编辑。

Franck Chatel

German Space Operations Center (GSOC), Oberpfaffenhofen

参 考 文 献

[1] European Cooperation for Space Standardization (2008) ECSS-E-ST-70C, Ground systems and operations, ESA Publications Division.

[2] Centre National d'Etudes Spatiales (1995) Spaceflight Dynamics Part 1, Cépaduès Editions.

[3] Montenbruck, O. and Gill E. (2000) Satellite Orbits, Springer Verlag, Heidelberg.
[4] Wertz, J. R. (1980) Spacecraft attitude determination and control, Reidel Publishing Company, Dordrecht.
[5] Consultative Committee for Space Data Systems (2006) CCSDS 910. 3-G-3, Cross Support Concept-Part 1: Space Link Extension Services, CCSDS Secretariat.
[6] European Cooperation for Space Standardization (2008) ECSS-E-ST-50C, Communications, ESA Publications Division.
[7] Consultative Committee for Space Data Systems (2003) CCSDS 232. 1-B-1, Communications Operation Procedure-1 , CCSDS Secretariat.
[8] Consultative Committee for Space Data Systems (2007) CCSDS 660. 0-B-1, XML Telemetric and Command Exchange (XTCE), CCSDS Secretariat.

参考书

[1] Hallmann, W. , Ley, W. and Wittmann, K. (2009) Handbook of Space Technology, 3rd Edition, John Wiley & Sons, Ltd, Chichester.
[2] European Cooperation for Space Standardization (2008) ECSS-E-ST-50C, Communications, ESA Publications Division.
[3] European Cooperation for Space Standardization (2008) ECSS-E-ST-50-02C, Ranging and Doppler tracking, ESA Publications Division.
[4] European Cooperation for Space Standardization (2009) ECSS-E-ST-50-05C, Radio frequency and modulation, ESA Publications Division.

相关互联网链接

International Telecommunication Union (ITU): http://www. itu. int
European Cooperation for Space Standardization (ECSS): http://www. ecss. nl
Consultative Committee for Space Data Systems (CCSDS): http://www. ccsds. org
USSTRATCOM: http://www. space-track. org
Celestrak (TLE): http://www. celestrak. com
XML Telemetric and Command Exchange (XTCE): http://www. omg. org/space/xtce
Space Weather Prediction Centre (NOAA): http://www. swpc. noaa. gov
ESA Space Weather Web Server: http://esa-spaceweather. net

15 航天器机构

15.1 引　　言

航天器上通常都包含有机构，对于航天任务来讲，机构的功能是必不可少的。机构常常是某一个主要分系统的一部分，如姿态与轨道控制系统或供电系统的一部分，它们的重要任务是用来支撑分系统的运行。需要非常小心以确保机构的可靠性，因为它们的失效对于任务来说会产生很严重的后果，而且一旦发生，经常是灾难性的。从这层意义上讲，机构是很关键的，对于每一个机构的设计来说保证可靠性是基本要求。

如其他分系统的情况，航天器机构的发展从系统需求和指标开始并从系统级传递到分系统级。因此，适用航天器机构的需求包括许多方面，从某一机构的功能定义及接口（物理包络、质量、电接口等）到更常规的需求[1,2]，由发射和空间环境决定，在第 2、7、8 和 11 章中有介绍。

基于这些初始的需求，明确了一些概念设计，这些概念设计将为详细的需求提供进一步信息。依靠机构的自身特性和继承性，并列开发各种概念设计直至一个设计被选定为硬件发展的基线（可能有备份方案），此时对机构的需求转化成机构的详细指标。

本章中将简单讨论典型航天器机构的需求，然后对设计应用分成两大类进行阐述：

- 一次性机构。

一次性机构是指在航天器任务中，仅需要工作一次的机构（例如卫星释放机构、鞭状天线的展开机构、太阳能电池阵的展开机构等）。

- 连续或间歇工作机构。

连续或间歇工作机构是指在航天器整个寿命期间需要连续工作（例如动量轮或反作用轮）或间歇工作（例如天线指向机构、太阳能电池阵驱动机构等）。

本章描述了典型的机构部件，并且从材料、摩擦和测试三个方面做了总结。

15.1.1 航天机构要求

机构的设计要确保它们的功能可以实现系统级需求和技术指标要求，也就是说这类机构的特征参数，如指向机构的精度、动量轮的角动量或反作用轮的力矩已经被明确（包括公差）而且经确认满足系统技术指标，并且电参数如功耗（包括瞬时值）一定要在规定的限制范围内。

机构的物理接口和电接口需要满足分系统的接口要求，这将影响到机械安装、总质量(惯量)、质心位置和这些参数在机构运行时的变化范围等技术指标，类似地，所有的电连接都需要明确。

在机构运动过程中，运动部件(由于存在惯性和加速度)很可能会在它们的支撑部位产生机械作用(力和力矩)。在有些情况下，会有意地去产生这些界面载荷以满足机构的功能(例如反作用轮)，然而，运动部件(冷却器泵的活塞或者转子由于制造误差会略有不平衡；或者球轴承不是完全的球形，并且在一个不是很平的平面上滚动等)也会产生低量级的机械扰动(微振动)，这些扰动会通过机构界面传播至整个航天器结构。某些特定的航天设备或有效载荷(如高分辨率相机、望远镜和干涉仪)有非常严格的稳定性要求，因此由平台上其他设备(典型设备如机构)产生的微振动只要可能都必须被控制和最小化。因此，对于某些类型的任务，在轨机构所产生的微振动的最大量级将会有一个限制。

一些机构的安装接口相对较大(或者多个安装接口，例如，天线指向机构在卫星结构的一侧，另外一侧是反射面天线支撑架)，机构本身在收拢状态时可以作为(二级)载荷路径，因此，机构的刚度(或接口)需要低于一定的门限值以控制传到机构的载荷。另外，当机构处于展开状态时，要求最小刚度以保证展开附件的共振频率高于一个规定的值，避免与卫星的姿态和轨道控制系统产生动态耦合。

机构设计，包括材料选择、结构尺寸和确定机械部件及电子部件的尺寸，需要遵循好的设计原则，满足一系列标准以及机构的研制部门与机构的最终客户之间达成的必要要求。例如，ECSS-E-ST-33-01C 标准(欧洲空间局颁布)包括规定设计裕度值的设计准则，这些内容基于多年航天机构开发的经验。

显然，机构必须要能够经受在其寿命期内的各种环境，并且应该总体上证明其直至设计寿命结束都能正常工作，满足规定的性能要求。对于任务中的关键机构来说，与规定的可靠性数据的一致性需要严格论证，而对于非关键机构来说，应用一些简单的可靠性分析方法即可，故障模式影响及危害性分析(见 ECSS-Q-ST-30-02)是始终应该做的。所有的单点失效模式(如使用冗余技术)都应该被消除，如果冗余不可行，需要提供充足的理由并且得到用户认可。

用于航天器结构的所有要求一般来说都适用于航天器机构，这里，发射条件常常给出最恶劣的(即要求最苛刻的)力学环境。

除了摩擦和温度(尤其是温度梯度)两个重要的特例外，空间环境对机构并非很不友善。太空中每一个机构的失效几乎都是由于没有充分考虑真空摩擦而导致的选材错误，或者是由于错误估计温度梯度而导致的高的载荷和力矩。长寿命转动机械的要求更加着重强调这三个方面。许多航天机械的失效都是由于缺乏工程经验和没有能力进行风险评估。设计师采取的每一个决定都明显包含风险因素，就作者的观点来说，意识到并且评估风险的能力是成功的必要条件。

15.2 一次性机构

一般一次性机构的功能是改变航天器的结构构型。这些构型的改变可能会很大，如运载火箭的级间分离、卫星构型的重大变化如太阳能电池阵的展开；也可能是很小的改变，如小的鞭状天线的展开。构型的改变是在允许的情况下产生并驱动机构中的部件进行相对运动，这些运动部件之前被压紧装置所限制。所以，在多数系统中至少可以分出两种不同的功能，由两种（或者更多）不同类型的装置来执行。

第一个功能是牢固地约束机构上的一个或更多个部件直到最终解锁，而解锁的实现通常是依靠火工品装置（例如爆炸螺栓或火工品切割器），然而产生更小冲击的装置（例如基于形状记忆合金的非火工品装置）也是可以利用的。火工品点火后机构中的运动部件被释放，直接或通过触发/打开一个复杂的自锁机构。

第二个功能是强迫机构中的特定部件执行预定的运动（如展开），为了实现该功能，大多数的机构储存一些形式的势能为释放/展开运动提供动力。因为这些装置在设计上只工作一次，一种最常用的方法是用弹簧储存势能。当机构被装好时弹簧也被加载，弹簧存储能量直到机构被激发的一刻，这个过程可以持续数月或者数年（例如罗塞塔号登陆器或惠更斯行星探测器的释放装置）。储存在弹簧中弹性势能的释放是一个瞬间的现象，运动部件可以获得相对较大的动能，所以常常需要采用阻尼装置来控制机构完全展开时的停止行为。分离装置，例如运载火箭的级间分离或卫星释放机构，通常不需要附加阻尼器，因为部件中的动能使之分离。其他的机构由预先压缩并存储在气缸中的气体（例如氮气）通过体积膨胀来提供驱动力。气体的释放是通过阀门来控制的，膨胀的气体可以驱动线性活塞式装置或者展开可充气式结构。对于自旋航天器来说，径向附件的展开可通过离心力实现，但这是个例外而不是惯例。一些机构，例如伸杆展开，有时需要能够收回。这种情况下，它们常常采用电机驱动，但这些机构不能被划分为真正的一次性机构。

15.2.1 分离系统

在每一个任务中，使用各种各样的分离系统，典型的例子是用来从运载火箭释放卫星的机构。这些机构中的大多数是基于环形（Marmon）包带的使用，从空间探索的早期开始就一直在使用，它仍然是最可靠和最常用的机构之一[3]。

该装置最基本的形式的截面图如图 15.1 所示，它是一个环状带，环状带上有用来确保内表面安全的 V 型水平沟槽的夹块（参见图 8.4）。当包带压紧时，夹块上的 V 型沟槽将两个环状匹配法兰（一个法兰是运载火箭结构的一部分，另一个法兰是卫星结构的一部分）固定在一起，该机构通过火工品切割器或者类似的装置切断固定螺栓，一旦螺栓被切断，包带就会张开（常常用扭簧来提供帮助），同时夹块被去除，这样法兰就会被释放，此时卫星被固定在运载火箭一侧的分离弹簧推开。对于直径大于 1 m 的法兰,包带常常被分为两个或更多的相同长度的部分,几个分开的包带之间通过爆炸螺栓连接。图 15.2 显示的是一个大的分离机构所有的机械组件,这些机构必须有很好的同步性,以确保包带在所有的连接处能同时张开。这种机构的主要优点除了它的结构简单外,由于两个法兰在整个圆周上都被很好地固定,所以能够均匀地传递载荷。当两个夹紧机构都是圆柱状时,此优点更加突出,对于运载火箭来讲总是如此。

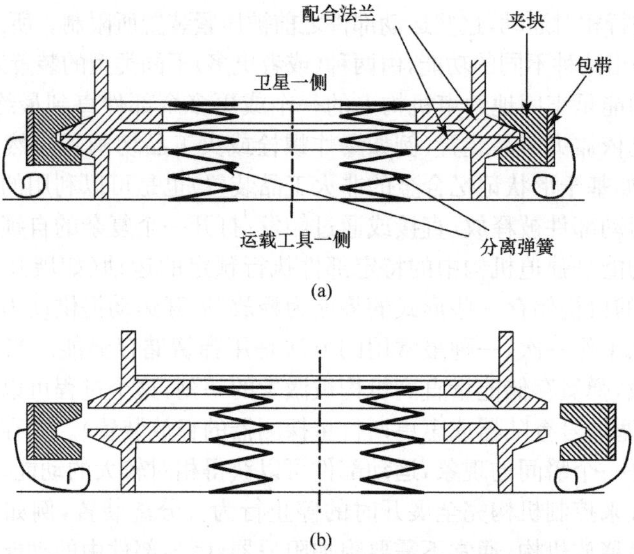

图 15.1　Marmon 环形包带型释放机构截面图

(a)机构锁定;(b)机构解锁

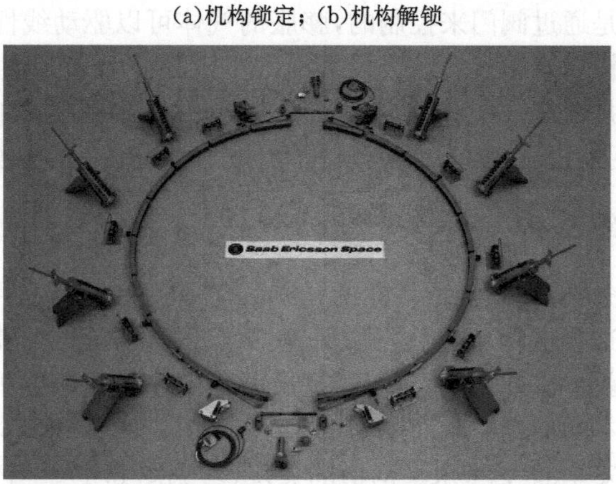

图 15.2　Saab Ericsson Space 分离机构组成部件

(图片发表经 Saab EricssonSpace 许可)

其他类型的航天器的释放机构也已被设计出来并通过了试验且成功使用,但是各种不同型式的 Marmon 包带仍然使用最广泛。

15.2.2 可展开结构的机构

可以使用各种各样的机构来展开通常称为附件的航天器单元。

展开一个附件的最简单的方法是在附件的根部设置一个关节接头，关节可以是一个简单的铰链和扭簧的组合。图 15.3 所示为一个用来展开鞭状天线机构的例子。扭簧驱动铰链转动，从而使得天线展开，当铰链达到最末端时天线就会被完全展开。

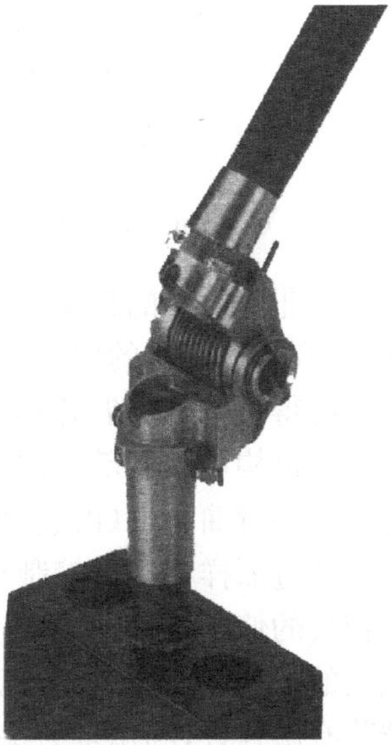

图 15.3 鞭状天线的铰链

在某些情况下，要求展开机构能够自锁，这是为了确保展开后的机构部件在受力后不会发生向后折叠。例如，罗塞塔登陆器起落架上用来展开支腿的关节（图 15.4），支腿一旦展开就要固定在适当的位置，这一点很关键，因此一种叫“机械二极管”的装置被用来确保登陆器支腿的展开运动在着陆受力时不会发生反转。CFESat 卫星（图 15.5）展开太阳能电池阵所用的铰链使用了相似的概念。在转动结束时，由时钟弹簧（图中可以看到）驱动，当销栓撞到停止杆（由二级扭簧驱动，图中不可见）上时就会阻止可能的向后转动。

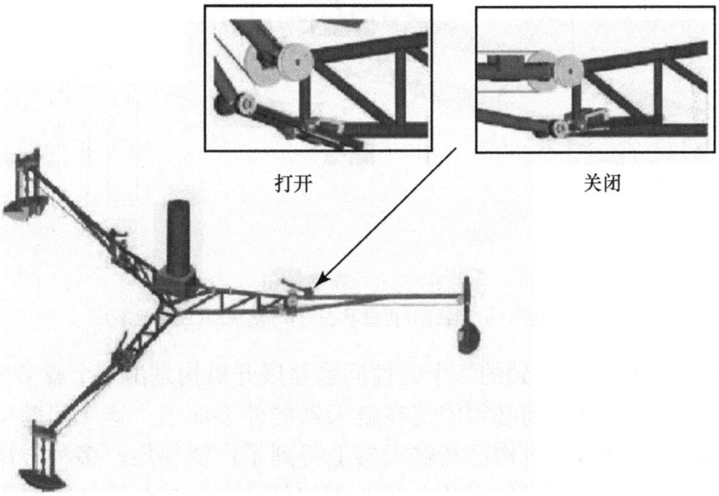

图 15.4 罗塞塔登陆器起落架（图片发表经 H. Rosenbauer 博士许可）

图 15.5　CFESat 卫星使用的太阳电池阵铰链(图片发表经萨利卫星技术有限公司许可)

一个非常简单的自锁关节是卷尺弹簧。柔性连接是由两个平行的卷尺弹簧实现的,分别连接结构的两个部分,如图 15.6 所示。关节通过卷簧的弯曲实现折叠,这样也使得机构的可展开部分发生弯曲。一旦实现折叠,卷簧中就会储存应变能,一旦去除机构可展开部分的约束,卷簧伸直就会将关节打开。伸直后的关节有较高的扭转和弯曲刚度(由卷簧的高的屈曲载荷提供),但它的剪切刚度较低。此机构不像铰链那样精确地控制和约束部件,但它简单和廉价。此机构可以用来展开相对较长的伸杆,它由卷簧连接的较短的几段组成,这个方法已被用在 FedSat 微卫星上的 2.5 m 长的伸杆设计。伸杆由卷簧连接的 6 个刚性管状段组成,伸杆的末端装有磁强计,利用重力梯度力矩使卫星稳定。

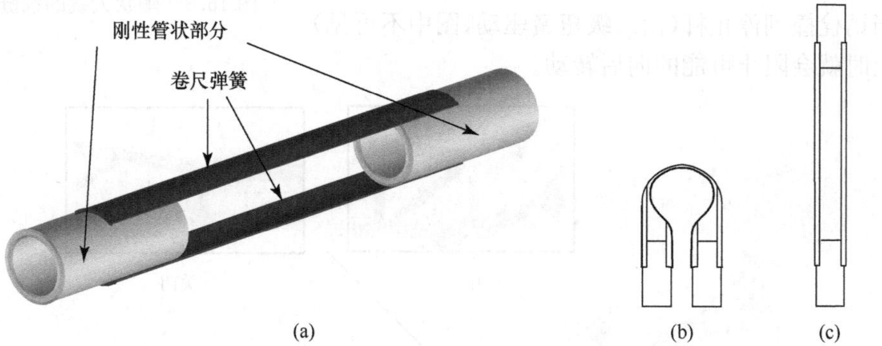

图 15.6　卷簧铰链

(a)三维图;(b)侧视图(折叠状态);(c)侧视图(展开状态)

这类机构在设计中遇到的一个共性问题是展开机构是由一个或多个相对较长的部分组成,它们在展开前必须固定在航天器的外表面上。这个问题可通过使用伸缩臂克服,实际上这类机构已在航天器上得到了广泛使用。多种方法已用于伸缩臂的展开,例如,苏拉伸杆(SULA BOOM)(图 15.7)在滑轮之间使用张紧的环状带,将圆筒一个接一个地推出,这些环状带由伸缩臂内部的支杆支撑,用锁紧机构来控制圆筒的释放和锁紧。

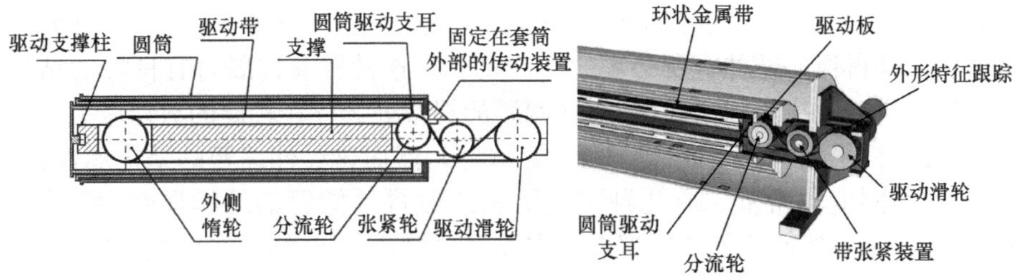

图 15.7　伸缩臂

(a)机构方案;(b)带驱动装置介绍

其他的设计采用一个导向螺杆,该螺杆可以在伸缩装置的内圆筒内旋转。但是伸缩臂依然需要有相对较大的装载体积,在伸缩臂方向尺寸最大。

解决此问题的办法是使用类似木匠用的卷尺一样的设备,它可以收拢缠绕在一个卷轴上,也可以展开卷轴进行展开。图 15.8 是该装置的设计方案。伸缩臂可以

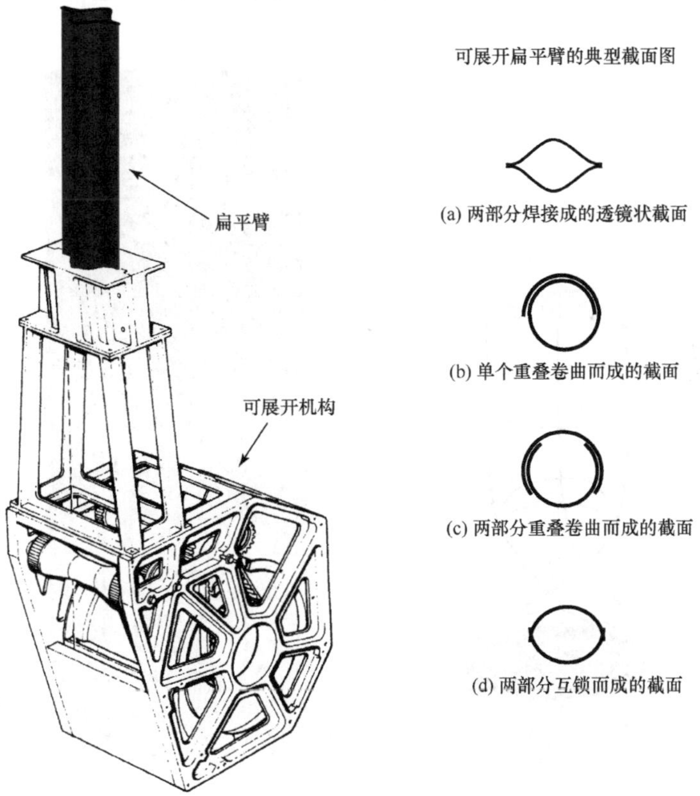

图 15.8　可折叠的管状杆展开机构

自如地平铺成带状,卷在卷筒上进行收拢。当展开时,使臂伸长,重新回到初始的形状,从而获得保持臂伸直所必需的弯曲刚度。这种臂在伸展时有良好的结构属性。然而,当臂收拢卷回小卷筒时,在两段的焊接处会存在较高的剪切应力。更简单的装置可只采用单个组成部分(图 15.8(b)),然而这类伸缩臂的结构属性较差,尤其是扭转刚度非常低。有几种可能措施来改进伸缩臂的结构属性,如图 15.8(c)和(d)所示。然而这些装置都需要有 2 个卷筒,这样就增加了机构的复杂性。

另一类展开机构是可展开的盘绕式伸展臂。图 15.9 所示为 AEC-ABLE CoilABLE 伸展臂成功使用的实例。伸展臂是火星探路者(Mars Pathfinder)成像仪上的一个完整部件,它支撑着顶部的提供火星全景照片的立体照相机。当伸展臂完全展开时大约有 0.7 m 长,但是当它收拢时卷在内部一个 76 mm 长的筒上,此时的长度仅为展开时长度的 10%。结构内部存储的应变能可以使 CoilABLE 伸展臂实现自动展开,因此不需要使用电机,这样也就减少了质量,并降低了复杂程度。轻质的钢和玻璃纤维为火星探路者成像仪提供了一个稳定的刚性基础,它的质量小于 0.7 kg。伸展臂也可以设计为铰接桁架的形式,它由不同的组成部分铰接而成。

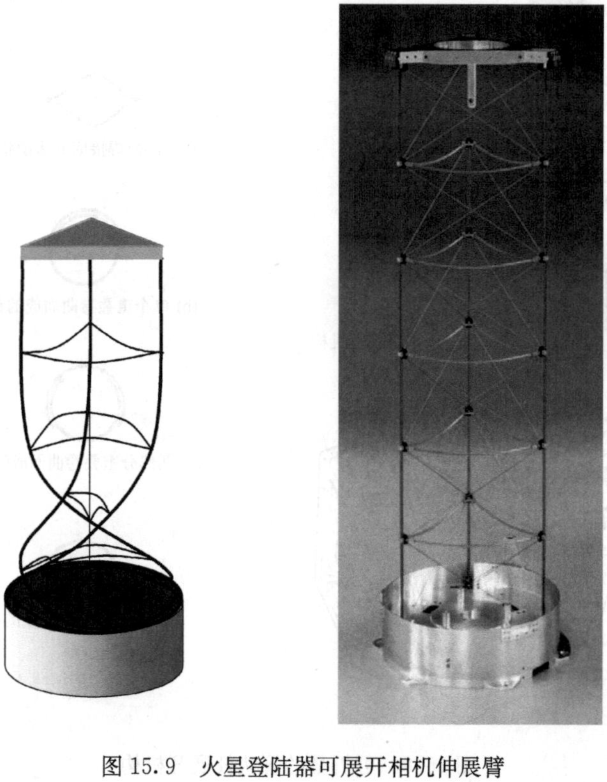

图 15.9　火星登陆器可展开相机伸展臂

15.2.3 面状展开机构

1. 太阳能电池阵

太阳能电池阵一般由刚性基板、绕在卷筒上的柔性表面或类似六角形手风琴的半刚性表面装配而成。刚性太阳能电池阵由许多基板组成，这些基板通常是铝蜂窝芯和碳纤维增强塑料蒙皮铰接在一起的三明治结构。整个装配体收拢在一起，安装在卫星侧面以保证发射时的安全，进入太空后展开。通常基板是通过连接架（太阳能电池阵和卫星之间的连接）和联动装置连接在一起的。该联动装置一般是由弹簧和滑轮及张紧绳组成，联动装置的目的是控制展开顺序，并避免与卫星其他部分发生干涉。可展开太阳能电池阵对太阳定向的功能是由其驱动装置来实现的，它使连接架相对卫星本体转动。压紧和释放机构必须有足够的刚度以阻止在发射时产生位移。在受力点上采用摩擦焊是比较现实的方法。

保持太阳能电池阵的收拢状态是由许多杯锥形装置实现的，如图 15.10 所示，该装置在设计中主要关心的一点就是确保合适的预载荷以防止在发射受力时产生开裂。铰链系统必须能适应面外运动，因此经常使用球面轴承。由于温度梯度产生变形的力矩足够大并阻止展开，已有变形的实例发生。锁紧机构必须能够加强太阳能电池阵并消除后冲。在所有由弹簧驱动的展开机构中需要认真考虑对储存

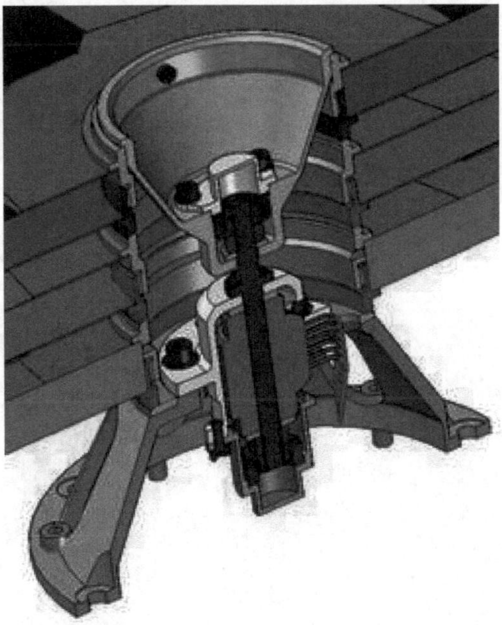

图 15.10 刚性太阳能电池阵收拢状态，给出杯锥形结构的细节
（图片发表经萨利卫星技术有限公司许可）

能量的控制。驱动力矩不能小于 4 倍预估的阻力矩,而且要确保最终的锁紧。已经使用了各种各样的装置来吸收多余的能量,包括离合器机构、摩擦制动器、可压溃蜂窝塞、涡流阻尼器和液体阻尼器等。储存和吸收能量之间的平衡需要认真考虑。

柔性太阳能电池阵需要有一个张力调整装置,该装置可以是一个铰接的杆或其他类型可展开伸杆系统。无论哪种类型,都提供一种结构对太阳能电池阵进行铺开或展开并保持成为一个平面。

总的来说,即使最简单的方案也会充满隐蔽的失效机制,有很多太阳能电池阵展开失效的例子。

2. 天线

天线(见 12.3.3 节)从最基本的单杆鞭状天线变化到复杂的跟踪与数据中继卫星系统(TDRSS)和伽利略卫星的展开伞状天线(图 15.11)。伞状天线的天线面是一个金属网,其中每一根金属线的张力是预先确定和设定好的。天线像伞一样折叠,当在太空中展开时天线面形状必须能精确地恢复。因为这样一个天线的直径大约为 4 m,其机械问题令人望而生畏。设计、制造和组装受最终天线形面的高精度需求的驱动,反过来它又会影响天线系统中的每一个机械零件。令科学家和

图 15.11　伞状天线,图中给出的是伽利略直径为 4.8 m、18 根伞架金属网组成的高增益天线的展开状态(图片发表经 NASA JPL 许可)

工程师失望的是到达木星轨道后伽利略天线未能彻底展开，产生故障的原因很可能是在地面运输过程中经历了过度的振动。事实上，伽利略航天器被推迟了数年发射，期间它被运回至JPL，然后又被运至发射场。这一插曲强调，为了避免不愉快结果的发生，其设计者如何跟踪机械的寿命以及对任务计划改变带来的影响进行评估。从事后的获益来看，尽管机构发生了失效，但伽利略任务在航天历史上被认为是一项非常伟大的成就。

3. 充气结构

过去的几十年中，充气技术已在航天领域中得到了应用，因为低质量、大收纳率的大型可展开结构一直是航天工业的需求。有飞行经历的充气技术开始于1950年的Echo Balloon系列，设计用来作为太空中通信反射面。Echo Balloon 1直径近33 m、重61 kg，它由12个微米厚度的聚酯薄膜建成[5]。其他的飞行经历如20世纪60年代的Goodyear天线，70年代后期至80年代中期的Contraves天线和Sunshades天线。最近几十年出现的最著名的飞行试验之一是1996年NASA航天飞机任务STS-77，充气天线试验(IAE)的测试和展开都获得了成功，展示了低成本充气技术方面的重大进步。苏拉伸杆支撑的充气天线还用在了CFESat卫星上。

航天充气结构应用广泛，包括太阳能电池阵、通信系统、雷达和反射器阵列、太阳能集中器、太阳遮阳板、太阳帆、行星表面探测设备、冲击保护和宇航员生活环境等。充气舱被建议在国际空间站上使用，之后由NASA约翰逊航天中心进行设计发展。充气运输居住环境的概念以“Transhab”著称。虽然国际空间站的项目被削减并停止了Transhab舱的建设和飞行试验，但它的设计理念已被私人公司采纳，并分别于2006年和2007年进行了由Bigelow航天公司设计的Genesis Ⅰ和Ⅱ的飞行测试。关于充气结构在航天中应用的更多的信息，读者可以参考文献[6]～[8]。

15.3 连续和间歇操作机构

通常这类设备包括很多种机构，但对航天机构来讲可以分为以下几类：

(1) 在卫星整个寿命期内一直运转的设备，如动量轮、太阳能电池阵驱动装置、消旋机构和水平扫描器；

(2) 间歇工作或需要时才工作的机构，如天线指向机构和可伸缩附件。

15.3.1 连续转动机构

1. 太阳能电池阵驱动机构

为了满足始终对太阳指向的要求，太阳能电池阵的运动需要与卫星的运动进行解耦。很明显,地球同步轨道的周期是每天转一圈,而在近地轨道周期大约是每天 15 圈。

图 15.12 展示的是一个典型的太阳能电池阵驱动机构(SAD)的结构,轴安装在依靠铅膜润滑的两个角接触轴承上,通过钛膜施加预紧力,预加载通过钛膜实现,它可以适应热膨胀并在发射时给轴承卸载提供所需要的运动空间。为了防止卡死,所有航天系统轴承在轴上滑动都是被禁止的。轴和轴承座都是由铍制成的,目的是为了利用它的高的刚度、良好的热传导以及与钢相匹配的热膨胀系数等方面的优点。为了轴承卸载,轴承被安装到锥形座上的杠杆系统所取代。图 15.12 显示的是处于该状态的系统,杠杆通过一个由火工品控制的拔销器保持着。采用两个互相备份的有刷直流电机,之所以可以接受有刷直流电机是因为 7 年寿命期要求的转数在 5000 以下。滑环系统通常在每一个环上都带有两个干润滑电刷。驱动系统是完全备份的,由装在太阳能电池阵上的太阳敏感器产生的信号来控制。虽然是以往的设计,但已经有了良好的工作运行记录并满足太阳能电池阵驱动系统的主要特征参数。

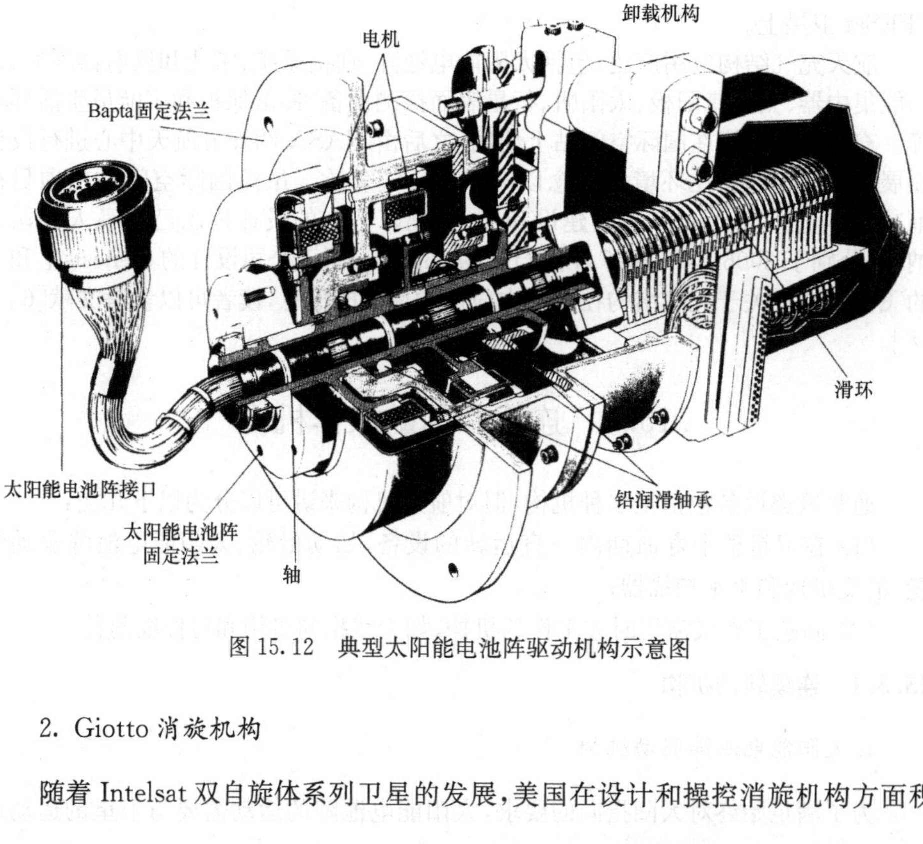

图 15.12　典型太阳能电池阵驱动机构示意图

2. Giotto 消旋机构

随着 Intelsat 双自旋体系列卫星的发展,美国在设计和操控消旋机构方面积累了丰富的经验。然而在欧洲此经验相对有限，欧洲人设计的一个成功的例子是Giotto卫星消旋机构。自旋稳定的航天器Giotto需要此机构对每分钟14转的高增益天线进行消旋，而且要无抖动地抵消速度，图15.13显示的是此机构的截面图。通常非常稳定的伺服系统参数需要每周更新180次。然而为了简化系统，设计者决定每周更新一次伺服系统参数，这样就把问题抛给了轴承设计者，他们需要在Giotto整个寿命期间实现低的力矩并保持不变。欧洲空间摩擦实验室(ESTL)的试验表明铅润滑轴承可以满足性能的需求，于是他们采纳了该方法。卸载机构由火工品释放，同时还可以看到两个驱动电机。两个电机都是每转1200步的电机，此电机也用在哈勃望远镜主展开系统上，但这里主要是作为同步电机实现绝对速度的控制。Giotto任务的成功已成为航天历史。

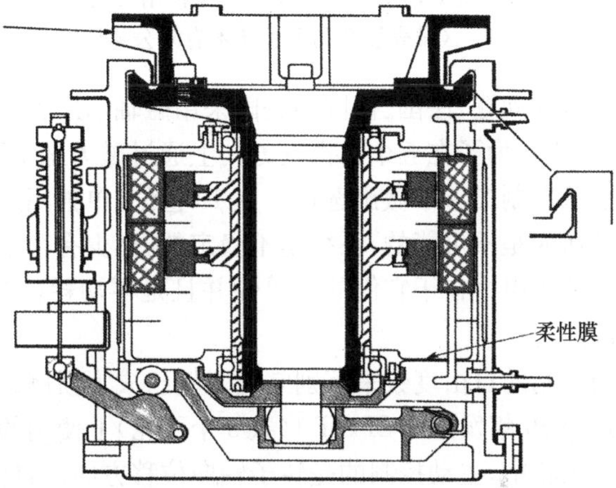

图15.13 Giotto消旋机构(发表经EADS Astrium公司许可)

3. 动量轮和反作用轮

在姿态和轨道控制系统中，这两种类型的轮所起的不同作用已在第9章的9.4.7节作了阐述。动量轮具有很大的动量(大约50～200 N·m·s)，最大速度可达10000 rpm。反作用轮具有较小的动量(大约2 N·m·s)，正转和反转最大速度可达4000 rpm。然而从机电角度讲，它们是类似的装置，并使用相同的技术，两类轮的速度都受轴承系统和功耗的限制，从质量角度来看，转速快、质量小的轮子显得具有吸引力，但产生相同的力矩所需的功率就会很大，因为轮子具有的能量是速度的平方的函数。轴承系统是成功的关键，几乎所有的球形轴承安装的飞轮都采用相似的方法。角接触轴承通过弹簧施加预紧力来避免由于温度变化导致的力矩的改变。对于动量轮和反作用轮，球轴承的润滑依然是限制寿命的主要因素，这是因为保持少而定量(避免力矩的改变)的油润滑是必要的。为了阻止润滑油的损失以及保持绝对的清洁,飞轮可以装在一个密封的充满适当气体(如氦气)的罐内。图 15.14是反作用轮装配的一个例子。

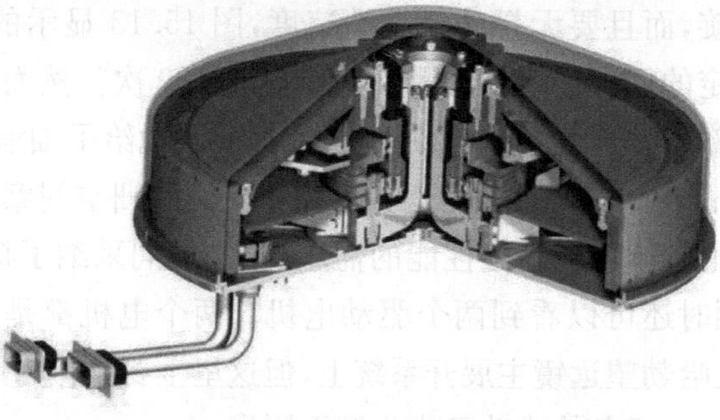

图 15.14 SSTL 200SP 反作用飞轮集成图
(发表经萨利卫星技术有限公司许可)

为了避免这些问题,法国、德国和美国采用磁轴承来支撑飞轮的方法已经集中发展超过了 40 年。为了在五个自由度方向上通过磁力来支撑飞轮,必须在被动永磁体和主动电磁控制二者中做出选择。在 19 世纪,单独用永磁体支撑飞轮所有的五个自由度被认为是不可能的,系统是不稳定的,至少有一个自由度必须通过主动控制。永磁体的吸引力在于它们的简单性并且是零功耗,实际上永磁体的阻力较小,但刚度较低[9]。

利用主动控制的自由度数来区别空间飞轮已成为惯例。第一个太空使用的磁力轴承飞轮是 1986 年发射的 SPOT 1(共 3 个飞轮)上使用的一个法国的单自由度飞轮。在这类飞轮中,主动控制的是转子轴向位移方向的自由度,这会使得飞轮的轴向尺寸较大(图 15.15)。

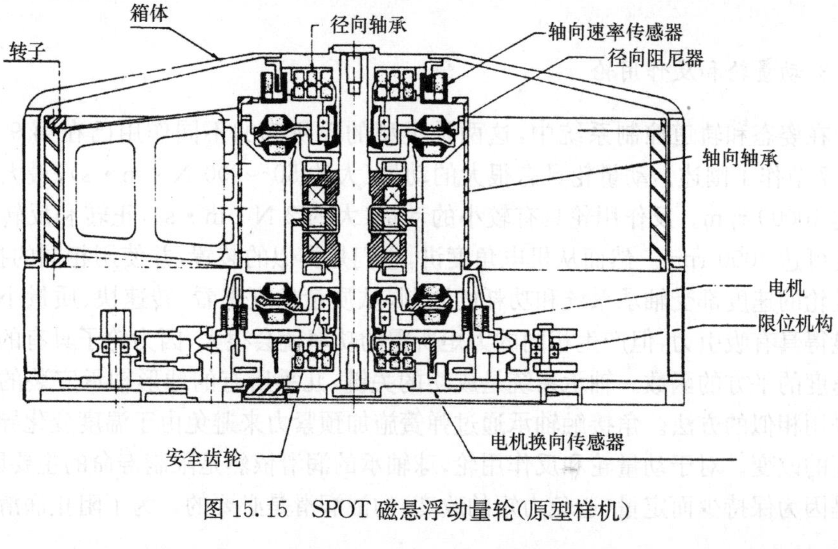

图 15.15 SPOT 磁悬浮动量轮(原型样机)

随后发展了主动控制的两自由度飞轮，可以控制飞轮的互相垂直的两个径向方向，飞轮设计结果为呈扁平几何外形且具有较高的动量/质量比。两自由度飞轮已在 SPOT 4、SPOT 5、HELIOS、ENVISAT 和 METOP 上成功使用。由 Aerospatiale 公司开发的这类反作用轮的最大转速可达 2500 rpm。然而，新一代的两自由度反作用轮的最大转速可达 10000 rpm[10]。

五自由度飞轮，如由德国 Rockwell Collins 公司开发的 MWI 系列飞轮被认为是市场上最先进的，它表现了磁悬浮的所有能力。所有磁力轴承飞轮包括球轴承飞轮都是失效分析中的底事件。

每一种飞轮都有其优缺点，球轴承飞轮相对简单、廉价，可以可靠地工作 10 年或更多，但轴承会产生机械噪声，而且很难实现完美的平衡，不能像章动阻尼器一样有效地工作。磁悬浮飞轮解决了其中的一些问题，由于没有轴承磨损，速度只受限于功耗和飞轮根部的应力，也不存在对密封容器的需求[11]。

五自由度飞轮进一步增加了精确度[12]。由于每一个自由度都可以完全控制，因此飞轮可以完全平衡，而且每个控制回路的阻尼能力可用来控制航天器的章动。它的更显著的能力是可以使轮轴偏置一个小的角度，目前是±1.7°(MWI 系列)，允许三轴控制或者仅用一个动量轮实现耦交叉量存储。通过增加机械式万向节实现大角度偏置是可行的，或者采用两个斜装相互反转的飞轮来实现完全姿态控制。

15.3.2 间歇工作机构

这类机构的例子有天线指向机构，虽然天线指向机构在一些工作模式下可能会连续调整天线指向。

所有的天线指向机构将以下面三种模式中的一种或多种模式工作：

(1) 稳定指向，保持两个轴与预定角度误差在±0.01°的精度内；

(2) 再次指向，天线有能力对任何需要的角度进行指向，指向精度为±0.01°；

(3) 跟踪，在轨天线有能力通过闭环控制去跟踪地基的射频波束，精度为±0.015°。

另外，万一驱动完全失效，必须可以将天线返回到定义的零位并锁定。

天线指向机构应能将天线转到指定的目标方向。通常，为了实现该功能，需要能独立控制两个自由度。它们由常平架驱动控制，至少在理论上这些驱动轴可以实现任何方向的指向。在实际当中一般希望常平架有两个相互垂直的轴，其中一个轴称为“水平轴”或者是“垂直轴”，这样就会有两种可能的构型[13]。

第一种构型称为 az-el 机构，天线的俯仰是由水平轴常平架驱动控制，反过来由垂直轴常平架驱动支撑。这类机构在地面站天线的驱动机构中是非常常见的，但也被用在在轨卫星天线指向机构中，如图 15.16 所示。

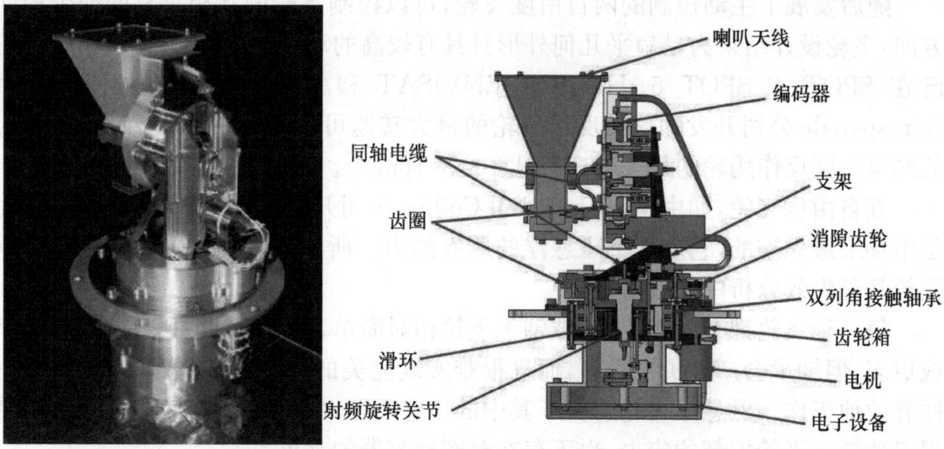

图 15.16 X 波段天线指向机构(图片发表经萨利卫星技术有限公司许可)

第二种构型称为 x-y 机构,如图 15.17 所示,这类机构允许将大型展开天线布置在航天器的一侧,在发射时像蛤壳一样收拢。图 15.17 给出天线指向机构两个轴的位置,最外面的轴为展开轴,里面的轴为幅值受限的指向轴。这种设计需要将外面的轴承扩大,同时需再次考虑润滑系统和轴承支撑的加强。

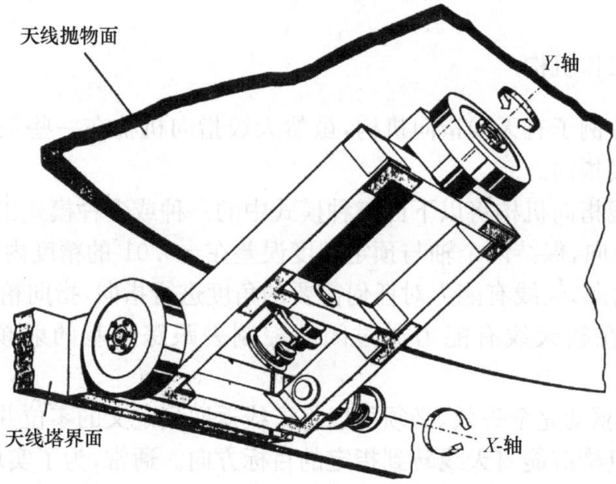

图 15.17 Dornier 天线指向机构:电视卫星示意图

另外一种设计的例子是 Olympus 天线指向机构。该机构使用旋转斜盘或者旋转楔的原理。结构如图 15.18 所示,由四个圆筒形且同轴的元件组成,两端的两个部分分别是航天器和有效载荷的接口并通过一个波纹管阻止相互的旋转。通过轴承系统,中间两部分的楔形元件能围绕公共轴独立旋转。因此两个楔形盘可能被认为具有和它们的楔形角相等的指向向量，每个楔形盘可以独立旋转。两个楔形盘的向量之和就是机构的指向角度。通过驱动这些楔形盘可以在一个圆锥指向范围内实现任何角度指向，其中半圆锥角等于二倍的楔形角。Olympus 的角度指向范围是 8.6°。

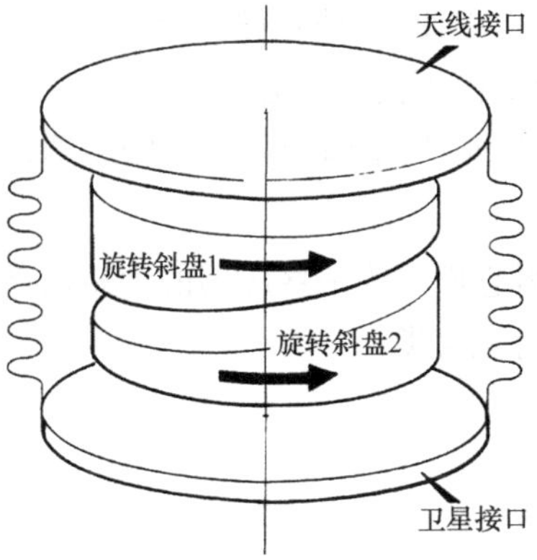

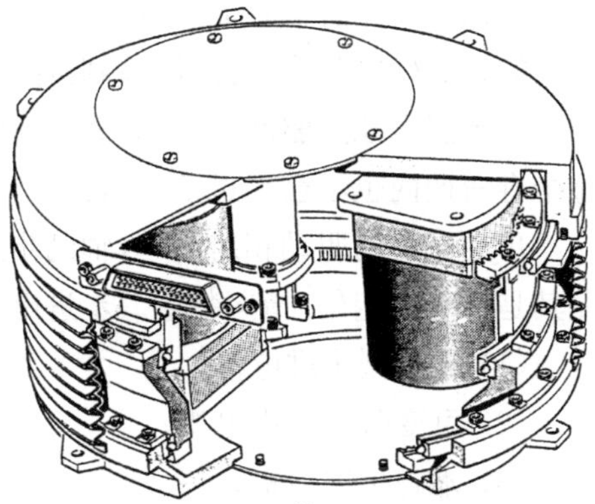

图 15.18　Olympus 天线指向机构的工作原理(a)，机械布局(b)

由于该机构具有很好的机械强度和刚度，因此可以省去发射时的卸载装置。它相对较小的尺寸、50 kg 的承载能力以及封闭和独立的特点使得在航天器上更容易集成，而且也方便在其他指向机构上使用[14]。

15.4　组　　件

15.4.1　电机

因为电机是航天器上唯一能够提供连续动力的驱动源，它们可能是最重要的机械组件。电机的可靠性是首要的，在关键系统中它们或者是双绕组的或者是完全备份。在航天应用中最常用的电机是直流电机(有刷或无刷)或步进电机[15]。

空间环境用的有刷或者是无刷直流电机通常是永磁电机。因为它在零转速时可以提供最大力矩。有刷电机可以使用最小的电子器件，这样对很多航天应用更有吸引力。散热是一个主要问题，航天使用的电机需要满足 70%的降额设计。有很多电机被放置在一个密封的有 1 个大气压的隔间内(如由英国卫星服务有限公司制造的反作用轮和动量轮)，这类电机可以满负荷工作。电刷磨损是一个影响寿命的因素(见 15.4.2 节)。无刷电机大大增加了电子学分系统的复杂性，但它的优势是控制更方便。无刷电机广泛使用在空间环境及地面环境中，主要是利用它们的优良的控制性能。

为实现一个特定的性能,通常无刷电机在设计上有一定倾向。当需要大的力矩(大于 1000 N·m)时,电机趋向于大直径和短的轴向长度。如果需要更高的转速,那么轴向长度和直径之比就会更高。如果需要平稳的速度/力矩特性,就需要用无齿的直流无刷电机。然而,应该记住直流无刷电机所需的电子器件的质量、尺寸及功耗都要比有刷直流电机的大。空间真空环境中使用有刷电机也有一些不可接受的缺点(磨损、维修性等),因此这就使得无刷电机更具吸引力。

太阳能电池阵驱动(图 15.12)采用的是有刷电机,只是因为一天只转一圈,在整个寿命期内也不会超过 5000 转。

步进电机的驱动相对简单,轴的步进运动使得它们成为一些应用的理想选择,尤其是开环的定位/指向装置。步进电机可以分为三大类:

(1) 混合型步进电机;

(2) 可变磁阻步进电机;

(3) 永磁步进电机。

然而,在航天应用中混合型步进电机是最常用的一种。

混合型电机有高的功率/力矩比(尤其是低速时),最大力矩为 5～10 N·m,每一转的步长数在 50～1200(外径为 15～150 mm 的电机),步进数在每秒 10 步和几百步之间。可变磁阻步进电机的力矩/功率比较低,但它们相对简单,更适合在低温环境中使用。

步进电机作为驱动和伺服的主要动力源,经常应用于航天器系统。对 Giotto 消旋机构来说,电机每周 1200 步,同步模式为 14 rpm。

至今为止,所有的电机都被看做是转动装置。然而,航天器机构经常需要直线电机。直线电机与转动电机原理相同,通常可以分为两类:

(1) 短行程直线电机,行程小于 50 mm,通常是采用单相绕组,电子学控制相对简单;

(2) 长行程直线电机,行程大于 50 mm,通常是采用多相绕组。

空间用电机经常是为每一个应用特定设计的,因为性能、功耗、散热和材料都必须严格控制。采用商业电机用在空间环境中需要经过严格的评估程序,见参考文献[16,17]。

15.4.2 滑环

许多空间机构电流传输必须跨过一个转动关节,太阳能电池阵驱动装置是一个典型的例子,这种情况下就需要"滑环"。它们可能是轴向的(如图 15.12 所示)或者是径向的盘状形式,但材料需求是相同的。电刷材料必须具有优良的导电性、低磨损率和自润滑系统。由于真空中的磨损，不能使用石墨作电刷。一些基于铜、银、二硫化钼的实体材料被广泛使用，它们的磨损率在 $10^{-14} \sim 10^{-15}$ $m^3/(N \cdot m)$，但对于长寿命机构，更低磨损率的材料是更好的选择，因为空间环境中磨损碎屑的控制是一个日益突出的问题。滑环材料一般是铜，表面镀金或银，尽管后者很容易在空气中被硫化而污染。

油可以用作润滑剂，但必须只是少量使用。消旋机构是一个干润滑滑环的例子，它的转速为 60 rpm，电刷的磨损率可通过来自液体润滑轴承的油蒸气明显降低。该机构通过测试可以工作六年以上。

Honeywell 公司已开发了可在低速条件工作的滚环设计，该设计概念是基于在静止部分与转动部分之间滚动一个柔性环来传输电流。

15.4.3　齿轮和轴承

这两类机械组件可以一起讨论。它们都是各类空间机械重要的组件，而且它们的技术都依赖于摩擦学和材料的选择。

航天齿轮箱与相同尺寸的工业齿轮箱不同之处在于，进一步减小允许的轮齿负载和润滑与材料配对的选择上。轮齿模数定义为分度圆周长除以齿数，它决定了齿的尺寸。通常最小的模数是 0.08，但模数的选择需要在轮齿负载、传动精度和传动比之间平衡。

接触应力（也称为赫兹应力）和齿根弯曲应力决定着齿轮的性能。实际中，接触应力在失效中起更重要的作用，这是因为它也控制着下表面的剪应力，即疲劳失效。一个有用的经验就是限制金属齿轮的轮齿负载在每 1 mm 齿宽上的最大受力为 10 N，对于塑料齿轮将这个数再除以 10。可用作金属齿轮的材料包括碳、不锈钢、马氏体钢、铸铁、青铜、铝和钛，并作适当的表面处理。可用作齿轮的优选塑料材料有聚酰亚胺和聚醛树脂，经常加入二硫化钼或碳纤维。塑料齿轮总是会和金属齿轮竞争，金属齿轮经常是不锈钢，尽管有时候也选用铝和钛材质的齿轮。

轻载塑料齿轮的润滑一般是在塑料中加入固体润滑剂来实现，如聚四氟乙烯或二硫化钼。对于重载金属齿轮，可在软金属膜（如金或铅）或二硫化钼中进行选择。也可以使用脂或者油进行润滑，但需要控制它的迁移损失。

有时在齿轮传动中引入一个差速齿轮来实现冗余，其中一半是锁定的，仅当另一半锁定时释放，这种复杂的结构仅在非常关键的系统中使用。要牢记，齿轮箱几乎都是可逆的，即使采用蜗轮来实现真正的不可逆也是非常困难的。

航天上也经常使用谐波传动，它们的特点是具有很高的传动比、较大的力矩以及较高的定位精度(几乎为零齿隙)和重复精度[18]。谐波传动在空间的第一次主要应用是在 1971 年阿波罗 15 任务中的月球车,从此在结构紧凑 、定位精度高的地方被频繁使用。

如图 15.19 所示,这类机构的工作原理相对简单,主要有三个基本构件:波发生器、柔轮和刚轮(图 15.20)。柔轮是一个柔性齿轮,可由波发生器变形为椭圆形。柔轮内的波发生器使柔轮的外齿与固定的刚轮的内齿相啮合。工作方式如图 15.19所示,柔轮上固定点的运动用高亮黑点显示,在这个例子中,当波发生器转过半圈时,柔轮仅转过周长的 1/48,这就相当于传动比为 24∶1。实际应用中,齿数会更多,因此传动比可从 30∶1 至 320∶1。

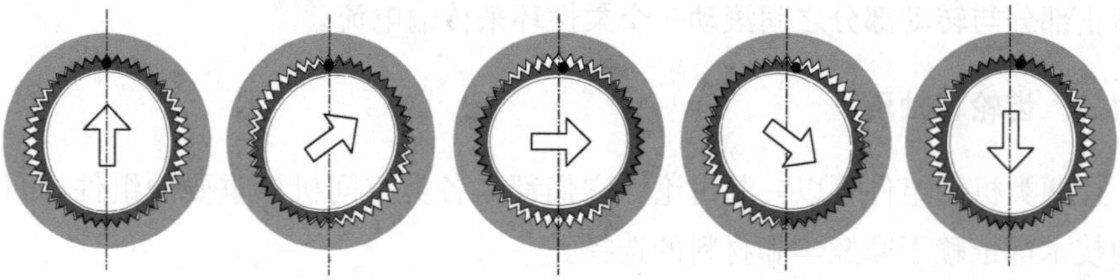

图 15.19　谐波传动的工作原理

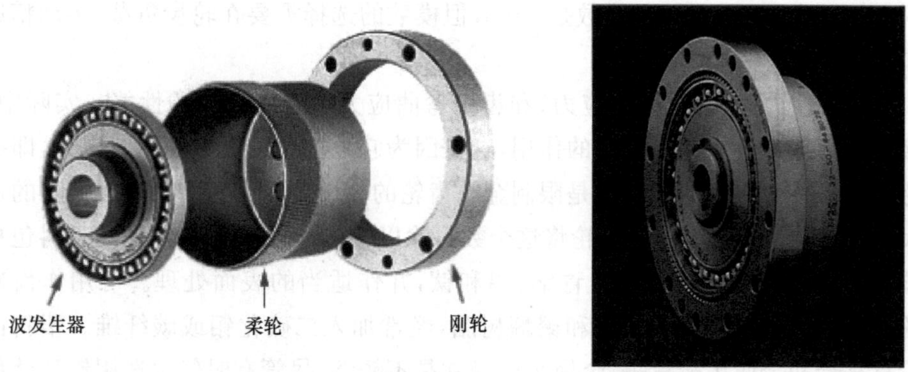

图 15.20　谐波传动的基本组件和集成体

对于轴承来说,航天机构上的简单球轴承的应用被认为是最直接的,但 30 多年的研究并经过 200 万小时的真空测试才达到现在的认知水平,但仍有许多需要研究的地方。速度、负载、反转、保持架类型、材料以及干润滑和湿润滑对轴承性能有重要影响。轴承的工作周期和寿命的需求对以上参数的选取非常重要,温度,尤其是温度梯度是最重要的;液体润滑轴承的热传导是固体润滑的 10 倍。必须警示,在缺少航天摩擦专家指导的情况下,不要在航天机构中使用球轴承(见 15.6 节)。航天上也使用滑动轴承,但几乎全部用在一次性系统中。滑动轴承总是采用干润滑和聚合物-金属副。球形杆端轴承被广泛使用在展开机构中，可以避免由于热变形导致的摩擦力大幅增加。

由于不允许采用一些商业材料，因此在航天中轴承的使用要经过验证。参考文献[19]是一篇很好的概括性综述文献，文献[20]也是非常重要的阅读资料。

15.4.4 传感器

除非工作方式是很少采用的开环控制，否则一个机电系统将包含一个传感器，传感器的选择对于系统的成败至关重要。它的工作角度限定了传感器的选择范围。一些传感器，如陀螺仪上使用的传感器是非常灵敏的，但工作角度非常小。其他的如同步器、旋转变压器、步进电机和编码器的使用角度超过 360°。航天上通常使用光学编码器，对它们的研究开始于 20 世纪 50 年代。最简单的光学编码器由一个平行光源（通常是发光二极管 LED）、一个转动的码盘（径向上有透明的和不透明的部分）、一个光栅单元（或开有窄缝的盘）和一个或多个光探测器组成。码盘固定在被测物体的转轴上，其余单元均为固定。光束从发光二极管穿过码盘传播，然后通过光栅单元，最后到达光探测器。码盘的转动使光产生间断，通过光的间断就可以确定码盘的位置。哈勃空间望远镜上的光学编码器的精度小于 1″。

选择传感器时有许多因素需要考虑，这是因为许多传感器对机械稳定性和热变形很敏感，尤其是现在要求更长的寿命期。机械式健壮性良好的装置如旋转变压器在解决这个问题上更有吸引力。磨损会损坏机械接触式编码器，而光学传感器则依赖于光学元件的可靠性。

15.4.5 释放装置

火工品装置一直以来就是释放空间机构的主要原件[21,22]，具有很高的能效（大于 10 kJ/g），操控迅速（小于 10 ms），好的工程化设计后非常可靠。航天用火工品负载均装有两个起爆装置，起爆装置电路也是完全备份的。燃烧所产生的压力用来控制简单的装置，如拔销器、电缆切割器或驱动阀。当然它们只能工作一次，之后便被丢弃，这就使得地面试验和飞行前的试验受限。虽然有许多使用可变形容器和波纹管的成功设计，火工品也很难密封。安全是非常重要的一个方面，早期有由于杂散电流和静电放电，甚至人为操作引起的意外点火。这就需要有精心设计的保护装置吸收静电，现这样的装置已经内置于航天火工品起爆器中。

火工品的一个缺点是爆炸会产生机械冲击，一些航天器禁止火工品使用（装有易碎光学元件的航天器，如哈勃空间望远镜），此时经常使用记忆合金驱动器作为驱动装置。镍和钛的合金在低于临界相变温度时就可以转变成新的形状（材料经历一个奥氏体和马氏体的转变过程)。当通过加热,高于相变温度(小于100 ℃)时又可以回到初始形状。如果对加热时的形变加以约束,合金就可以用来产生一个大的能够工作的力,反过来就可以操纵机械。在哈勃太空望远镜上,它用来释放太阳能电池阵的卸载系统。

在实际机构中利用这个现象的例子是由 TiNi 合金公司生产的 Frangibolt 螺栓,该产品经常被用在航天器上。图 15.21 为 Frangibolt 螺栓的示意图,它利用形状记忆合金的伸缩性能在有预载的螺栓上产生一个附加的拉力,结果就使得螺栓在柄上有环形缺口的面上发生断裂。这类装置有一个潜在的问题就是螺栓发生断裂的确切时间有几秒钟的误差。

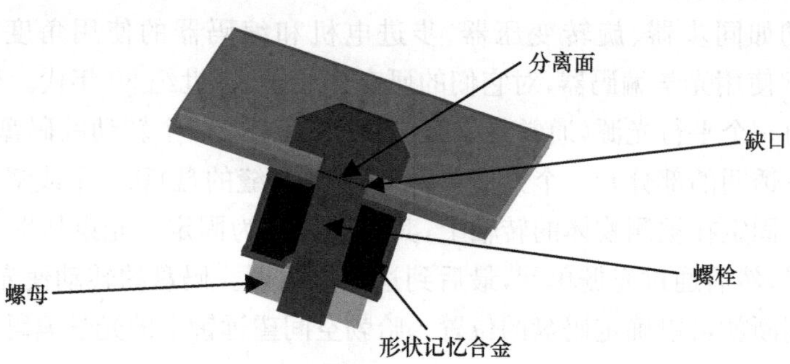

图 15.21 Frangibolt 螺栓截面的三维简图

高能量的石蜡驱动是另一类释放驱动器。它是利用石蜡由固态到液态时的膨胀来产生机械能,可以产生很大的力,且温度循环时可以无限地重复这个动作,这是它很重要的一个优点。在另一个装置中,用一个加热的切割刀去切断张紧的凯夫拉绳索以释放太阳能电池阵。

这些装置产生作用需要时间,大约 1 min 量级,所以不能保证同时释放多个组件。

燃线装置结构较简单,也被用在释放装置中。首先,机构的不同部分被压紧在一起,同时也对用来产生分离作用力的预先加载装置(如弹簧)施加了载荷,然后用线(高强度和高电阻率材料)将它们捆在一起。当需要释放时,电流将流过燃线,逐渐加热并最终融化,这样机构就能被释放。机构可以在 1 s 内被释放,取决于燃线的性质。

15.5 材　　料

航天机构材料的选择可能是设计师需要做的一个最重要的选择,仅有润滑剂的选择与其同等重要。机构对材料的要求非常接近航天器结构对材料的要求,读者可以参考第 8 章。只能选择在太空中使用并得到验证的材料，如果要选择一种新材料，那么就必须要考虑验证成本。可参见文献[23]，它是材料选择的一个重要指导，文献[24]是最近出版的此方面的文献。

除了相对标准的铝合金外，铝铍合金在机构中的应用主要是利用它的高的比刚度和低的比质量特性。然而这种材料在加工过程中的毒性限制了它的使用。

当需要有高的比刚度和低的比质量的材料时，可以选择碳纤维增强塑料(CFRP)，通过合适的铺层顺序可以实现零热膨胀系数。对于高精度设备，需要有良好的热稳定性。一些特殊材料，如殷钢可提供更好的热稳定性。

对于航天器机构，尤为重要的是应力腐蚀断裂(SCC)。由于这个原因有时会必须选择没有被推荐的材料。例如，轴承钢 440C 尽管对应力腐蚀断裂更敏感，但和广泛应用的 52 和 100 相比具有更好的抗腐蚀能力而被优选。

大多数机构部件都是由固体经过机械加工而来的，成本很高。一个工程项目对部件需求很少，或许只有四个或六个，这就限制了其他加工方法。然而一些航天公司采用更经济的失蜡铸造法来制造小批量部件。

高分子材料在机构中的使用与在结构中的使用一样广泛。聚醛树脂和聚酰亚胺被用在小型部件上，并装上填充物，可以实现自润滑。但是所有的聚合物都有高的热膨胀系数和低的热传导系数，这是不容易被接受的，尤其是与金属一起使用时。其他材料如陶瓷也被用在航天上。热压氮化硅已被用在轴承滚珠上，甚至是整个轴承。碳化钛和氮化钛也被用作表面硬化涂层。

所有的电镀过程在应用于航天器机构上之前都必须进行完整评估。例如，镉被广泛应用于地面机构中，但由于它在真空中的升华现象，所以被禁止应用在航天上。

在近地轨道，原子氧(见第 2 章)会对航天机构造成威胁。它尤其会损害暴露在空间的高分子材料，也会对容易被氧化的金属表面造成威胁，如银。

15.6 摩　　擦

摩擦学是研究相对运动物体表面相互作用的科学，包括润滑、磨损、表面物理学和润滑剂的物理和化学特性。对于设计空间机构的人来说，很好地了解这门技术是非常重要的。

大多数情况下，机构的部件之间会产生相对运动，为了使运动顺畅并保护表面不被破坏、磨损及撕裂就需要在相对运动部件之间的间隙中加入润滑剂。

润滑剂可以是液体(湿式)，也可以是固体(干式)，润滑脂则是处于二者之间的类型。无论怎样,它与液体润滑剂有相同的考虑,因此这里不再详细讨论。

干式润滑剂和湿式润滑剂在航天中都有应用,而且都有各自的优缺点。例如,湿式润滑剂容易蒸发和爬行(随着时间推移会造成损失),需要有密封措施,但它的机械噪声较低。另外,干式润滑蒸发和爬行问题较少,但润滑剂中的碎屑可能会产生噪声。另外,干式润滑剂相对于具有高热导率的湿式润滑剂来说,较差的热性能是它的一个缺点。

15.6.1 湿式润滑剂

实际中,目前有两类湿式润滑剂在航天中应用:

(1) 合成碳氢化合物,它们是多烷基环戊烷(MACs)。

(2) 全氟聚醚(PFPE)。

湿式润滑剂的一个主要参数是黏度,当前市场上能够获得的是 MAC Pennzane(液体合成碳氢化合物),它们有不同黏度(从低温使用的低黏度至高温使用的高黏度)。全氟聚醚(PFPE)如 Fombolin Z,Krytox,Demnum 和 Brayco,由于它们有高的密度,主要适合于弹性流体动力润滑。

在机构工作过程中将存在润滑剂的损失和性能下降,当所有的润滑剂都失去后机构将会失效。虽然补充润滑剂可行性方面有很多研究,但通常这种方案不被选用。

15.6.2 干式润滑剂

本质上有三类:

(1) 二硫化物中的二硫化钼是最常用的。由于水的存在会使其性能下降,因此在真空中的性能要好于在空气中的性能。

(2) 固体润滑混合材料,掺杂二硫化钼或全氟聚醚的聚合物。

(3) 软金属,其中铅和金是最有效的。

干式润滑剂通常是像薄膜一样用在需要润滑的表面上,或者固定在表面上。然而也有一些例子中的组件是用自润滑材料制作的。对于干式润滑剂,有必要建立工作中的磨损率,因为它决定着机构的寿命。

对于干式润滑剂和湿式润滑剂,用地面试验或数学模型来进行寿命的准确预估通常是非常困难的,这是因为润滑剂的磨损率依赖于工作环境。从实验室中寿命加速试验得到的外插数据应用到空间环境会非常地不准确。

欧空局已经认识到摩擦对于航天机构可靠性和完整性的重要性,并已经建立了专门的机构——欧洲空间摩擦实验室(ESTL)。它的主要职责是研究空间摩擦学,同时为测试航天机构提供精细的控制设备。

以下总结了空间成功应用润滑的五条准则：

(1) 最优的润滑系统是机构整体设计的一部分而不是机构设计完成之后再加上润滑系统。

(2) 避免使机构的工作依赖摩擦系数的严格控制。

(3) 润滑过程必须进行编写并形成记录以确保性能的连续重复性。

(4) 润滑剂必须被批准和通过公认规范的空间环境验证，具有可追溯性。

(5) 确定机构的润滑系统性能的测试环境条件必须包括工作周期、寿命以及所经历的太空和地面应用的所有环境条件。

显然这五条准则提出的要求是确保润滑性能和耐久性的唯一有效方法。

关于润滑方面比较好的参考文献有[25,26]，文献[27]详细地叙述了相关内容的各个方面。

15.7 测试和验证

对于一个机构而言，严格的测试是证明机械设计和制造完整性、验证在设计寿命期内工作能力的唯一方法。许多故障只能通过在模拟实际工作环境条件下的测试才能被发现，没有捷径可走。以天线指向机构和太阳能电池阵驱动机构为例，试验必须提供清洁间环境中具有热循环和温度梯度能力的真空罐。建造机构工作的微重力环境或许是测试中最困难的问题之一。对于可展开结构来说，一个相对标准的技巧是用轻质绳子通过结构每一部分的质心将它们吊挂，用来补偿"1 g"的重力环境。寿命试验、鉴定级试验以及单个部件结构测试都是必要的，成本将显著增加，将占用预算的 25%。

对于单个铰链的一次性工作机构来说，很容易在实验室做几次展开验证试验后就接受，那么当它在太空中由于温度梯度导致展开失败时将会很容易让人非常惊讶。以上的讨论同样适用于这类系统，这类失效依然非常频繁。

文献[28]列出了应用于机构正式试验的基本原理，也包含了机构力学环境试验，关于热真空试验的内容参见文献[29,30]。

15.7.1 微振动

虽然地面上机器工作产生的微振动不同于典型的空间微重力环境中工作所产生的微振动，但通过一些措施减少背景噪声后，在实验室条件下进行微振动试验也是可以接受的。

机构如反作用轮、天线指向机构或者其他"振源"产生的微振动试验特性，通常由刚性固定在地面上的设备进行测试(多轴测力计——Kistler 测试台)，即通过测量传递到支撑或地面的力和力矩来实现。

当振源固定在一个支撑结构(刚度未知)上时,为了完整、精确地表征一个振源,界面上的加速度(或者速度,或者位移)也应该被测量。

另外一种测量航天器结构与设备之间力/力矩的传递的方法是直接测量设备和航天器结构界面处的加速度。此方法明显地要求提供航天器结构(或者动态模型),测量结果将包括振源和固定结构之间准确的动态交互作用。这里的问题是得到的试验结果仅可以用在振源的固定结构的特性与试验时结构相似的情况。如果试验结果要被用于特性不相似的结构而且还要得到精确的结果,那么试验中用作支撑的结构的效应必须分析后从试验结果中去除。

对于低频(<50 Hz),环境噪声(如建筑施工的振动)与测量信号具有相近的振幅量级。因此,为了隔离地面噪声(如地面振动),上面的方法中需要将试验设备放在一个合适的悬吊系统上。对于多轴测力计(如力学试验台/Kistler 测试台),使用振动隔离平台(如用主动/被动方法实现振动隔离的现代光学平台)是一个不错的选择。

15.8 结　　论

机构是基本的航天器分系统,须执行对于成功完成任务来说是关键性的操控。当前相当多的机构(如航天器释放机构、反作用轮、动量轮、太阳能电池阵驱动机构等)在其发展过程中都已经达到了一定的成熟度,并已形成了相对标准的设计。然而工程的发展使机构不断地改进并且更新始终是必要的,而且总有一些任务对机构提出全新的要求,设计具有挑战性并令人兴奋。以上对机构非常简单的介绍显示了机构设计所需的技术范畴和不同领域的专业知识,如电机、传感器、火工品、摩擦和结构,以及在材料方面广泛的知识。试验是另外一个领域,也需要有经验的专家。

本章中没有提到机构产品保证(product assurance,PA)应用方面的内容,读者可以参见第 19 章。空间机构的可靠性和避免失效方面很大程度上依赖测试原则的严格执行及在产品设计过程中各个阶段产品保证的实施。注重细节,对任何事情都不能想当然,仔细地规划和执行试验程序是成功的基本要素。文献[31-33]是比较重要的参考文献。

对于需要进一步增长航天机构方面知识的读者,参考文献[34-36]是绝佳的资料。

致谢

作者真心地感谢对本章做出很大贡献的 H. Mervin Briscoe，他去世于 2001 年。

Guglielmo S. Aglietti

Aeronautics & Astronautics, Faculty of Engineering and the Environment, University of Southampton

参考文献

[1] General Specifications for Assemblies Moving Mechanical for Space and Launch Vehicle (1988) MIL-A-83577B (USAF).

[2] Labruyere, G. and Urmston, P. (1996) ESA Mechanisms requirements, Proceedings of the 6th European Conference on Spacecraft Structures, Materials and Mechanical Testing, Paris.

[3] Anckarman, B. and Thuswaldner, M. (1998) The Development and Testing of the ACU2624 Separation System, Proceedings of the European Conference on Spacecraft Structures, Materials and Mechanical Testing, Braunschweig, Germany.

[4] Humphries, M., Haslehurst, A. and Forster, D. (2007) The Design and Development of a Multi-Element Telescopic Boom (known as the SULA BOOM), ESMATS.

[5] Jenkins, C. H. M. (2001) Gossamer Spacecraft: Membrane and Inflatable Structures Technology for Space Applications, AIAA.

[6] Lou, M., Fang, H. and Hsia, L. (2000) A Combined Analytical and Experimental Study on Space Inflatable Booms, IEEE Aerospace Conference Proceedings, 2, 503-512.

[7] Huang, J. (2001), The Development of Inflatable Array Antennas, IEEE Antennas and Propagation Magazine, 43, No. 4, 44-50.

[8] Cassapakis, C. G., Love, A. W. and Palisoc, A. L. (1998) Inflatable Space Antennas—A Brief Overview, IEEE Aerospace Applications Conference Proceedings, 3, 453-459.

[9] Scharfe, M. (1996) Development of a Magnetic-Bearing Momentum Wheel for the AMSAT Phase 3-D Small Satellite, International Symposium on Small Satellites.

[10] Scharfe, M. (2001) The challenges of miniaturisation for a magnetic bearing wheel, Proceedings of the 9th European Space Mechanisms and Tribology Symposium, 19-21.

[11] Samuel, A. (1996) An Overview on Aerospatiale Magnetic Bearing Products for Spacecraft Attitude Control and for Industry, Spacecraft Guidance, Navigation and Control Systems, Proceedings of the 3rd ESA International Conference.

[12] Gerlach, B. (2005) Gimballing magnetic bearing reaction wheel with digital controller, Proceedings of the 11th European Space Mechanisms and Tribology Symposium, ESMATS 2005.

[13] Pritchard, W., Suyderhoud, H. and Nelson R. (1993) Satellite Communications Systems Engineering,-Prentice Hall, New York.

[14] Brunnen, A. J. D. and Bentall, R. H. (1982) Development of a high stability pointing mechanism for wide application, 16th Aerospace Mechanism Symposium, NASA CP2221.

[15] Favre, E, Brunner, C. and Piaget, D. (1999) European Electric Space Rated Motors Handbook, 8th European Space Mechanisms and Tribology Symposium, Toulouse.

[16] Slemon, G. R. and Straughan, A. (1980) Electric Machines, Addison Wesley, New York.

[17] Second International Conference on Small and Special Electrical Machines, September 1981, Institution of Electrical Engineers.

[18] Uera, K. and Slatter, R. (1999) Development of the Harmonic Drive Gear for Space Application, 8th European Space Mechanisms and Tribology Symposium, Toulouse.

[19] Todd, M. J. (1987) Models for steady and non-steady Coulomb torque in ball bearings, 3rd Space Mechanisms and Tribology Symposium, ESA SP279.

[20] Gill, S., Forster, D. J. and Rowntree, R. A. (1992) Thermal vacuum performance of cycloid and harmonic gearboxes with molybdenum disulphide and liquid lubrication, 5th European Space Mechanisms and Tribology Symposium, ESA SP334.

[21] Catalogue of European Pyrotechnic Devices, (2nd edn), (1982), ESA SP1021.

[22] Explosifs et Pyrotechnie, Proceedings of Symposium (1979), ESA SP144.

[23] Data for Selection of Space Materials, ESA PSS-01-70.

[24] ECSS-E-ST-32-08.

[25] Tribology International-Special Issue on Space Tribology, 23, No. 2, April 1990.

[26] Jones, W. R. and Jansen, M. J. (2008) Tribology for space applications, Proc. IMechE Part J: Journal of Engineering Tribology, 222, No. 8, 997-1004.

[27] Roberts, E. W. (2002), Space Tribology Handbook (3rd edn) AEA Technology plc, ESTL.

[28] Briscoe, H. M. (1983) A rationale for the testing of space mechanisms, First European Space Mechanisms and Tribology Symposium, Act. 1983, ESA SP196.

[29] Robbins, E. J. (1975) Tribology tests for satellite application: simulation of a space environment, First European Space Tribology Symposium, ESA SP111.

[30] Parker, K. and Duvall, J. A. (1983) Achievement of reliability by thermal vacuum testing of spacecraft mechanisms, First European Space Mechanisms and Tribology Symposium, Act. 1983, ESA SP196.

[31] Basic Requirements for Product Assurance of ESA Spacecraft and Associated Equipment, ESA PSS-01-0.

[32] Failure Rates, ESA PSS-01-302.

[33] Failure Mode Effects and Criticality Analysis, ESA PSS-01-303.

[34] Conley, P. L. (1998) Space Vehicle Mechanisms-Elements of Successful Design, John Wiley & Sons, Inc. , New York.

[35] Sarafin, T. P. (ed) and Larson, W. J. (1995) Spacecraft Structures and Mechanisms: From Concept to Launch(Space Technology Library), Microcosm, California.

[36] Fusaro, R. L. (1995) Space Mechanisms: Lessons Learned Study, Vol. 1 & 2, NASA-TM-107046 and 107047.

16　航天器电磁兼容工程

16.1　引　　言

对一个系统或设备的电磁兼容(electromagnetic compatibility，EMC)基本要求如下：

(1) 它不会引起对其他系统或设备的干扰。

(2) 它对其他系统、设备或电环境的辐射不敏感。

(3) 它不会引起对自身的干扰，那样就不会使系统或设备产生故障或表现出不希望的动作。

EMC问题首次被发现是在20世纪初的家庭无线电收音机上。这些早期的真空管接收机是易受干扰的，它们能接收到用在电动运输车上的电机、高架电线和接头产生的滴答声和嗡嗡声的干扰。

随着科技的发展，EMC变得更加重要。完成许多新功能的越来越复杂的电子器件被封装进越来越小的外壳内。

这种趋势在航天器上表现得更加明显。多种多样的通信、天气、机器人、遥感和科学航天器以及近期发射的小卫星星座都会引起复杂的EMC问题。

这种趋势迫使航天器承包商对航天器和地面支持设备提出苛刻的EMC要求。

对电子设备的EMC规范现在已经成为所有EEC成员国家的法规。出售任何没有满足欧洲EMC标准的“CE”标志认证的电子设备都是非法的。

关于EMC的更多的知识可参考文献[1]和[2]。

16.2　电磁兼容问题的实例

在家庭环境下，大多数人都曾经历过来自汽车点火系统对电视和收音机的干扰。近来关于在大脑附近拨打移动电话安全问题的讨论以及接近高架电力线路是否会影响健康都是EMC问题的实例，即一个系统使另一个系统产生故障或表现出不希望的动作。

EMC对于军事区域来说是重要的，因为干扰能直接影响军事装备的正常工作，并且可以作为电子战争的武器。

幸运的是，航天器上的EMC问题相对较少，因为主要的承包商针对所有的项目都认真地制定了 EMC 规范。航天器上遇到的大多数 EMC 问题会导致性能的轻微降级，但有一些也造成了严重的后果。在早期的海洋通信卫星上，多层隔热组件与航天器结构之间的静电放电(ESD)问题是通过接地解决的。这些微小火花放电产生的干扰足以造成监测电源分系统的遥测状态锁存器发生翻转，或使有效载荷通信电源掉电直到地面复位。

这些例子阐明了 EMC 规范在所有电子设备中的重要性。

16.3 电磁兼容规范

每一个航天器电磁兼容规范的产生和成文都依赖于它的任务，通常包括：

(1) 航天器级的要求并产生分系统要求/直至将要求分解到后面描述的 EMC 分类。

(2) 明确特定要求验证方法的细节。验证是通过检验/分析或试验来进行的。给定航天器/分系统或每一个电子单元级进行试验的要求。

(3) 有时设计准则要包括对特殊 EMC 问题的描述。例如，科学航天器如使用灵敏磁强计来测量行星磁场环境，就会对航天器制造过程中磁体或永磁材料的使用加以限制。

EMC 试验方法通常基于美军标 MIL-STD-461[3]。在欧洲和美国，它作为一个军用标准被广泛使用在地面军用和航天器电子硬件上。这个标准包含对电气、电子和机电设备、分系统和系统的 EMC 要求及试验限度并建立测试技术。

用来测试航天器/分系统和单机的地面支持设备的 EMC 规范有时会被写入单独的规范文件中。

16.4 电磁兼容——术语和定义

16.4.1 常用术语

下面介绍 EMC 领域的常用术语。

1. EMC——电磁兼容

这是一个描述所有类型电磁发射和电磁敏感性的泛称。它通常被分成以下四个方面的内容。

(1) 辐射发射：测量设备发射的所有电场和磁场信号。

(2) 传导发射：测量所有通过航天器电缆、线束和结构部件传导的电源、模拟和数字信号。

(3) 辐射敏感度：测量航天器置于外部电场或磁场环境中良好运行的能力。

(4) 传导敏感度:测量外部产生的传导干扰信号直接注入航天器电缆或结构时航天器的良好运行能力。

2. EMI——电磁干扰

系统产生的传导和辐射电磁干扰的泛称。

3. RFI——射频干扰

射频电场发射 EMI,通常指从 3 kHz 到 3000 GHz 的射频范围。

4. ESD——静电放电

如果两个充电电位不同的设备或系统放在一起就会出现静电放电。

航天器运载工具遭受雷击或汽车发动机火花点火都是静电放电的例子。当人体接触带静电的车身时会感觉到静电放电的发生。

当发生静电放电时,需要考虑两个主要影响:

(1) 火花放电会产生辐射电磁场。

(2) 传导放电的结果是有电流流过设备或系统。它可以瞬间在静电放电处产生几百或者偶尔上千安培的电流。

5. EMP——电磁脉冲

核爆炸时会产生强烈的电磁波。它的特点是在极短的时间内产生极高的电磁场。

它的首次发现是在 1943 年,用来监测第一颗原子弹爆炸的电子设备被电磁脉冲破坏。

从此,核加固就成为所有战略军事装备、政府通信设备和关键电子系统的重要需求。

16.5 EMC 基 础

16.5.1 基本电磁兼容问题及解决措施

所有的 EMC 问题都包含以下几个方面:

(1) 产生干扰发射的发射源或发射机。

(2) 接收干扰发射的接收机。

(3) 发射机和接收机之间干扰信号的传输或耦合路径。

如果干扰信号引起了接收机某种方式的误动作就会出现被干扰问题。

有三个可能的方法来减少发射机和接收机之间的电磁兼容问题。

(1) 减少发射辐射。

(2) 通过物理隔离来改变发射机和接收机之间干扰的传输或耦合路径。

(3) 降低接收机对干扰信号的敏感度。

很明显,减少发射辐射是最希望的方法,因为它是问题之源。然而,这个方法不总是可行的。

例如,航天器上遥测信号发射机的主要功能是产生射频信号并通过天线发射到地球。传输功率由链路设计、航天器的性能以及地面系统所支配。因此不能为了考虑 EMC 的问题就去降低射频发射。

相比之下,开关模式功率转换器也会产生射频发射。然而,它的主要目的通常是将直流电转换成不同的稳定电压。因此努力减少来自转换器的二次射频发射是重要的,也是可能的,即使这样会使转换器的效率略有降低。

在某些情况下通过物理隔离来改变发射机和接收机之间干扰的耦合路径也是有效的。尤利西斯号航天器就是一个例子。它的功能之一是测量太阳极区附近的磁场环境。为了减少来自航天器本体的磁干扰,磁力计传感器固定在一个 5.6 m 长的径向伸展臂上。

最后,第三个方法——降低接收机对干扰信号的敏感度,这个方法几乎总是可行的。例如,航天器电子设备接口中的滤波器是用来消除来自航天器电源和信号线脉冲的传导干扰。

16.6　电磁兼容的系统方法

EMC 方法中最重要的一个内容是,必须把航天器的定义、设计、制造和试验作为一个整体去考虑。

在航天器的基本需求被定义和规定之时,对 EMC 采用自顶向下的系统方法。它包含考察航天器任务需求的每一个方面,考虑每一个类型的 EMC 问题是如何影响的并得出详细的 EMC 要求和规范。

EMC 性能需要有系统余量和预算,就像功率预算应用于电源系统或指向预算分配给姿态和轨道控制系统一样。

16.6.1　电磁兼容的安全余量

电磁兼容的安全余量被定义为系统敏感度电平与系统发射电平之差。

例如,遥测信号发射机天线发送信号给地球时存在后向散射,安装在航天器平台上的电子设备就要求在这种环境中功能正常。系统设计者可能已计算了来自航天器任何位置的发射机在最坏情况下的发射场强,也就是 1 V/m。然而,对于其他电子单元敏感度的指标来说,单元的设计师需要加一个要求,即“单元对 10 V/m

的场强不敏感”。这样设计师就已经在发射指标和敏感度指标之间分配了 20 dB(×10)的安全余量。

这个余量的大小可能反映:

(1) 设计者计算的不确定性。

(2) 或许有来自几个设备的几个干扰源在系统级叠加在一起。

(3) 分系统或设备的关键性。

通常,在敏感性和发射之间的余量至少为 6 dB(×2),但是对于关键系统可以达到 20 dB,如火工品释放机构或军事系统。

16.7 电磁兼容分类

就像 16.4.1 节介绍的那样,电磁兼容主要可以分为辐射和传导两类,每一个类型又可以进一步被分为发射和敏感性,如图 16.1 所示。

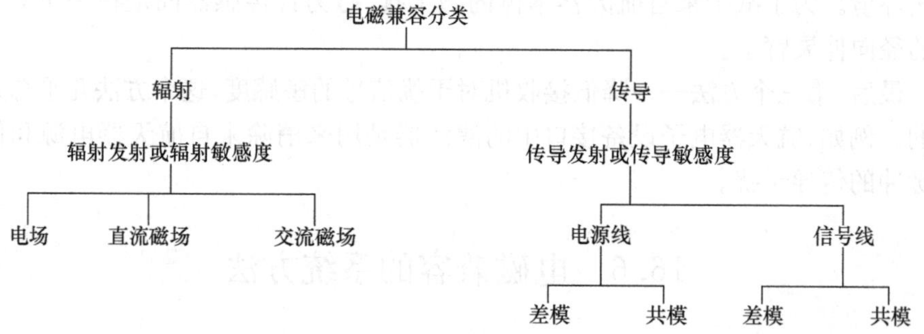

图 16.1 电磁兼容分类

16.7.1 辐射发射

辐射发射是从分系统或分系统间的线束和电缆发射的电场和交直流磁场。

1. 电场

无线电波由射频发射机或电子单元中的电缆以及单元间相互连接的电缆产生,就像小天线一样。它们被正式定义为正弦射频辐射,单位为 V/m,频段为 3 kHz～3000 GHz。对于大多数的航天器,通常要关注的频段为 15 kHz～30 GHz。

可以通过不同的天线来接收电场发射并用频谱分析仪来测量。为了避免外部电磁兼容的影响,测试中的设备和天线被密封在一个屏蔽的房间内。

可以通过以下方法减少电场发射:

(1) 为测试中的设备或分系统采取良好的接地和屏蔽措施。

(2) 选择与任务目标一致的低速的数字和模拟技术，尤其在分系统和电子单元的电路接口处。

(3) 单元内部所有的线束和连接器的有效屏蔽，然而更重要的是单元之间的屏蔽。措施有：采用屏蔽线、电缆连接器保护、同轴电缆、绞合线、电缆和电缆捆扎的整体屏蔽编织层等。几乎所有的电场发射问题的最小化可以通过对单元与分系统之间的线束、电缆和连接器采取足够的屏蔽和接地措施来实现。

(4) 可以将所有电子设备单元装入金属屏蔽盒或屏蔽壳内来实现其有效的接地和屏蔽。单机上的孔和缝隙都应该减至最小。为了避免缝隙，固定盒体盖子的螺钉间距应该尽量小。在极端情况下，相邻的金属零件之间(如盖子/接触零件)可以采用射频衬垫材料，虽然这只对高于几 MHz 的高频段有效。

(5) 金属零件/面板应该进行电搭接，相邻零部件的电阻要小于 10 mΩ。

2. 直流磁场

存在着固定的直流磁场，通常在 1 m 的距离上测量，单位为 pT。它由永磁体或直流电流产生并且不随时间变化。直流磁场的幅值是重要的，在用磁强计测量磁场的科学卫星上应尽量最小化。建造一个没有一点直流磁场的航天器是不可能的。因此当对敏感测试有要求时，磁强计通常固定在离卫星本体数米远外的伸展臂上。

可以采用以下措施减小直流磁场：

(1) 尽量少使用铁磁或永磁材料。

(2) 减小直流电或最小化电流环路的面积。

实际上，这两个措施并不能很好的实现。例如，变压器、电感器和继电器都依赖于铁磁材料才能工作。流量控制阀和电磁阀是通过控制喷气来控制姿态，它们都含有铁磁材料。甚至安装罐、整个电路的连接电缆和晶体管都是由永久镍合金制成的。

用“高导磁合金”材料作磁补偿或磁屏蔽可在关键的应用中成功发挥作用。通过给电子单元消磁来进一步减小直流磁场。它通常包括将设备单元放在一个通电产生交流磁通量密度的线圈中并将它的磁场慢慢减小至零。

3. 交流磁场或 B 磁场

这类磁场是随时间变化的磁场。它们是由电感电路产生，如变压器、电感器以及任何有交流电通过的电缆环路。它们也是在 1 m 的距离上用皮特斯拉作为单位来测量。交流磁场大多在 50 Hz 或 100 kHz 的频率范围内。当频率大于 100 kHz 时，电场将变得比磁场更重要。

可以采用以下方法来减小交流磁场：

(1) 减小设备或线束中交流电的幅值。

(2) 减小交流电路的环路面积。如果这一点不容易做到,那么可采用抑制或屏蔽技术——虽然经常只是取得有限的效果。应用抑制技术和"短路"技术也可以导致一定的衰减。在变压器外部缠上铜线圈就是"短路"的一个例子,并且不会影响变压器的正常工作。然而,任何外部杂散磁场将在线圈内感应出电流,反过来就会产生一个补偿磁场。

用锰游合金进行磁屏蔽有时是有效的,但仅限于频率小于 1 kHz 的情形。磁场是有方向性的,EMC 问题可以通过简单的移动或旋转干扰源来实现最小化。

16.7.2　辐射敏感度

单机或分系统对直流、交流辐射磁场或电场敏感会产生故障。

这些外加磁场会被分系统间的线束和电缆或单元内部电缆所捕获。这些感应信号可以在单机和电缆上产生传导信号,并使电路功能瞬间失效。在极端情况下,电接口会被永久损坏。

敏感性测试本质上是发射测试的倒转。在所需频率范围扫描的产生器产生射频功率馈给发射设备或航天器测试设备的各类天线。通常首先测量设备测试环境场强,然后将设备在其最敏感的模式下打开并进行敏感度测试。

16.7.3　传导发射

传导发射通常可分为来自电源线的发射和来自信号线的发射,进一步可分为差模或共模信号,如图 16.1 所示。

分系统中的噪声电路和元器件可以在航天器单元间的电源线和信号线上产生传导发射。这些传导发射通过单元间电缆的支架、外壳或屏蔽层传导至地面。

可以用电压或电流监测传导信号,它们可以显示在示波器或频谱分析仪上。

现在来解释差模和共模的不同。图 16.2 显示了分系统之间的典型信号接口,例如,在这些分系统中,数字信号正被从分系统 1 传送到分系统 2(数据处理分系统),以便后续的对地传输。

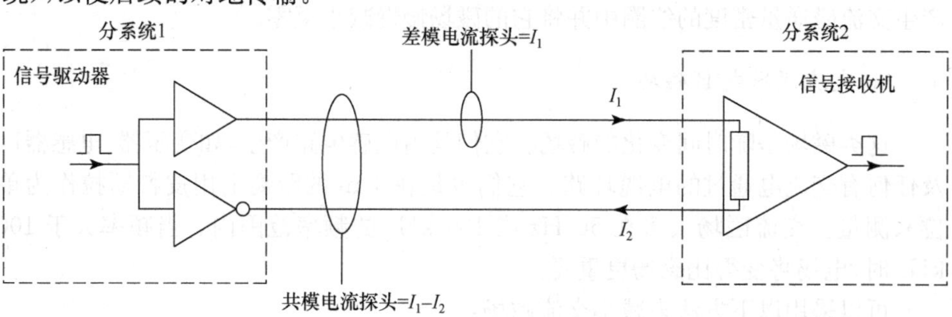

图 16.2　差模和共模信号

大多数的电源、模拟信号和数字信号在分系统之间的传输是通过“双线”接口，因为共模干扰在两根导线上同等地出现，这被定义为“共模噪声”。一根导线中的信号作为另一根导线的补充，也就是说，一根导线传输的是逻辑“1”数字信号，那么另一根导线传输的是逻辑“0”。接收信号或电源的接口电路仅被设计为通过检查两根导线间的相对信号来探测逻辑状态或信号传输状态。两个分系统间的共模电流是两根导线中传输电流的代数和。双线接口通常也用在模拟信号传输和航天器配电电路中。

在示意图中，差模电流可以用电流探测仪在任何一根导线周围测量电流 I_1 或 I_2。共模电流需要在两根电流的周围进行测量，这是为了测量前向电流(I_1-I_2)。接口间的差模电压信号和共模电压信号的定义也是同样的。

16.7.4 传导敏感度

单元或分系统会对航天器上线束或结构上的传导信号敏感而产生故障。

这些外加的电压或电流被直接注入分系统间的线束和电缆中或单元连接器的插针上。这些信号可引起暂时的故障，通常称为一个“毛刺”，或在极端的情况下电接口会被永久损坏。

传导敏感度测试本质上是传导发射的反向测试。

能扫过所需频段的正弦或脉冲信号发生器可以作为信号源。这些信号被功率放大并通过电流探针、变压器输入或电压信号直接输入到测试中的设备或航天器。通常先用示波器测量施加的信号，然后开机并处于最敏感模式下，测量其敏感度。

16.8 静电放电

静电放电也可以类似地分为两个方面：传导和辐射。

(1) 当静电放电发生时常常会有“火花”，如闪电。火花放电出现在航天器上的两个物体或部件之间，例如，人体和车门把手。火花的出现能产生非常大且非常短暂的覆盖很宽频段的电磁辐射发射脉冲。这一点可以通过在雷电时收听中长波段的广播时得以确认。如果有设备、线束、电缆接近火花放电就会在设备和线束中产生电流和电压。这就会引起暂时的故障，有时也会造成永久性设备接口的损坏。

静电放电辐射敏感度的测试包含产生一个已知能量的火花放电，通常距离设备及其线束 30 cm，监视被测设备所有的暂时性或永久性故障。

(2) 静电放电的第二个影响是传导电流和静电放电的路径。电流的幅值可达到 50000 A，上升时间为纳秒到微秒。如果将传导电流施加在设备接口上，即使是通过设备接口放电，也会造成设备的暂时故障或永久性损坏。

静电放电传导敏感度的测试通常包括直接输入来自火花放电或脉冲发生器的

电流脉冲至设备的结构、线束、连接器或敏感度显示器。

航天器周围环境的充电粒子可以引起附近的绝缘导电表面充电。在轨充电机理的报道可参见文献[4]。可以通过将航天器的所有部件与结构进行接地和搭接来避免充电,从而消除静电放电问题。

随着技术的进步,静电放电的重要性也在增加。真空管对于静电放电有很高的抵抗力。航天器上的半导体,尤其是高阻抗的金属氧化硅(metal oxide silicon, MOS)设备非常敏感,甚至是未采取预防措施而用手触摸设备所引起的最小的静电放电也能对其产生影响。一个工程师的手指可以产生 3.5 kV 的放电,它非常短暂以至于不能被察觉。然而,这些放电过程很容易造成敏感的半导体设备的损坏。有些半导体设备对于 50 V 的电压也很敏感。

基于这个原因,航天器洁净间和制造区域采取了特殊的预防措施以及接地的导电地板、凳子和椅子来最小化任何可能的充电聚集过程。操作过程中,手环通常用来将员工的静电导到大地。

16.9　航天器接地方案

在航天器的初始设计阶段,有几个基本问题需要回答:

(1) 航天器分系统间、分系统和有效载荷间传输的是什么类型的数字信号和模拟信号,每一个信号对数据传输率和带宽的要求是什么?

(2) 航天器电源分系统提供给航天器其他部分和有效载荷的功率是多少,是什么形式?例如,是以稳压还是不稳压形式的主母线电压值直接提供,还是转换后以稳压的形式提供较高电压或较低电压?

这些问题的答案或许是已知的,因为它们可以是客户定义的或者是在早期研究中已经确定的。例如,地球资源卫星的科学有效载荷和返回地面的遥测数据的数据处理分系统之间的数据传输率或许是每秒钟成百上千个兆字节。相比之下,通信卫星或许只有少量的后台星务数据。

类似地,装有主动微波载荷的航天器可以消耗数千瓦的功率,如合成孔径雷达(synthetic aperture radar, SAR),因此直接由主母线电源提供 28～120 V 的电压。小卫星以转换后的稳定的电压提供给有效载荷和分系统,或许是 5 V 和 12 V 或 15 V。

航天器接地方案明确了所有的模拟信号、数字信号和电源在航天器上是如何被分配和参考的。所有系统都有一个参考点或多个参考点,所有电信号和电源都以参考点作参考。这一点通常称为"0 V""大地""共用端""地"或"机壳"。

在任何航天器上,在理想情况下,无论系统中的信号是直流的(如电源线)还是交流的,如分系统间的数据信号,所有的共用端都有相同的电位。实际上不是这样,用导线连接的或通过航天器结构连通的两个点将不会都是“0 V”的电位,它与流过导线或结构的电流以及频率有关。

例如,如果在 10 cm 长的 24 Ga 地线中流过 1 A 的直流电,那么在导线的两端将会有非常小的电位差,或许是 10 mV(依据欧姆定律,导线电阻是 10 mΩ)。然而,如果测地线中流过的是频率为 10 MHz 的交流信号,导线将产生明显的阻抗(可能是 10 Ω,取决于导线的电感)。如果导线中有频率为 10 MHz 的 1 A 的电流流过,那么会有很大的电位差,本例中电位差为 10 V。所以,用导线连在一起的两点之间流过直流电时的电位差与流过由于导线电感产生的某一频率的交流电时的电位差是不相同的。

这个例子说明了定义所有的接口和接地,以及沿指定的路径或接口仅流过指定的信号和电源对于接地方案来说是很必要的。通过最小化信号和功率的共用路径来最小化信号间(或提供电压的电源信号)的干扰。

以航天器接地点作为参考的系统中任意一点的电位(直流)或噪声(交流)可由计算机计算或估计。接地方案图对于实现这一目标可以提供很有必要的帮助。

航天器上有三个常用的接地方案:

(1) 单点接地方案(single-pooint ground,SPG);

(2) 多点接地方案(multipoint ground,MPG);

(3) SPG/MPG 混合接地方案。

16.9.1 单点接地方案

图 16.3 是单点接地方案的一个例子,它显示了航天器两个分系统间电源和信号的连接关系。

单点接地方案有以下特征:

(1) 航天器上所有的电源和信号只有一个 0 V 参考点。

(2) 主母线电源通过一系列“双绞”电缆给每一个分系统供电。

(3) 所有的信号和回线电流在电缆中流动,而在航天器结构中没有电流流过。这一点对于一些科学卫星(如欧洲同步地球轨道卫星和尤利西斯航天器)尤为重要,这类航天器包含等离子体波探测装置,它们对航天器结构产生的噪声敏感。

(4) 0 V 线与航天器上仅有的一个 0 V 参考点连接在一起。这个连接点通常接近于电源分系统,但有时也位于数据处理分系统附近。

(5) 分系统间传输的单端数据信号的逻辑“1”和逻辑“0”电平值略有不同,这是因为点 A 与点 B 之间的电位有轻微的不同。图 16.3 中的信号电流路径显示了点 A 和点 B 将会有“交流”信号频率噪声出现,这是由于信号电流的流动,以及0 V 点与 A 点、0 V 点与 B 点间存在的交流阻抗。实际上,这不是一个严重的问题,这是因为逻辑集成电路芯片已经植入了“噪声免疫”。然而,如果在两个分系统间有

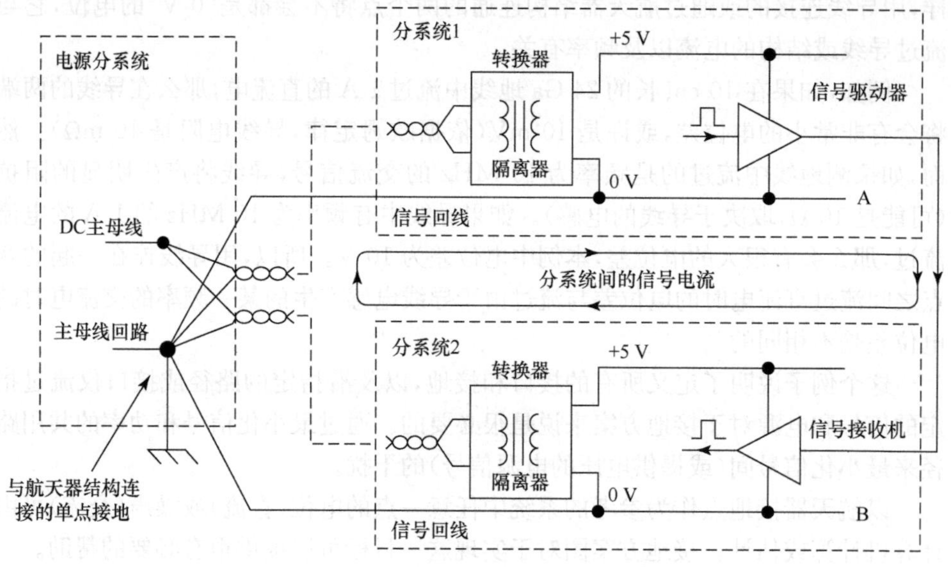

图 16.3 单点接地方案

许多很高频率的信号通过,那么这些点与 0 V 作参考的噪声将会足够大并引起问题。噪声可以引起数据信号上升沿和下降沿波形的失真。当噪声信号越过逻辑“0”和“1”的门限值并返回时,它将会在分系统之间的信号上产生“毛刺”或干扰脉冲。在当代航天器上,这些问题可通过使用图 16.2 中所示的差分驱动器和接收机或采用光耦接口电路来克服。它们通过红外信号开关来控制信息传输的接通与断开。光耦合器消除了分系统间电流信号的流动并且不受分系统间接地点噪声干扰。然而,当用于数据传输时,它们通常没有传统的接口电路快。

当分系统间有模拟信号通过时也会有类似的情形。例如,监测电流和电压的或用热敏电阻传感器监测温度的模拟遥测信号,通常使用双线接口(虽然它们经常与共用回线组成一组),目的是为了最小化分系统间的电缆并减少电缆束质量。

通常,在单元间的线束上使用屏蔽电缆和双绞电缆,目的是最小化模拟信号和数字信号的辐射发射和敏感度问题。

单点接地方案的主要缺点是:对于大系统,接地线将会数量众多,而且很长,这就使得线束很重。虽然对于低频系统或分布式直流电源,单点接地是理想的方法,但有时会出现问题,如长导线中流过的高频信号可产生明显的辐射发射。这个问题可通过采用多点接地方案来解决。

16.9.2 多点接地方案

多点接地方案将所有的信号地线和电源回线就近接入公共接地平面上。接地平面表面上的任何两点之间的电感非常小,因此即使是很高频率的地电流也不会在这个平面上的任何位置产生任何高于地电位的明显的噪声。

接地平面是一个平、薄、宽的导体,它优先使用镀铜材料。然而,它可以是任何大的、平的、薄的导体平面,如用在航天器平台上的铝蜂窝结构。这种几何形式为接地平面上的任何位置提供了很低的电感。

航天器上的碳纤维结构使用单独的平的、宽的、薄的由镀铜制成的导电条作为地平面,这是因为与铝相比碳纤维有相对高的电阻。

如果许多信号接口就近接入接地平面,那么在接地平面中就会有许多信号电流流过,但影响很小。这是因为接地平面的电感很小,也就是说整个航天器具有“几乎理想”的接地点。

图 16.4 是多点接地方案的一个例子。

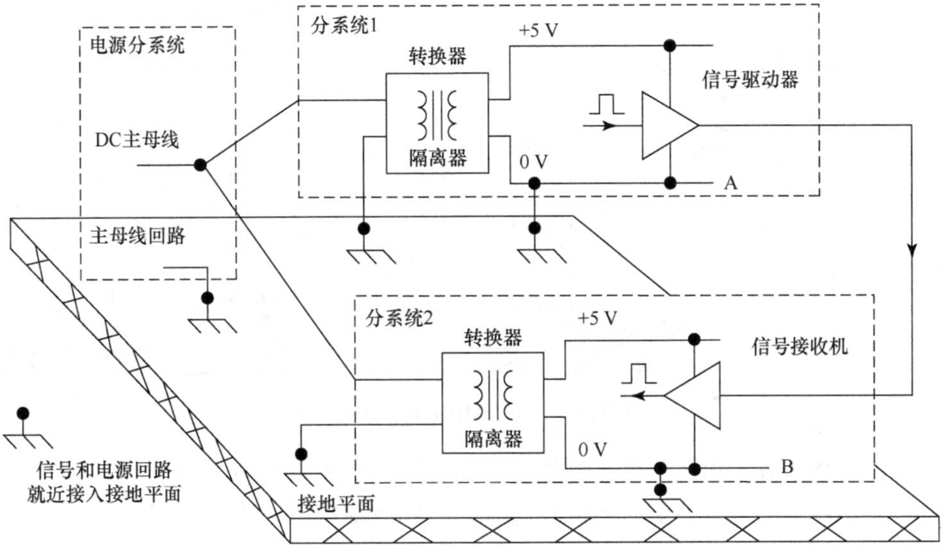

图 16.4 多点接地方案

就近连接到接地平面的方案使得分系统 1 上的逻辑电路接地与分系统 2 的电路接地紧密地耦合在一起。这就允许接口电路采用更快的逻辑电路系列工作在更高的频段(>30 MHz)。使用不同的信号驱动器、接收机、屏蔽电缆,如果可能,在分系统接口间使用光耦合器都是好的实践方法。

在一个航天器上可能会有几个接地平面,有一些位于每一个分系统的单个电子单机内。例如,可能有为逻辑电路、电机和螺线管的敏感的模拟信号和高电流数字驱动器设置的单独的接地平面。这些预防措施用来最小化处理不同信号、不同系统间的交叉耦合。例如,逻辑接地平面可以处理接地平面中带有几个毫安电流的 0~5 V 的逻辑信号。相比之下,电机驱动或开关模式功率转换器电路的单独接地平面可以处理接地平面中感应出的 50 V、1 A 尖峰信号。

16.9.3　SPG/MPG 混合接地方案

航天器上为了利用以上两种接地的方案的优点而采取混合接地的方案是很普遍的。例如,一个典型的策略是所有数字传输信号即大电流数字驱动都用单独的接地平面的多点接地方案,而配电和模拟信号采用单点接地方案。单点接地点和多点接地点如图 16.5 所示。

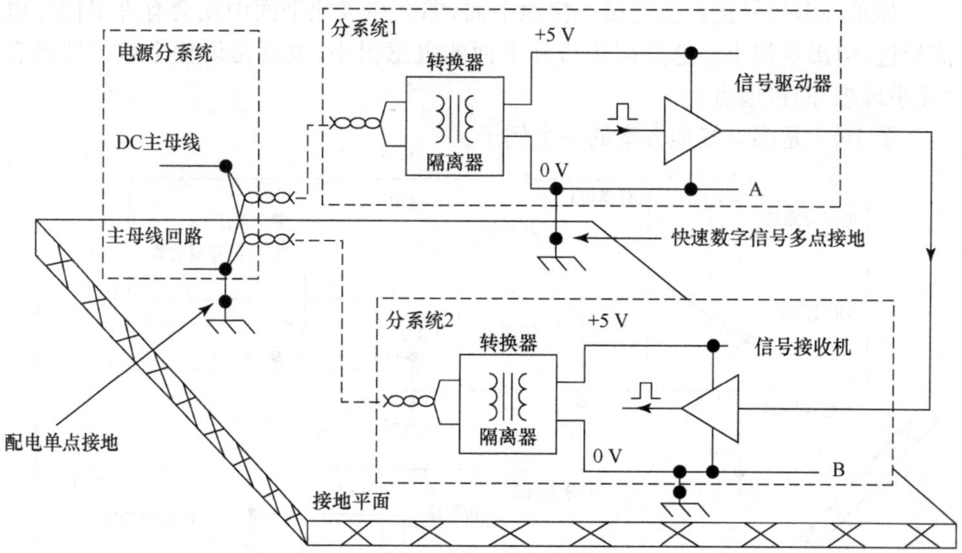

图 16.5　SPG/ MPG 混合接地方案

混合接地方案提供了多点接地方案的良好高频性能的优点,同时提供了单点接地方案优秀的隔离性能并为低频/模拟或供电线路消除了接地环路。

16.10　航天器电磁兼容问题的主要原因

16.10.1　供电

供电,尤其是开关模式功率转换器,通常是航天器上电磁兼容问题的主要原因。它们通常将主母线直流电源转化为其他形式的规则电压提供给分系统、有效载荷和独立的电子单元。它们使用工作频率可达几 MHz 的晶体管电源开关将一次直流输入电压转化为矩形交流信号。在将产生的交流信号转变回新的直流电压之前,先将其加载到变压器上产生几个不同的交流电压。数据处理分系统单元中的一个典型的转换器可以将一个输入的 28 V 的直流主电源转化为一个 5 V 和两个 12 V 的电压。

开关晶体管的工作速度、磁性元器件的使用与高电压和循环电流的组合产生了在基本开关频率附近的电磁发射，大多数是谐波电磁发射。如果不采取有效的预防措施，射频辐射可以扩展至几十甚至成百上千 MHz 的范围。

减少转化器辐射干扰的最有效的办法就是通过减慢晶体管开关速度来从源头上减少辐射。晶体管电压和电流的减小也是必要的，它们不可避免地会与转换过程相关。除此之外，必须密切关注印制电路板、单元布局和 16.7 节中的屏蔽规定。原型样机的早期测试可以发现问题，否则在设备的飞行件已经制造和交付后，电路布局问题的修改是非常昂贵的。

航天器上转换器到机箱或其他电缆上的传导干扰电流也是需要注意的。由于杂散电容效应，快速晶体管开关时间和高电压处理可以引起电流与航天器机构和其他电缆的耦合。因为电容与距离成反比，所以这些问题会由于越来越小的供电趋势而变得更加严重。为使热问题最小化，使发热元件与机壳紧密连接也可引起这些问题。此外，变压器绕组间的杂散电容可引起主母线反向或对转换器负载产生干扰。

绕组间的铜箔屏蔽可以减少这些问题。而且，电感和变压器元器件的参数仔细选择可以减少磁场泄漏问题。

二极管常常用来将高频交流信号转换为直流信号。这些整流二极管快速的开、关动作也会在转换器开关频率的谐振频率上产生辐射发射从而引起问题。名为“缓冲电路”的特殊电路(通常在每一个二极管上并联一个电容和电阻)可以降低二极管的开关时间从而减少此问题的发生。

16.10.2 直流电机和驱动器

电机和驱动器的电感特性、脉冲宽度调制特性以及驱动信号的快速上升和下降时间意味着这些器件在供电的开关模式上有着相似的电磁兼容问题。合成电压和电流波形及其谐波可引起辐射干扰和传导干扰。这就要求采取类似的避免措施。

16.10.3 线束和电缆

有相当大比例的辐射发射和传导发射及敏感度问题是由航天器线束引起的。然而，线束是完全被动的，其自身不能产生辐射信号，也不对辐射信号敏感。线束可以辐射发射和传导电信号，而这些电信号是由位于线束两端的发射机和接收机施加在线束上的。

电磁场发射由线束产生，而且也对这些信号敏感。它可以通过以下措施减至最小：

(1) 对系统采取适当的接地和搭接措施。

(2) 按照电源、火工品、噪声(数字)和无噪(模拟)信号对线束分区并物理隔离。

(3) 要仔细关注接口电路设计,必要的地方使用匹配驱动器、发射机和电缆,以至于电缆看起来更像传输线。

(4) 使每一个传输信号的电特性与相关驱动电路性能、线缆特性和接收机接口电路特性相匹配。例如,对于分系统间传输数据信号的接口,减缓逻辑信号的升降时间,也就是逻辑电平从“0”到“1”或反过来的情况。也就是说设计最慢的驱动器和接收机接口电路以及线缆的特性能成功地传输这些信号即可。减缓这些信号,同时也降低所使用的电压和电流,由此来阻止出现在线缆中不希望的噪声和相关谐频及随之产生的电磁场辐射。专用的滤波连接器也有减缓作用,或对信号和电源线进行滤波。

(5) 在信号接口间使用独立的屏蔽或双绞线措施,并且接口任一端部的连接器的金属后壳内的屏蔽末端要实现电连接。关键的情况下,完全屏蔽或金属编织是合适的,可以采用导电带实现其和连接器导电后壳的连接。

线束的传导发射抑制强烈地依赖于接口电路设计以及系统或设备所采用的全面的接地方案。

16.11 航天器电磁兼容工程的分析方法

辐射电磁场的计算机分析是很困难的,这是因为它强烈地依赖于环境的精确的物理模型。精确地预测出现的频域和时域干扰的本质也是困难的。这就是大多数的航天器承包商在设计阶段采用预防措施,而在早期研制过程中进行电磁兼容测试以及测试结果分析来描述和确定问题的原因。

用经过测试的分析软件,如 PSpice^{R}[5] 进行传导干扰的分析能取得更多的成功,并得到了广泛使用。对于电源线滤波的输入输出响应、数字和模拟信号线的接口电路以及接地图来说,采用计算机软件是容易精确模拟和预测的。此外,产生大量正弦和脉冲干扰信号来测试所有传导性电源和数字/模拟接口的传导敏感度的计算机仿真是容易实现的。也可以精确地预测干扰信号的微分响应。

然而,当预测接口的共模响应时需要特别小心。正确的仿真结果主要依赖于正确的杂散电容模型、线束之间以及线束与机壳的耦合。

也要对高于 10～100 MHz 区间的频率加以注意,这是因为在这些频段或高于这个频段时,典型元件的计算机模型不能被准确模拟。关于这一点,一个好的例子就是 GHz 区低频模拟电路对射频辐射的响应。除非屏蔽充分,否则这些射频场能造成直流特性的微小改变和集成电路的偏移。这会使模拟电路性能产生不希望的变化。

Ken M. Redford

British Aerospace, Bristol

参考文献

[1] Clayton R. Paul (1992) Introduction to Electromagnetic Compatibility, John Wiley & Sons, Inc., New York.

[2] Morgan, D. and Peregrinus, P. (1995) A Handbook of EMC Testing and Measurement, IEEEPress.

[3] Requirements for the Control of Electromagnetic Interference Characteristics of Subsystems and Equipment, MIL-STD-461F, December 2007, USA Department of Defense Interface Standard.

[4] Hasting, D. and Garrett, H. (1996) Spacecraft-Environment Interactions, Cambridge University Press, New York.

[5] PSpice^{R}, Cadence Design Systems, Inc., San Jose, CA, USA, Web address: www.cadence.com.

17 装配、集成和验证

17.1 简　　介

前面的章节已经说明很多工程学科协同工作设计出能够完全满足特定任务目标的航天器。在此我们讨论装配、集成和验证(AIV)——是在很高置信和概率水准层面验证硬件会完成期望任务的工程科目。AIV过程包括对很多组件、部件和生产出的分系统进行装配,接下来对航天器飞行件进行集成和测试。这是硬件研制阶段很常见的过程,一般称之为装配、集成和试验(AIT)过程。

然而还有很多其他服务于验证目标的过程和工作。验证过程从设计阶段就开始。先看一下在AIV领域使用的一些概念和术语,然后再介绍如何通过精心计划把验证(和试验)活动融入到整个航天器计划中——不只是从制造到发射,而是从项目的开发阶段开始。我们将看到验证计划如何决定或影响后勤计划——完成验证目标的硬件数量、试验设施和试验设备的提供,以及验证任务为什么在整个工程中占据很大的比例等。

17.2 术语定义

下面术语和概念的理解将对验证过程的理解有帮助作用。

装配——把来自不同供应商的大大小小硬件部件组装在一起成为可交付的航天器的机械过程。这些组件从航天器结构、推进舱、航天器电子学分系统、有效载荷探测器和数据处理机,到电缆、多层隔热组件、螺栓和垫圈等。

在装配过程中将使用核准过的和批准过的程序和规范来进行,例如,黏结剂的使用、螺栓力矩、漆的使用和表面处理等。

集成——将组件设备通过控制和测量步骤进行物理上和功能上组合的过程。简单地说就是组合后所有组件都能够很好工作,两个组件之间的每个接口都需要证明是正确的,功率是否去了正确的地方;单元A的输出电压是否是B所希望的;单元B是否获得了希望的电流;测量点的每个数据是否都编码和采样到正确的遥测数据包中。

但是,集成包括的内容不仅仅是电信号,例如,需要检查探测器的视场、展开空间是否无障碍并有余量,而且还包括验证系统级软件和硬件接口。在设计早期阶段解决这些问题可能是比较容易的,然而当组件从不同供应商交付后会发现错误和理解不一致的地方，接口相互矛盾的问题在此时也将被发现。

集成阶段结束的标志是清楚所有功能配置。

验证——证明符合所有应用性能要求的全部过程。验证主要包括两个主要目的：

(1) 第一个目的是鉴定，证明航天器设计完全能够满足所有可适用的需求，即适用并满足计划任务并留有余量，意味着鉴定试验条件要超过飞行环境条件。

鉴定试验并不一定需要飞行件，任何正确地按照飞行设计标准研制的硬件都可以用于鉴定试验。鉴定可以继承，也就是说已经取得鉴定的设计，特别是已经经历过飞行，如果新任务环境不比以前的任务环境更加恶劣，则对于未来任务自动具备鉴定资格。相反，对于新环境的相同设计必须进行重新鉴定。

(2) 第二个目的是验收，证明最终产品的飞行件没有工艺和材料上的缺陷、装配和集成过程中没有引入错误。验收非常重要的先决条件是确认飞行件按照合格的设计完成建造。

根据不同原则和需求及建造的不同阶段可能采用不同的验证方法，经常采用相互组合的方式。验证的主要方法有四种：

(1) 试验——优选的验证方法，包括①有代表性的外部影响作为激励输入给硬件，或仿真外部环境(如振动、温度、光或辐射源等)；②用电信号(来自航天器或者临时安装的非飞行探测器)、物理运动和遥测数据等的形式测量响应。每次试验结果预期在规定的数值范围内。我们经常寻找对激励没有响应的情形(不应该发生这类事件)。试验阶段也包含测量，如测量航天器质量特性(质量、质心)，通过测量校准参数获取指向方向。

(2) 分析。如果通过试验验证或其他方法进行验证在物理上不可行或费用非常高则使用分析技术，用数学模型和计算仿真，分析的一个子类型就是相似度分析。据此，需求可以通过直接但详细的与其他任务的逐项参数比较得到验证，包括每个硬件和试验条件进行比较。

(3) 检验也是验证的一种方法，确定和规定的结构特性、工程图纸、物理特性及工艺标准的符合性。可以使用实验室标准计量试验设备进行检验，检验包括质量保证人员按照规定程序得出的结论证明。

(4) 设计评审也是验证的一种方法，该验证方法是查看批准的设计报告、技术说明书和工程图纸，以及支撑这些文件的措施有效的证据，以确切表明满足需求。设计评审的一个应用就是说明以前用的设备设计是合格的，不必再进行鉴定分析或试验。

验证等级——硬件结构范围内相关的实施验证的等级。根据详细程度验证可以分为航天器级、舱段或分系统级、单元级、设备级或组件级。

在本章将描述航天器级的 AIV，航天器可能包括服务舱和有效载荷舱，每个舱都是各种分系统、单元("黑盒子")和设备(可展开、伸展天线和太阳能电池阵)安装在主结构上装配而成。出于若干理由,AIV 过程可以分成舱段级、分系统级、单元级或组件级:

(1) 一般在计划中越早发现反常现象、错误和失效,改正就越容易。

(2) 在发货前,合同管理需要单元或设备制造商对硬件的性能进行证明和展示并记录。

(3) 对小项目进行试验更简单、更经济并更实际,因为用来安装整个航天器的、空间足够大的专门试验设备可能无法获得。

整个计划始终需要频繁的再验证来保证性能没有发生变化、没有发生失效。在最后一天最终综合试验表明飞行组件(即将发射的航天器)已"整装待发",没有比这更美好的了!

17.3 验证计划

图 17.1 所示的流程图是从 ECSS-E-ST-10-02C[1] 文件中得来,即欧洲合作航天标准(ECSS)的验证工程标准,其他航天机构也有类似的标准,流程图给出计划进程和所需要文档之间的关系以完成最终验证计划。最顶层是客户需求,不仅包括运行阶段任务规定的需求,也包括很多可适用的需求,后者包括用户规定的供应商、试验设备和发射系统、同地面段之间的接口、安全范围需求、国际协议(如 ITU)、制造工艺使用的标准等。

项目一启动,AIV 工程队伍就要开始分析需求以区别计划和成本动因(如购买设备费用或者长期试验费用等)并给出验证计划。第一项任务就是准备验证矩阵,列出所有需求,每项需求制定若干决策。

首先,如何验证需求。也就是验证方法——分析、试验、设计评审或检验。

其次,在什么阶段对需求进行验证。这就是验证等级——航天器级、舱段级、分系统级或设备级。

同时,在哪里进行验证。我们需要确保在需要的时候有合适的试验设备可用,特别是那些必须开发或升级的设备。

可能涉及安全关键特性和任务关键特性的任何地方都要选用试验验证。它是性能直接、直观的展示或测量(只要它能给出明确的验证是"继续"还是"停止"的结论)。每次测量结果是否都在可接受范围内?试验验证本身有时也是不现实的,或者试验验证也不是在合理时间范围内能够覆盖所有任务情况。以行星着陆器为例,可以在地球表面找到或建设一个有代表性的着陆点(沙子或岩石表面),如果行星重力与大气参数和地球不一样,则这种端到端的从大气层进入到软着陆试验来

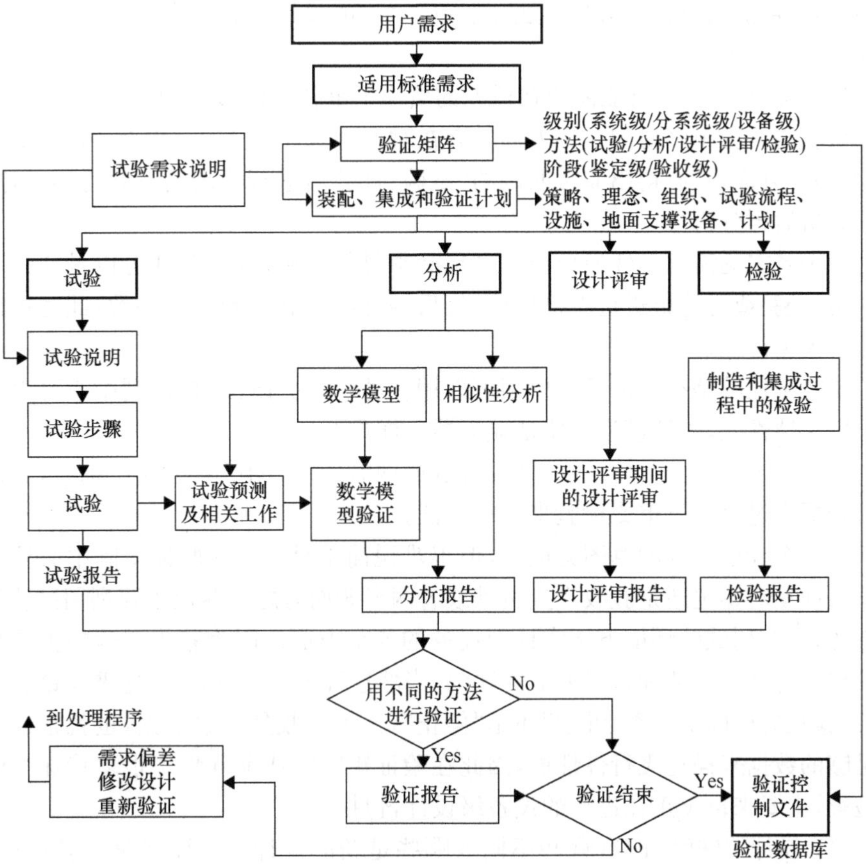

图 17.1 验证计划(来自 ECSS-E-ST-10-02C[1])

完全验证降落伞着陆系统是不现实的。

因此需要用分析验证法来替代或补充。分析应尽早进行并区分出哪些是好的设计,哪些设计是不可行的,在任何硬件加工之前应先完成整个航天器和任务的分析工作。为了能够表征航天器所处工作环境,开发了很多精细的数学模型和仿真软件,包括机械负荷、热辐射和热传导(在行星大气中还有对流)等外界环境激励。随着航天器详细设计的进行,如输入航天器所选材料特性、分系统设计和布局、技术发展结果等,模型逐步改进并进行重新计算,可以预知航天器的特性。超出规定范围的分析结果需要调查是模型错误还是设计不适当。

就像试验不总是现实的一样,分析可能过于复杂,或者模型具有不确定性,分析结果的可信度可能不高,因此分析和试验经常结合起来完成验证工作,例如:

(1) 航天器性能分析可以用较低级设备试验结果作支撑。

(2) 分析预计试验结果,对预计结果和实测结果或观察结果进行比较,如果它们不一致,可能需要修改分析方法,或者已完成的设计没有在模型中很好体现,或者设计不够完善。

(3) 模型改进后,可能需要在适度的费用下重新运行,试验可能会很昂贵并且重复试验需要花很多时间。一方面只有在对模型充分自信的基础上才能开始进行试验,另一方面,只有得出非常明确的“试验目的”后进行物理测量并得出结论,而不是分析后再分析。

一个基本的需求是任何分析本身也必须是经过验证的,验证可以是通过以前的应用、经验或对分析进行严格试验,最后预计结果和实测结果一致,此时可以宣布数学模型已经过“验证”。

值得记住的是有效的验证模型可以用在整个任务阶段,在控制中心可以预计航天器在轨性能,验证模型和验证航天器一样重要。

当对需要通过分析验证或试验验证(或两者同时)的所有需求识别后,其他的需求则要通过设计评审或检验来进行验证。

第一个验证矩阵的草图完成了,但很难说简单易行。在验证矩阵中必须区分验证活动是对鉴定还是验收产生贡献或者两者兼而有之。鉴定主要利用试验和分析方法,在系列试验环境下探索计划任务的各个方面。因为验收试验的主要目的是发现飞行件在工艺和材料方面的缺陷,当然这种事情很少发生,主要是试验和检验,试验只需要确认是否“继续”还是“停止”,而不是收集大量数据,也就是通过记录足够的数据来描述飞行件性能,因此在验证矩阵完成前计划中很多特殊方面需要检查,主要来自于正在进行的设备级设计,包括:

(1) 设计特殊性,即有哪些不同或哪些是新的设计。设计将驱动验证过程。体积非常重要,试验设备是否足够大并有足够能力用于大型、沉重的航天器?大型航天器(如 Envisat 或 Newton)是否需要分成舱段进行试验或运输?设备洁净度是否能够满足用于生物净化的行星着陆器?大型光学反射镜需要保持洁净度,洁净度的保持是 Herschel 航天器(图 17.2)装配和试验中非常重要的环节。

(2) 必要的验证工具和技术是否具备,包括硬件工具(试验和计量设备)和软件工具,如果不具备,则需要开发(自身也需要验证),或者用替代方法解决。是否能够提供低温环境验证红外望远镜检测器噪声?如何模拟微重力环境(用试验或模型)?

(3) 硬件的鉴定状态如何,以前是否经历并通过了鉴定过程,环境条件是否相同。如果经历了鉴定验证,则不需要再鉴定。如果是在不同的飞行环境下进行的鉴定,则对于新环境需要重新鉴定,对于中间状态采用“增量鉴定”方法,硬件可能需要机械环境试验鉴定,但不需要热试验鉴定(如果使用不同的发射器把航天器送入和先前类似任务相同的轨道)。

图 17.2　Herschel 航天器进行反射镜系统校准，光学表面和热表面需要严格的洁净度控制

(4) 回答这些类似问题可能会修改最初的验证矩阵，但还有许多计划需要去完成！

17.4　分析和试验之间的关系

需要认识到没有试验能够真实、全面代表任务所处的环境。很长时间机械试验都是每次在一个线性轴上实施，但现在的试验设备在三个轴上同时实施，甚至是在六个自由度方向上同时进行——和现实更加接近，但永远不是发射状态的准确模拟。

关于热控情况，在不同任务阶段有很多不同的热环境需要考虑——发射、转移轨道、远地点、近地点、阴影区和光照区等。椭圆轨道热环境在轨道周期内缓慢变化，但在阴影区和光照区过渡时变化是非常剧烈的。由于热控表面性能退化，寿命初期和寿命末期的热环境是变化的。行星探测将面临更多的热环境——在途中和到达最终行星轨道。

对每种飞行状态试验热控性能是不现实的，对一些状态也不可能进行长期试验。试验中用灯模拟太阳，液氮制冷的热沉代表冷空视场，它们并不是“真实”的，因此图 17.3 的逻辑描述应用于：

(1) 列出任务方案并用模型预计在所有任务状态下热控分系统的性能。

(2) 选择要试验的飞行状态(即试验状态)，这些状态有可能是较关键和复杂的飞行状态，可以肯定地说模型具有不确定性，必须对试验状态间典型的转换模式进行规定。如果模型置信度高,则试验可以减少。

(3) 飞行模型调整至试验状态,包括热平衡试验设备的定标性能和特征,如灯模拟太阳的输入参数以及热控表面“看”热沉而不是看冷空(在一些方向上可能存在试验设施遮挡) 的视场因子。通过试验设施和试验电缆传导的热泄漏效应需要考虑,试验工况下热控分系统性能需进行预计。

(4) 硬件热试验工况进行试验并得到实际试验结果,试验结果和试验预计结果进行比较。

(5) 如果结果一致,认为模型是有效的,如果不一致,需要研究异常和不一致原因。如果试验结果是在规定的范围内,但和预期有差异,则需要研究模型直至异常能够得到合理解释,并从修正后的模型得出新的飞行预计。如果试验结果不在规定的范围内,或者修改规定范围并容忍小的不一致,或者在一定程度上重新设计修改硬件。届时,模型就需要修改并反映新设计,重新运行以修改飞行预计。根据差异和设计修改的严重程度,有些试验可能需要重新进行。

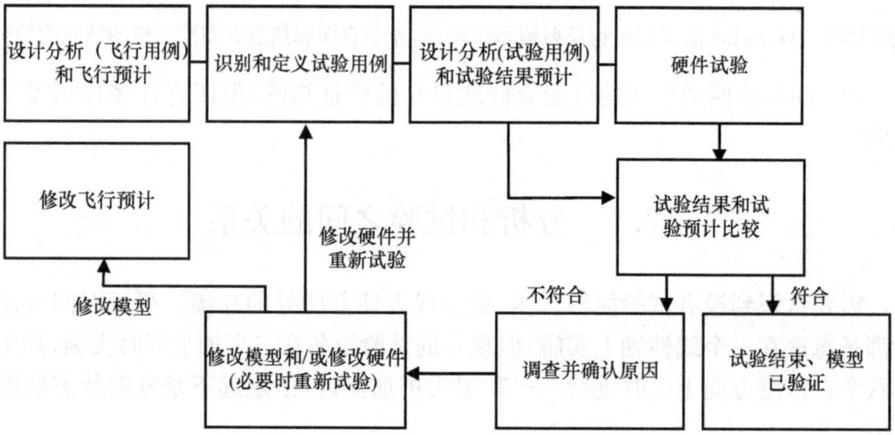

图 17.3 分析和试验之间的关系

17.5 AIV 计 划

实际上,航天器主承包商将有一定数量的分合同商,每家提供计划的硬件或软件,主承包商在整个项目中负责高效且生效的 AIV 计划及其执行:

(1) 确保所有参与者和分合同商明确他们的责任,在他们的层面上通过达成一致意见的方法来实现验证目标。

(2) 按照逻辑顺序对硬件和软件进行装配和集成,计划决定设备以及分析结果和模型交付时间表,计划也应该包括一些偶然因素如何应对,如设备级延迟交付和产生的问题等。

(3) 规划和执行试验计划、硬件的检验和测量来支持验证计划。试验计划包括试验设备的经费、试验和服务设备、试验仪器、运输计划和员工培训等。

(4) 对产品实施足够多的"健康检查",移动、运输装载或者不恰当环境可能损伤硬件并引发错误。在运输或试验中是否传感器或推力器被撞击导致失准,推进剂系统是否有"泄漏"。

(5) 发现性能指标下降趋势。随着使用电池容量缓慢下降吗?长期工作后温度传感器定标会变化吗?

(6) 给用户、发射服务商及其他合同商明确地展示成功完成所有验证级别关键鉴定和验收试验。

(7) 确保所有必需的验证活动在发射前全部完成。发射日期可能来自科学需求驱动,如行星探测发射窗口。如果航天器运行状态延迟,商业通信卫星用户将遭受收益损失。航天器试验时间越长,花费越多。

(8) 记录并存档所有的验证结果,包括分析、测量结果及结论。验收试验数据不仅用于证明飞行准备就绪,也用于任务控制中心描述飞行件的特性。

(9) 在试验计划中实施预防措施,在所有时间保证航天器硬件和工作人员的安全。航天器可能包括很多火工品、展开机构、充电电池、高压、大电流源、射频辐射和放射性同位素。推进剂系统存在压力、有毒液体(氮气也可使人窒息)。错误的设计或者没有维护好的升降设备可导致硬件坠落,很可能会落到某人身上。

(10) 确保和持续确认上述类似活动在低一级供货商提供的硬件上都完成了类似这些工作,所有的试验、分析、检验记录和硬件一起交付航天器集成平台。

(11) 最后,在费用限制范围内及时向用户交付产品,作为计划进程非常重要一点是要知道在什么时候合同交付。在欧洲,科学和对地观测航天器一般运输到发射场前先交付给机构类用户,在这个阶段可能还有一些验证工作没有完成,在和用户达成一致意见的条件下,他们将实施发射准备阶段和在轨验证阶段。通常对于商业计划和商业用户,需要航天器在完全工作的状态下进行合同交付,即在轨试验阶段结束后进行交付。

17.6　常规试验

总而言之,我们已看到验证计划决定每项需求将如何验证,现在需要计划 AIT 程序中包括的所有验证活动,所有活动或部分活动需要试验。

回顾图 17.1,我们看到验证计划引导出试验计划,包括:

(1) 试验说明——准确定义如何进行各种不同的试验,在各种试验中需要测量哪些量。

(2) 设备计划——对设备所需要的性能参数进行明确和验证,包括明确被测硬件和试验设备之间的所有接口参数。

(3) 运输计划——被测硬件如何往返于不同试验场地。

同时,一系列专门的试验设备和运输、操作、存储设备即试验阶段所需要的所有设备的需求都在不断发展。还可能提出特殊的设备和设施需求,如保持洁净度,保护光学、热和其他敏感表面及传感器或实施行星探测保护等。是否有特殊风险?在重力环境下大型天线和太阳能电池阵展开试验是否需要特殊的试验设备?

值得注意的是航天器必须具有"可测性",AIT 工程师要求航天器设计需要考虑快速建立试验条件的要求是可接受的,包括在结构设计上加吊装环,或者是单元通过连接电缆在航天器舱体外安装试验接口,而不用每次试验都要拆除侧板等。

航天硬件试验需求在欧洲标准 ECSS-E-10-03A——航天工程、试验中进行了综合性的规定,其他机构也有类似的标准。这些文件对所有级别的试验都适用,直到设备级。所有级别的试验都是对整体试验的一份贡献,试验级别虽然不同,但原理相似,但此处我们主要集中在航天器级别硬件的试验活动。

17.6.1 装配和集成

最后,硬件到 AIT 厂房,开始进行装配和集成。第一项任务就是根据设计建造标准和试验目的将设备和分系统装配、集成成为一个可运行的系统。

作为装配和集成活动的一部分,传感器、推力器和天线将以卫星轴为参考进行校准,并对校准参数进行记录,设备安装到航天器结构上之后,对展开设备进行功能性验证。

17.6.2 功能和性能试验

集成阶段之后的关键试验是系统集成试验(IST),验证航天器级所有协同工作部件的性能。它包括备份试验、应急模式和可预见的工作状态转化试验,一般试验按照反映工作状态的顺序进行——发射、转移轨道、最终轨道等。系统集成试验(IST)有时也称为系统功能试验(SFT),在试验活动最后要重复一次。系统功能试验经常安排在试验计划的中间进行,即在一系列机械试验之后、热试验开始之前。

相关的一项试验内容是系统集成检查(ISC),或者称为简化系统功能试验(AFT),是 IST 试验的一个子集,目的是验证所有主要的电和电子功能工作正常,以验证航天器在合理的短时间内置于给定的试验环境能够存活下来。因此在每次环境试验结束后都要进行 AFT 试验(如在两项机械试验之间),或者在环境试验期间的适当时间进行 AFT 试验(环境条件加载过程中)。类似地在环境试验过程中要对机械、展开机构、阀门及其他活动部件进行机械功能试验。

第一次 IST 为后面的 ISTs 和 ISCs 结果建立比对基线，识别性能中磨损效应和老化效应趋势，发现试验过程中诱发的失效（并明确识别引起失效的试验项目）。

同样地，IST 和 ISC 在试验中重复进行，因此校准测量和检漏在同一个阶段都要进行试验，发现损毁或退化。

17.6.3 试验评审

在正式试验中准确知道航天器建造标准并对所有正式试验进行记录非常重要，在试验准备就绪评审（TRR）时进行检查，TRR 也要对试验设备和试验仪器、试验步骤和人员是否就绪进行检查并给出继续并开始试验的结论。建造标准非常重要，不论付出多少努力要确保试验硬件是飞行状态，和理想情况有一些偏差是可能的。例如，为了连接试验插头，多层隔热组件或卫星面板在一些试验时并没有参加。试验加速度、应变仪、热偶和其他设备及电缆需要安装，这些是可预计和可接受的差别，这些在试验中进行了规定，合并在设计建造标准中的试验部分并反映在试验计划中。

有时可能达不到设计建造标准要求。由于计划推迟，一些小的设备可能还没到位，或者由于故障而缺席，试验时这些设备可能不参加或者由等效设备代替，和建造标准要求的差别在不妨碍试验目的实现时，试验仍然可以进行，关键任务是对试验计划中的每个试验阶段都要作详细记录。实际建造标准和设计建造标准要作比对，航天器建造的每项都要记录，按照部件和系列号进行记录，这些记录可以为试验阶段的建模和试验后的分析提供依据。

每项试验结束后，试验评审委员会（TRB）对结果进行评审并确保对任何异常进行了正确的评估。TRB 批准拆除试验设备或者要求重新试验。

17.6.4 环境试验

当第一次系统集成试验（IST）满意结束后，硬件就具备了开展环境试验的条件。①证明整个系统的功能和性能在模拟飞行环境试验中和试验后工作正常，②分析和试验相结合对模型进行验证，③识别工艺和材料方面的缺陷。

如何检测工艺和材料方面的缺陷呢？例如，振动和噪声试验可以快速发现螺栓和连接器松动、导线和结构部件应力点（某些设备可能会断裂或者变得松动并发出喀喀声），另外试验设备能够记录共振和大的幅度位移，噪声试验中大面积（如遮阳板、保护罩和天线反射面）结构更容易发生挣脱或摇摆，试验中的视频记录是观察这些效应的有效工具。

热循环试验（极端高温和低温重复试验）将引发热膨胀和收缩，会暴露出虚焊、接地不良等问题。在整个环境试验阶段，测量结果将编辑到航天器数据库中——遥测数据如何根据外部环境或者响应遥控指挥状态的改变而变化。

收集特征数据和硬件标定数据,提交地面段作为任务期间业务运行的参考数据。

17.6.5　余量

设计和试验都要留一定余量,对试验环境条件下最坏的极端环境(包括鉴定级条件)留一定余量。我们可以用设备温度条件作为例子。试验余量规定(图 17.4)从预计设备在轨服务温度范围开始,边界是预计的最高工作温度(最坏情况)和预计的最低工作温度(最坏情况)。

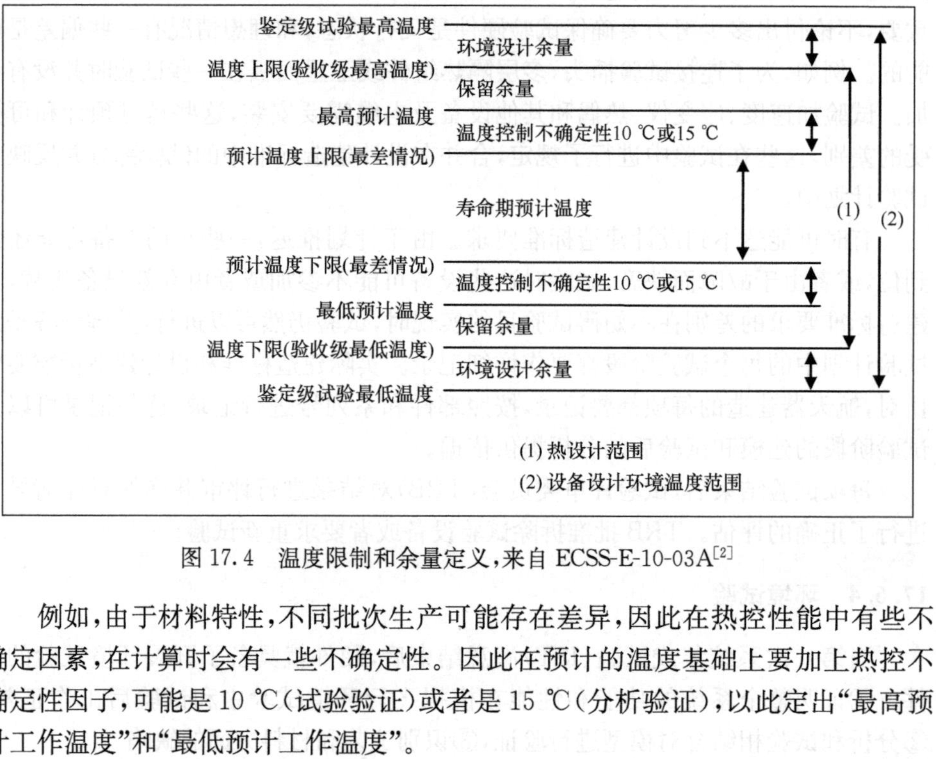

图 17.4　温度限制和余量定义,来自 ECSS-E-10-03A[2]

例如,由于材料特性,不同批次生产可能存在差异,因此在热控性能中有些不确定因素,在计算时会有一些不确定性。因此在预计的温度基础上要加上热控不确定性因子,可能是 10 ℃(试验验证)或者是 15 ℃(分析验证),以此定出“最高预计工作温度”和“最低预计工作温度”。

根据这些预计温度极限来规定飞行验收试验温度条件,在最高和最低温度基础上再加 5 ℃剩余余量,鉴定级试验温度则在验收级最高和最低温度基础上再加减 10 ℃。非常重要的是认识到热控分系统在设计和执行上要承受鉴定级试验条件,即硬件所能遭遇的最坏环境。

17.7　试 验 类 型

本节详细研究在鉴定(Q)和验收(A)试验计划中的大多数试验和测量。在标准 ECSS-E-10-03A 中详细描述并规定了试验方法、试验安排、测量和仪器分析方法、适用的试验输入和测量允许的公差等。下面的列项不一定全面，不包括适用于载人任务的试验、空气动力环境、行星着陆等，这些需要单独特殊考虑并开发特殊的试验程序。

静力强度（静载荷）试验（Q）检测承载结构设计是否能够承受准静态和动态加速度载荷，载荷由发射器、推力发动机或者自旋引发。静载荷试验是早期结构级鉴定试验，代表性的飞行结构被固定在刚性非常好的试验台上，在一定限制范围内它代替运载火箭支架，并受到来自液压千斤顶施加的有限的屈服载荷，测量结构应力和位移。如果自旋卫星预计的载荷大于或等于 $2g_0$，则需要鉴定级自旋试验（Q）。

正弦振动试验（Q，A）主要验证机械模型和航天器能够承受发射过程中引发的物理振动环境，振动台给航天器施加正弦频率扫描，频率从 4 Hz 扫描到 100 Hz 或 150 Hz，振动幅度按照规定进行设定，扫描速度由运载火箭手册给出，鉴定级试验加速度需乘以系数 1.25。鉴定级试验对响应（固有频率和振型）和正弦输入进行比较，用来评估质量和刚度模型的准确性。

如果试验飞行件，则可对飞行件正弦试验响应和鉴定结果进行比较，固有频率和响应的差别可能预示材料和工艺方面的问题。

模态测量试验（Q）用试验方法测量航天器固有频率、振型和阻尼系数，模态测量是对航天器的本质特性进行研究，在一定程度上采用的是反复试验法。没有必要采用通过/不通过判据，除非目的是避免一些特定的固有频率。当相似的正弦振动引发的固有模态收敛到单一模态时将非常有意义，模型带来的误差的隔离将不可实现。

航天器结构依附在相互对立的抗震块体结构上，固有模态由一点或多点瞬时的、随机的或正弦特征的激振器所激发。

随机振动和噪声试验（Q，A）。起飞时由于噪声从发射台反射，噪声达到最大，尤其是面积大、质量轻的结构应考虑噪声试验。

结构对噪声的响应用随机振动进行预计，一般只对比较小的航天器使用振动台进行随机振动试验，噪声试验一般针对大的航天器，在混响室内进行，证明航天器在发射期间能够承受噪声引发的振动环境。设备鉴定级随机振动试验解决了航天器级只做噪声试验（不做随机振动试验）带来的问题。

随机振动试验在振动台上进行（图 17.5 为典型试验设置），振动输入为同时扫描 20～2000 Hz 频谱，鉴定级试验时间为 2 min，验收级试验时间为 1 min。

噪声试验将航天器按照发射状态安装在支架上，支架和实验室地面机械解耦，使实验室地面振动不会传输到航天器上。图 17.6 给出 SMOS 航天器在 Estec 噪声实验间的实验情况，典型应用频谱从 30～8000 Hz，鉴定级试验时间为 2 min，验收级试验时间为 1 min。航天器飞行件在发射期间工作的设备，在随机振动试验

图 17.5　Herschel 航天器在 Estec 双振动台进行振动试验
(上方的遮布用来防止来自上面的污染)

和噪声试验过程中需要对其性能进行测试。

冲击试验(Q)。引入到航天器机械结构的冲击有两种来源:①抛罩和航天器与运载火箭分离;②通过火工品进行的机械附件的释放,如太阳能电池板和天线,及后续的工作状态方向的锁定。

压力试验(Q,A)。对分系统施加设计最大值的 150%压力,时间最少为 5 min,试验循环为三次。如果系统设计容纳液体,则需要进行检漏试验(Q,A)——在设计最大值的压力下测试 20 min,并逐个确定所有的关节和配件的漏率。

物理特性测试(Q,A)——测量航天器质量、质心和转动惯量,这些结果将用于运载上升段分析、姿态控制设计输入和最后测试设备的建立及分析其他机械测试结果。

热真空/真空温度循环试验(Q,A)。在规定的温度和空间真空条件下对电子产品的功能进行验证的性能测试,试验在极高温、极低温及过渡温度下进行,循环的温度由鉴定级试验或验收级试验极限值所决定。对于鉴定级试验温度循环为四次,前两个循环和最后一个循环在高温和低温的持续时间为 12 h,第三个循环将航天器在高温和低温条件下试验三天。验收级试验减少一个温度循环。

航天器设备在每次高温和低温工况时各种模式都要开机工作并对性能进行测量,必须注意的是确保内部设备功耗不会导致温度超出上限,另外,不要把敏感设备放置在超出低温设计极限的环境当中。

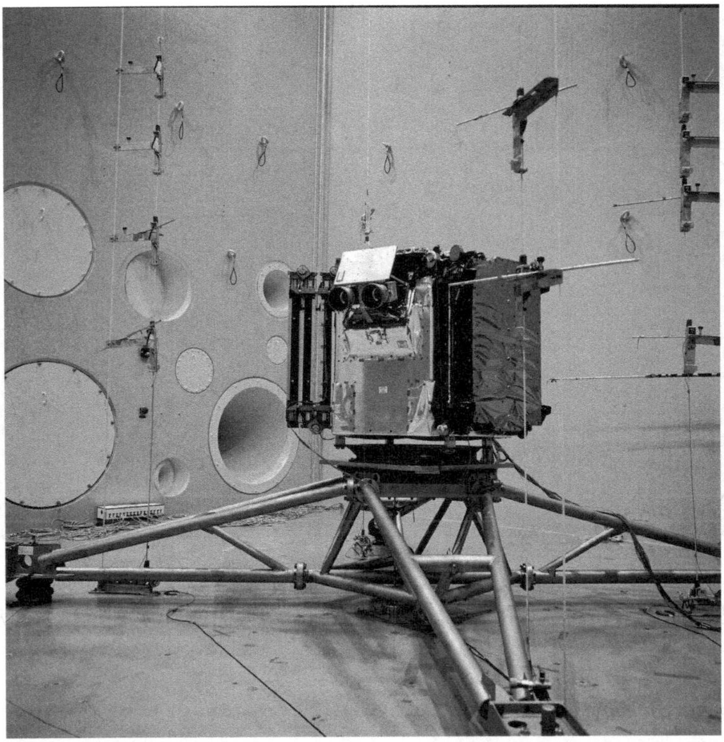

图 17.6 SMOS(土壤湿度和海洋盐度)卫星有效载荷在 Estec 欧洲大型噪声实验室(LEAF)进行噪声测试。MIRAS 仪器天线翼收拢在发射状态,被测设备安装在隔离的平台上。在暗室的墙壁上能看到声放大器喇叭(照片来自:ESA,Anneke Le Floc'h)

热平衡试验(Q),对任务热环境(太阳辐射、地表反照率、深空视场和内部热耗)进行仿真,一般试验在太阳模拟真空罐内进行(真空状态),用灯模拟太阳辐射,真空罐内的热沉充满液氮(冷环境)或者加热氮气来模拟冷或热空间视场。如图 17.7所示,SMOS 在较大的空间模拟器中,准备进行热平衡试验。

对于大多数任务阶段(太阳照射、阴影、寿命初期和末期、转移轨道和在轨运行等)航天器的不同工作模式(主份加电、备份加电和各种各样的组合)都要进行前面 17.4 节讲到的试验,目标就是要证明航天器所有部件都由热控分系统(多层隔热组件、辐射体、加热器、热控漆等)控制在规定的温度范围内,并测量和记录实际的温度分布。

有一点解释可能会有所帮助,热平衡试验通过测量试验期间的温度验证热控系统的性能。可以用能够充分代表设备热特性但不是全部功能的航天器热控件进行试验。热真空试验在极限温度下验证电子学性能,因此需要全功能的设备。热

图 17.7　SMOS 有效载荷在 Estec 大型航天器模拟实验室。MIRAS 天线的三个臂已经展开到飞行状态,在后面能看到块状组合的太阳模拟器,测试样品上方是悬臂

循环引起的热应力可能表明器件失效。

电磁兼容性试验(EMC)(Q,A),测试航天器是否受到外部电磁干扰源的不利影响,或者任何内部设备发射杂散信号影响自己本身的性能,或者和外部部件发生干涉,如运载火箭和发射场系统(如雷达或者其他射频系统)。系统在有射频吸波材料的暗室(图 17.8)内进行测试,因此外部信号不会对测试设备产生干扰,航天器发射的信号被吸波材料吸收,不会反射回航天器。测量航天器发射的信号并和规定的最大值(以发射场标准为依据)进行比较。在寿命周期中能够遇到的最大辐射电平照射下,航天器在最敏感的模式下工作。

射频兼容性试验和 EMC 试验相类似,但重点强调由上行传输和下行传输产生的干扰,或对上行传输和下行传输产生干扰。

磁场测量(Q,A)——这是一项特殊测试,只有载有磁敏感设备如磁强计的航天器才要求作磁场测量。它对永久性的、杂散的、感应的磁场进行测量,测试设备能够去除地磁场的影响,并能测量航天器发出的微弱磁场,然后测试设备产生可控的均匀磁场来测量金属结构的感应磁场,并给磁强计进行标定。

任务和操作验证试验(Q,A)是为了验证航天器和任务的地面控制系统接口进行的试验。任务控制中心通过通信网络对航天器及其试验设备进行远程操作,通过一个模拟任务的执行来验证地面-航天器的接口、任务操作顺序和航天器数据库数据,此检验试验能给操作者提供很好的经验并熟悉航天器的特性。

图 17.8 SMOS 有效载荷在 Estec 的 Maxwell EMC 暗室，天线系统的支架是非金属材料(照片来自：ESA，Anneke Le Floc'h)

17.8 型号研制原则

如果按照上面的试验过程进行测试，AIV 工程师很快会发现没有足够的时间对所有的验证按照串行顺序进行试验，并且对于航天器及其组成部件长期大量试验会产生过疲劳，所有试验结束后航天器的寿命也就到期了。解决办法是形成一个切实可行的计划，即型号研制原则。在规定的时间内及可接受的经费范围内实现所有的必要的试验需要什么样的硬件。可接受的型号研制原则就是一些试验能够并行开展，避免计划时间过长。

型号研制原则包括优化要研制的硬件的数量和参数，目的是在切实可行的时间、可接受的经费和风险范围内非常有信心地完成产品验证工作。

首先是鉴定设计，然后是飞行硬件的验收试验。前面我们认识到鉴定是为了证明设计是充分的并有余量。当进行试验时，意味着将硬件置于比预计飞行情况更苛刻的环境之中，即试验量级更高，试验时间更长，反过来也意味着航天器可能存在过试验，需要考虑疲劳和磨损问题。

在航天器系统级，第一个直觉决定就是生产、组装和试验至少两个型号航天器，一个型号为开发件(DM)，进行鉴定级试验，然后进行飞行件(FM)生产、组装和验收试验及发射。

对任务进行进一步分解，对于不同的设计规则，可能生产和试验航天器不同的开发件。例如,结构件(SM)、热控件(TM)和电性件(EM)。开发件之后可能研制鉴定件(QM),这是20世纪六七十年代的航天理念。ESA的GEOS卫星计划研制了一个结构件、一个热控件和一个电性件,并且还有一个独立的鉴定件,最后才是飞行件。公平地说,缺少像现在的分析方法和功率、速度及容量等计算工具的过去,试验成为最可信的验证方法。

然而,使用越多的硬件开发型号,生产和试验的费用就越高。一般在飞行件试验之前,机械和电性能测试以及一些鉴定测试可以在不同开发件上并行开展。计划应根据开发型号试验结果作调整,并体现在飞行件生产计划中。可以对计划和经费进行优化,要有足够的信心及时发现设计和制造误差,包括:

(1) 在设备和分系统级计划中完成尽可能多的验证工作,然后在航天器级验证活动中完成最后的验证工作,下一级的设备共同工作并满足系统级需求。

(2) 设备级研制完成和鉴定件试验完成后,可以开展下面两项工作,①飞行件设备的生产(制造);②航天器开发型号的集成和试验。

(3) 在识别出主要目标后对航天器开发件或鉴定件验证试验计划进行优化。例如,结构件预定的目标是实现结构鉴定,而不是热或者电性能。

目前一种通常的解决方案是研制准飞行件(PFM),原则是在航天器系统级一个产品上将鉴定级和验收级试验结合在一起,并将作为飞行件,试验量级为鉴定级,但试验时间为验收级,即在一定程度上飞行件面对苛刻条件的试验产生过试验,但通过将试验时间降低到最低可减缓过试验效应。重要的是,采用这种准正样方法的前提条件是设备级所有鉴定级试验全部完成。

哪些因素决定准正样研制原则是否可行呢?考虑一个静止轨道通信卫星,执行任务环境是大家所熟知的,很多经验受益于在轨工作的航天器,工作过程也被大量演习过。在通信商业里,设备的相同设计和航天器配置(构型)再使用程度高。通信航天器更趋于分舱设计,平台或者服务舱基本是前期产品的拷贝,已经被充分鉴定过,有效载荷舱具有和任务相关的特殊性,有效载荷数据处理和地面接收天线都是根据不同应用(点对点电话、广播、军用与民用等)进行定制。简单验收级试验是不够的,准正样看起来可行性更高,但还需要考虑其他事情。

(1) 有效载荷配置在有效载荷舱级或更低一级鉴定是否充分。

(2) 对特定的运载火箭这些配置是否经过鉴定并能够发射。在可能的情况下,通信卫星制造商或者运行商将保证设计和试验条件要适应可能类型的运载火箭,因此不受限于一种发射器,可以签约发射费用低的运载火箭,或者为了保持商业优势而更换运载火箭。因此,结构鉴定可能已经在其他任务实现,但对于新的有效载荷配置的热设计鉴定是必须的。

(3) 是否需要加强其他验证方法,如分析。

偶尔,发射的航天器和前期的某个任务完全相同。目前用户或许需要发射相同的有效载荷配置到静止轨道的另外一个位置。由于和前期任务的相似性，设计已经取得验证，在这种情况下航天器只需要进行验收级试验。

然而也需要新一代通信卫星，容量一步步增加，功率和寿命需求导致新的结构设计和新的配置。周期性地使用新技术使航天器的质量和体积缩小并且性能提高，对于这些情况，在商业用户最后订购新一代航天器之前，合同商都需要在开发件和已有资源的基础上实施鉴定试验。

出于相同的原因，极轨气象或对地观测航天器都可以采用研制准正样的方法，平台和前面鉴定过的设计相比非常相似，有效载荷是不同的。相反，科学目的航天器设计一般是新的，科学家想探索新的前沿，任务目标和要求前所未有的复杂，将需要硬件特别是电子学设备和复杂软件，在这种情况下，准正样就不是很合适，需要研制开发件。

需要清楚的是，在很多考虑的基础上才能形成型号研制原则和验证计划，给出硬性规定是不现实的，但规划整个计划的流程是非常重要的，从器件级到航天器级，还要考虑来自地面段、发射场和任务目标本身的需求。

17.9 建造标准及应用

为了满足特殊的试验目的，可以研制一定数量的开发件，这些开发型号的建造要满足预定的建造标准，建造标准应根据验证和试验目的而定。

17.9.1 结构件

结构件的主要目的是通过给航天器结构施加载荷进行一系列测量，对航天器模型进行验证。

最初试验如静态载荷试验和/或模态试验都是在航天器裸结构上进行的，试验结构并验证结构分系统模型设计。结构的建造要完全满足飞行标准。

之后在结构上安装单机和设备，代表航天器发射件的发射配置，即按照预计的发射质量和正确的质量在结构上的分配进行安装，最简单的办法是使用所有设备的模拟件，做成黑盒子，模拟飞行设备的质量和质心，结构的安装界面（螺栓和垫片）要按照飞行件设计，按照飞行件安装步骤进行安装。

通过施加噪声和振动试验环境验证发射配置条件下的模型，并验证发射环境下可接受的结构特性。对发射配置进行验证试验和模型验证，验证在发射条件下可接受的结构特性，其中最重要的是证明航天器能够在发射阶段生存下来。

对于运载火箭系统最重要的是航天器级的试验，运载火箭系统需要证明航天器设计能够满足运载火箭的要求。发射阶段当然是非常重要的阶段——航天器解体或者是大幅度振动将严重影响发射轨道，可能会导致运载火箭灾难性解体，发射机构公众形象严重受损。

结构上非常重要的部件如可展开天线及其压缩机构,对结构和功能上的模拟件的安装较敏感,因为:

(1) 在试验时振动共振和动态特性应能够在航天器上表现出来,因此试验结果能够反馈给模型,包括振动时燃料的晃动,因此在推进系统中需要考虑储箱充满燃料及压力储箱等。

(2) 它是验证在有代表性条件下的飞行附件设计的机会,即附件安装到航天器上。验证压缩机构在振动期间没有释放和验证其在发射后正确释放同等重要——在振动和噪声试验后对其进行试验。

(3) 它是航天器级开展展开试验和测量的机会,包括冲击试验。当附件展开(如螺栓或电缆切割器)及展开机构锁定到最后位置时产生冲击并通过航天器结构进行传递,这些冲击的大小需要量化并被证明是无害的。

结构件将安装试验设备,包括加速度计、应变仪和位移传感器等,可提供试验数据。

17.9.2 热控件

类似地,热控件通过热平衡试验热控分系统,验证航天器热控特性的数学模型。

建造规范一定要包括飞行标准的结构(正确的热传导),飞行标准的热处理(内部和外部辐射交换)。试验时需要安装模拟飞行热控件,用加热器模拟电路热耗即可,单机和设备至少要模拟它们的热容。

在试验中热控件将布置很多热偶温度计,热偶本身也会影响热平衡状态,如一大束电缆能够提供显著的热传导路径,需要在试验分析中予以考虑。热控件能够提供方便的试验平台,例如特殊的分系统设备本身进行主动温控或者和温度相关性极强,设备包括低温制冷器、百叶片或百叶窗等。

结构件和热控件给 AIT 工程师提供了很好的工具来演练和证明地面处理程序并验证设备接口。

17.9.3 寿命试验件

寿命试验是一项重要的验证方法,不进行航天器级寿命试验,而是特别对于机械和活动部件进行试验。每个机械都有特定的“寿命”,例如,开关或活塞操作的次数,或者是太阳能电池阵驱动电机连续工作年数等。

要进行寿命验证,在计划中应尽早将正样标准的机械件置于模拟环境中(一般是小的热真空罐),然后按照在轨工作次数运转或者按照规定的寿命运转,寿命应包括鉴定余量。增加磨损和性能变化的现场试验设备是非常有用的,前提是不能对性能产生影响,也可以周期性地中断寿命试验进行性能测量并检验性能是否有退化。

17.9.4　电性件

系统级功能和性能早期验证需要电性件，电性件可以是工程样机，和正样件很接近，飞行状态结构、电缆和工程样机或鉴定件设备。备份件一般不需要参加试验，元器件不需要完全满足航天质量等级标准，一般要满足军标，工程样机可以用于复杂的和新的航天器设计。

在不是很需要的情况下可以把电性件和桌面样机合并，也称之为功能试验件或电性能验证件，简单模拟航天器安装平面和大致正确的电缆长度。电气和电子设备完成自身试验后尽早交付并参加联试，软件仿真可以代替尚未到位的单机直至航天器的功能构建完成。电性件用途如下：

(1) 验证电性能、软件集成并按顺序进行软件验证、演练集成和过程中的地面试验步骤。

(2) 验证电子学试验设备和试验流程，开发和自动化试验顺序及工程技术人员培训。

(3) 用于飞行件航天器问题查找，并检验措施是否正确，发射后在轨异常现象诊断及给航天器上传升级软件前进行验证，或者在轨执行前对工作命令顺序进行演练。

17.9.5　飞行件和准飞行件

飞行件(准飞行件)的建造要完全满足飞行标准(高可靠性部件、全部备份单机、正确的表面处理等)，即为将要发射的硬件。

17.9.6　其他研制件

在 AIV 计划中引入其他研制件对缩短设计和缩短分析选项时间具有明显的好处。其他研制件包括：

(1) 简单外形结构件，模拟航天器的尺寸和外形，能够帮助验证设备接口和运输要求，开发处理程序。

(2) 模拟外形结构件，可以用来可视化电缆走线、计划设备安装位置并证明螺栓和试验插头等附件的可接入性。

(3) 天线试验件，制造简单的模拟航天器但使用金属材料，安装发射和接收天线、敏感传感器和检测器。在试验距离范围为开阔空间内或暗室内进行开机，识别交叉调制和干扰等明显问题所在区域。

这些研制件制造相对便宜并在计划初期阶段能够提供必要的信心，其中的相互作用是复杂的，早期试验数据重点突出最重要的区域进行分析，通过进一步分析消除不切合实际的选项。

型号研制原则:实例研究

Envisat(2002 年 3 月发射)是一个全新设计的航天器,作为单一实体对于运输来讲太大。在项目初期阶段,正在为 Ariane 5 大型航天器建造新的试验设备,但现存的设备还不够大,无法解决试验问题。

因此,Envisat 进行分舱设计——服务舱(SM)和有效载荷舱(PLM)。有效载荷舱为新的复杂设计,存在接口问题的可能性较大,功能和电磁兼容性验证需要尽早开展。

最初计划进行热平衡试验,需要一个代表性的有效载荷舱结构件,因此需要代表性的有效载荷舱工程样机,然后开展全面电性能试验,因此有效载荷舱工程样机就需要和全功能服务舱相匹配。

然而,服务舱是对地观测航天器 SPOT 4 平台上直接开发的,不需要工程样机,此阶段 AIT 计划通过混合方式来解决,准正样服务舱将支持工程样机试验计划,即 Envisat 工程样机航天器是准正样服务舱(PFM SM)+工程样机有效载荷舱(EM PLM)。

经过证明分析技术足够好,可以省略早期热平衡试验。有效载荷工程样机可以使用比飞行标准低的价格便宜的材料,如工程样机的面板可以使用铝蜂窝材料,代替正样设计中的碳纤维表面蜂窝材料。

工程样机配置还不足以进行结构验证,需要一个航天器结构件(StM 以区分 SM),因此服务舱和有效载荷舱都需要结构件,即 Envisat 航天器结构件为服务舱结构件(StM SM)+有效载荷舱结构件(StM PLM)。

在所有这些开发件硬件中,准正样服务舱要制造得具备飞行条件。它将和新的有效载荷舱飞行件结合一起,但还是需要有些最后的更改。经过经费审核,决定整修有效载荷舱结构件,用于有效载荷舱的飞行件,即 Envisat 飞行件为(准正样服务舱,来自于航天器工程样机)+(有效载荷舱正样件,即为重新整修过的有效载荷舱结构件)。

17.10 地面支撑设备

还有一件经费花费较多并且需要规划的事情需要考虑。如果没有地面支撑设备(GSE),航天器 AIT 计划就没法执行,即 GSE 需要操作和试验航天器直至发射。

设计、订购、试验和验证 GSE 本身也是 AIV 过程重要工作的一部分,时间安排可能非常苛刻——根据 AIT 计划当第一件航天器产品到达后就需要 GSE,但直到航天器设计被批准后才能完成最后的 GSE 设计。

17.10.1　机械地面支撑设备

需要各种机械地面支撑设备(MGSE)进行保持、升降、保存和运输飞行硬件,在任何时间保护飞行硬件免遭损毁和退化,保证设备工作人员及附近人员的人身安全。MGSE 在各种级别的试验都需要,从设备级到航天器级。本节主要讨论航天器级 MGSE。

MGSE 必须和硬件的附件接口及所有有关的 AIT 试验设备相兼容,设备包括:

(1) 接合器将航天器安全地连接到设备接口或其他 MGSE,通常是在航天器和运载火箭的接口表面,因此 MGSE 的接口必须与运载火箭的接口一样是高等级标准。

(2) 集成台车,支撑和翻转设备(图 17.9),在装配和集成、AIV 阶段功能试验、发射准备等阶段使用。在各个阶段通过旋转航天器到各种姿态来方便各部件的操作,如从水平位置翻转到垂直位置。轮子和空气滑轮允许设备在设施内进行局部移动。

图 17.9　GOCE 航天器安装在集成和翻转支架上进行太阳能电池检验

(3) 匹配起重机的抬升设备——吊梁、挂钩、吊索及工程要求的航天器接口等,经常需要抬升部分集成的航天器,其重心不在轴线上,因此吊梁需要一个机械装置对重心进行补偿以保持航天器重心在垂直轴上。

(4) 运输集装箱——在各种设施之间运输航天器(有时是服务舱和有效载荷舱分开运输),保持洁净度。集装箱需要净化并施加一定压力的氮气,为了安全,外界温度变化一定要考虑。集装箱还包括监测和记录内部环境的装置，记录在运输过程中遭遇的不良冲击，如果需要，集装箱还可以用于航天器存储，如推迟发射。

无疑，运输集装箱的设计一定要和建议的运输方案相结合，并和要用到的货运飞机(图 17.12)、公路运输车、驳船和火车等交通工具相兼容。有可能需要特殊的运输方案，按照国际标准，如果航天器有主动无线电设备，则集装箱需要双壁设计。大型航天器迫不得已只能晚上运输(图 17.10)。

图 17.10　Herschel 航天器运输装置装到运输车上(在晚上并下着雨)
(照片来自：ESA，Anneke Le Floc'h)

(5) 展开平台——支撑可展开的太阳能电池阵、悬臂和天线，能够对地球的重力场进行补偿。它们可以用于静态试验如校准测量和调节等，也可以用于展开等动态试验。

(6) 特殊试验设备，如热试验转接器，在进行服务舱试验时模拟有效载荷舱机械和热接口，反之亦然，还有振动和噪声试验转接器。

(7) 遮盖和保护装置及偶尔的特殊工具。

17.10.2　流体地面支撑设备

流体地面支撑设备(FGSE)用来服务推进分系统，在试验中用来加注和排放模拟推进剂和受压物体，在发射准备期间加注(发生意外时排放)飞行推进剂。FGSE 也用来给推进系统加压进行发射前检漏试验，在一些特殊流程如加注或排放制冷液可能需要其他 FGSE。

17.10.3　电子地面支撑设备

电子地面支撑设备(EGSE)提供所有的供电电源、地面试验时给航天器上传数据及接收和分析所有下传数据。

典型用于航天器试验的EGSE提供的服务和功能如下：

(1) 模拟太阳电池阵和电池,给航天器供电。

(2) 上传指令、测距信号和接收遥测。

(3) 接收、解调、解码、通过有线或无线方式分配星务数据,根据所有数据的上限和下限规定对数据进行自动检查,查找和预期不一致的状态(如上传工作模式变化指令后产生的变化和预期结果不一致)。

(4) 试验或航天器状态参数的快速显示,记录、存档并回放所有试验活动和结果。

(5) 例行或按要求分发数据给远程工作站,由有效载荷或分系统专家对数据进行监测,检查远程工作站上传给航天器的激励和工作模式指令的有效性和响应情况。

(6) 给姿态传感器提供输入信号;接收下传数据并在姿态和轨道控制执行机构(推力器和反作用轮)界面测量对输入信号的反应;提供姿态与轨道控制分系统工作闭环模拟和处理。

所有这些功能在中央处理器控制下工作,并通过可验证的、可重复的、连续的自动试验顺序执行。

17.10.4　地面支撑设备后勤保障

需要多少地面支撑设备？每种试验设备需要的数量与AIT试验计划和产品型号研制原则有关。如果开发件试验和飞行件装配并行进行,则需要两套MGSE。然而如果开发型号可以共用一个转运设备就可以节省大量经费。同样,如果电性件和飞行件并行试验则需要两套EGSE。

一般对于商业通信卫星项目,希望承包商提供所有的GSE并完全满足项目需要。根据开发项目的需要,科学航天器项目将需要工程特殊的GSE设计并且GSE将列为工程费用,后一点普遍地存在例外。FGSE一般由专业的承担推进相关任务的合同商提供,并作为合同的一部分。

每次航天器从不同试验场地或到发射场的运输(图17.11)都需要很多大大小小的盒子,用于保护试验设备、备份件、工具和相应的文件等。

17.10.5　地面支撑设备(GSE)验证

每项GSE不论大小,在和航天器一起使用前都需要试验和验证。升降和操作

图 17.11　集结要运输的设备(图片来自：ESA，Anneka le Floc'h)

设备应该做加载试验，接口需要仔细测量和试验，防止损伤飞行件硬件接口。GSE的验证和飞行硬件的验证过程本质上是一样的。

17.11 AIV 流程中检验点

航天器工程包括很多正式的评审，通过评审用户将评估 AIV 计划中的设计进展，AIV 流程包含的正式评审如下：

(1) 初步设计评审(PDR)。系统级设计是否就绪并能够启动下一级设计？PDR 应该在验证计划的最初阶段。

(2) 关键设计评审(CDR)。设计是否具备加工和装配条件？CDR 结束后工程样机和鉴定件硬件将进行加工生产。验证计划、产品研制型号和验证矩阵是否完整？试验计划和流程是否完成？GSE 的设计是否完成？

(3) 鉴定评审(QR)。鉴定任务是否完成？试验结果符合性和分析是否经过验证？如果采用了准飞行件研制原则，鉴定任务是什么？经同意遵从准飞行件，计划和进程是否准备完毕？对于后面的飞行验收评审，可以开补充鉴定评审或者遗留问题闭环评审。

(4) 飞行验收评审(FAR)。飞行件(或准飞行件)是否通过了所有试验？飞行件的分析工作是否全部完成？航天器是否具备出厂并运往发射基地的条件？

(5) 飞行准备就绪评审(FRR)。最后活动和试验是否完成？FRR 不仅包括航天器，还包括运载火箭和地面段。

17.12 验证关闭

我们现在回到验证过程。贯穿 AIT 计划的很多试验报告、分析报告、检验记录和设计评审报告将产生并经过评审，异常和不符合项将被调查并有可能重新试验。产品保证人员(PA)控制整个过程，验证工程师和产品保证人员一起完成“验证关闭”程序。

如果一项指标由单一方法验证(试验或者分析)，相关的报告就可以关闭该项需求——已经被验证，如果涉及两种以上验证方法(可能是试验和分析)，则需要附加的验证报告来确认关闭，如果所有指标都没问题，验证矩阵的所列活动将结束。如果不是，则可能在硬件或软件改进后作更多试验或者分析，并重复上述步骤。

验证矩阵的一些验证项可能一直不能关闭直到发射场准备就绪，但在飞行准备就绪评审(FRR)时验证矩阵中所有验证项将全部关闭。

17.13 发射准备

图 17.12 为 Herschel 航天器正在准备运输到发射场，在理想情况下，“出厂评审”后航天器将被运往发射场，然而现实情况还是有很多工作需要做。飞行件火工品和其他危险品在运输过程中不能正常安装在航天器上，推进系统不能加燃料并

图 17.12 运往发射基地：Herschel 在运输装置中并正在往 Antonov 运输机上装载。运输装置带有空调系统，气瓶给运输装置进行换气(照片来自：ESA，Anneke Le Floc'h)

直到最后发射前才能加压(加注和加压过程包括最后的检漏)。同样,电池在空调条件下保存,在发射前较短时间内完成充电到飞行状态。

将开展系统集成试验和全面检查验证在运输工程中没有损伤或者性能没有退化,检查所有的校准。航天器最后加满燃料后对质量特性重新测量,这些测量都是在发射场内危险品处理设备中完成。

为方便发射场操作,当航天器部件拆下来后需要格外小心保持或恢复航天器“飞行验收”状态。例如,把电池拿走充电,去除隔热多层,拆除面板进行连接试验插头或安装火工品,通过严格的坚持执行质量过程和程序,航天器一定要恢复到发射准备就绪状态。

在地面的最后几天,所有的计划都是配合准备运载火箭,航天器最后将和运载火箭一起发射升空,准备顺序在一定程度上和所选用的火箭有关。此时 FRR 将评估整个发射系统的准备情况,是对航天器、运载火箭和地面段任务的准备评审,只剩下几项工作要做,其中一项(航天器)就是在最后一刻把红色标签项去掉,安装上绿色标签项。

红色标签项。在整个 AIT 过程中,一些飞行硬件将被安装保护设施,包括保护罩(光学表面,突出部位等)和安全设施(针或塞子防止对火工品或释放机构疏忽操作等),这些保护装置在发射前最后一次接近它们时一定要移除,可能是在安装整流罩之前或安装过程中,或者是稍后通过整流罩的窗口进行此项操作。它们非常明显地被涂成红色并在上面写上“发射前拆除”!

绿色标签项刚好相反,一定要在发射前安装——这些设备一般为臂状插件,进行危险项之间的最后连接,如火工品、电机、推力器和它们的电源。

17.14 总　　结

装配、集成和验证(AIV)与装配、集成和试验(AIT)是任何航天器计划中非常重要的部分。就像航天器设计逐步发展为优化的质量、功率、经费、可靠性等一样,AIV/AIT 对最终产品即飞行航天器的验证计划和经费进行优化,以实现预定任务目标。

相同地,就像没有一个单一设计能够满足几个任务的需求一样,没有标准的 AIV/AIT 计划。本章讨论了很多思考和概念,它们将在验证计划中被提及、讨论甚至包括在验证计划中。总目标就是将一个完全满足要求的航天器发送入轨并成功完成任务。

Terry Ransome

EADS Astrium, Stevenage (Retired)

参 考 文 献

[1] ECSS-E-ST-10-02C Spacecraft Engineering, Verification Engineering. www.ecss.nl (accessed 18 October 2010).

[2] ECSS-E-10-03A Space Engineering, Testing. www.ecss.nl (accessed 18 October 2010).

18 小卫星工程及其应用

18.1 简　　介

早期西方卫星的尺寸较小，但对尺寸更大、功能更强、更复杂卫星的需求自然导致卫星质量增加。这种趋势首先受到运载火箭能力的限制，其次是经费和技术基础的限制，因为能够开展航天活动的国家需要高度发达的技术基础和大量的投资。该情形导致太空活动仅限几个国家，唯一的航天俱乐部成员国比非成员国在军事、经济和文化上占有巨大优势。

在过去的20年里，世界政治和军事重点的转变带来航天平静的变革，民用和军事航天机构预算的压力明显增加，只有少数卫星被立项，新想法、新技术和新科学实验很难获得航天工程的及时立项。

在20世纪70年代，超大规模集成电路的发展将复杂的功能集成到小体积内成为可能，并且质量轻、所需功耗低。超大规模集成电路导致现代小卫星或微卫星的出现，继而卫星计划的成本也具有大幅降低的可能。这些变化在国际业余无线电卫星(AMSAT)团体制造的业余无线电爱好者轨道系列卫星(OSCAR)和俄罗斯相关团体制造的无线电系列卫星(RS)得到了很好的展示。

OSCAR-1卫星的研制从1961年开始——非常简单的无线发射机盒子，这些"业余的"微卫星由美国、苏联、德国、澳大利亚和日本的无线电爱好者生产，复杂度不断增加，一直到20世纪70年代末研制了OSCAR-8卫星，在支持业余无线电通信[1]方面达到了非常复杂的程度，但仍然不具备在轨计算能力。

此时萨里大学的职员和学生(都是业余无线电爱好者)提出为英国开发微卫星计划——设计并建造了UoSat -1(UoSat-OSCAR-9)卫星，并于1981年10月由NASA发射[2]。

在20世纪80年代开创了复杂小卫星的新纪元，特征是大量使用微处理器和其他大规模集成电路技术。UoSAT-1卫星的成功直接引领了第二颗航天器的研制(UoSAT-2即UoSAT-OSCAR-11)，UoSAT-2从设计到制造完成只用了6个月时间并创造了纪录，于1984年3月发射[3]。

UoSAT-1连续成功运行8年，直到1989年再入大气层。UoSAT-2持续运行20年——尽管它的设计寿命只有3年！这两颗卫星建立了现代微卫星的概念，萨里大学也因此成为世界提供小卫星平台及相关技术的领先者，通过萨里大学的独立公司——萨里卫星技术有限公司(SSTL)维持并创建航天帝国。

在很多方面微卫星和传统卫星之间的关系类似微机(PC 机)和传统计算机之间的关系,即微卫星和传统卫星相比成本更低、用途更广,并能够服务广大用户团体。

过去的 30 年中,微电子技术的发展速度令人惊讶并使 PC 机的大众市场得以持续和生存。微电子的迅猛发展、消费市场而非军事需求的刺激和消费产品的大幅开发,使传统航天技术常常大大落后应用于地面的技术。通过采用为地面应用开发的“商用货架产品”微电子技术并使之适应于空间环境,对微卫星的功率和复杂度形成了直接影响。通过减少航天项目预算和增加低功耗微电子产品的性能相结合,新一代功能更强的体积小、计算速度快、价格低的卫星成为可能并能够实现很多空间任务——是大型空间科学和通信服务所需传统大卫星系统的补充。

就像 PC 机,微卫星一般体积都很小并且相对成本较低——一般质量和成本是传统卫星的 1/10 或 1/100。表 18.1 是大家普遍接受的卫星大小定义,图 18.1 为小卫星分类图解。

表 18.1 航天器分类(根据质量和成本划分)

分类	质量/kg	成本/£M
传统大卫星	>1000	>100
传统小卫星	500~1000	25~100
迷你卫星	100~500	7~25
微卫星	10~100	1~7
纳卫星	1~10	0.1~1
皮卫星	<1	<0.1

尽管微卫星在物理尺寸上很小,但它们还是很复杂并具有大卫星的所有特性——只是比例上相应缩小。

除了全面满足通信、遥感和空间科学应用外,这种小型化卫星特别适合重点教育和培训年轻的科学家和工程师,实际卫星任务的所有阶段和各个方面(技术方面和管理方面)可提供直接和间接的经验——从设计、建造、测试、发射直至在轨运行。

立体卫星(CubeSat)概念给教学方面带来了显著的发展,立体卫星如图 18.2 所示,卫星体积为 10 cm×10 cm×10 cm,质量为 1 kg(即为 1 U 个单位),最初是由斯坦福大学航天系统开发实验室[4]的 Robert Twiggs 教授于 1998 年提出建议。这些卫星及稍大一些的派生产品(称为 2 U 和 3 U 个单位)已经变成了实际动手的航天教学,并且世界范围内 70 多个类似的项目已经主要由大学完成或正在开发。

当然,这种小卫星不能满足所有任务目标,特别是包含大的发射功率、天线阵列或者是光学望远镜等用于静止轨道卫星直播和移动通信或者是高分辨率地球或者天文学成像等。无论如何,在轨处理能力已经有了很大发展,迄今许多仅对大卫

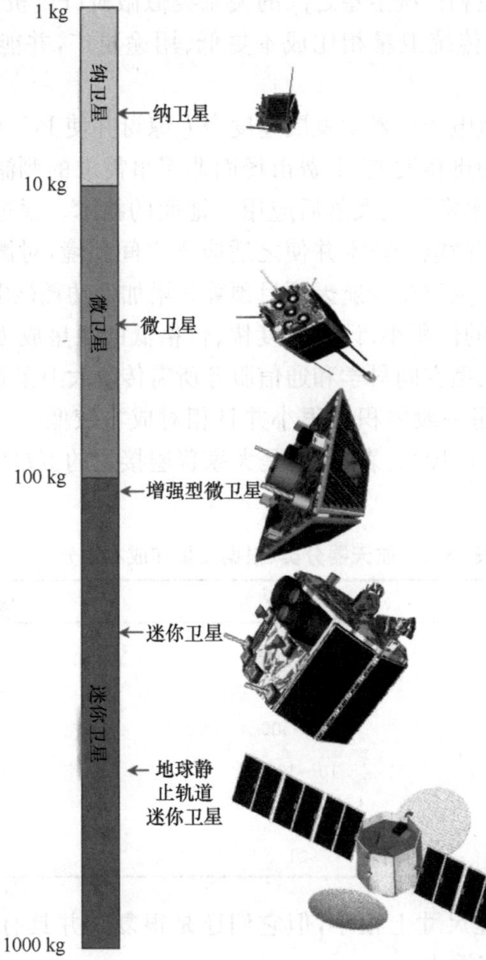

图 18.1 小卫星分类图解(图片发表经 SSTL 许可)

星可行的任务,使用微卫星成为可能,并仅需要传统任务经费的几分之一。特别是低成本的微卫星使星座计划变成可能(另请参见 5.5 节),因此在现实的经费情况下可提供对地观测任务快速重访和瞬时高分辨率图像。CubeSat 和相似体积航天器的出现使"集群"微小卫星进行任务设计成为可能,这些微小卫星可组成健壮的网络或进行孔径合成。

体积小、费用低的卫星本身并不意味着低费用任务,下面定性方程中的各项需要合理分配,给出典型值如下:

总任务费用=卫星费用+发射费用+寿命期间的运行费用

100% 70% 20% 10%

同理,小卫星不一定是低费用卫星,低费用是通过对整个任务运用一些设计理

图 18.2 Bob Twiggs 教授和 CubeSat 卫星
(照片发表经 Robert Twiggs 教授许可)

念来实现，确实在很多情况下不是航天器的尺寸而是设计理念的应用来区分小卫星和传统卫星。

18.2 小卫星设计理念

现代小卫星建造时间都非常短(一般 12～18 月)，费用相对较低，最大限度地使用最新商用货架产品技术来实现复杂功能，同时最小限度地依赖复杂机构和可展开结构等。

根据经费实施卫星工程,特别是在设计寿命期间内且仅在寿命期间内满足任务目标。任务目标需要仔细地在经费和需要实现的最低目标和实现需要的产出之间进行权衡——典型目标是使用20%的任务费用(传统卫星)实现80%的任务能力(传统卫星)。仔细的风险管理使更多的航天任务能够更常规化获得经费支持。图18.3对小卫星和传统卫星的设计理念进行了比较。

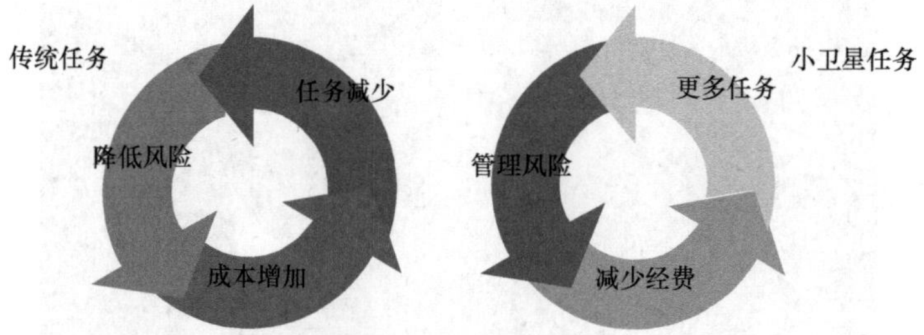

图18.3 传统任务设计步骤和小卫星任务设计理念比较
(本图片发表经SSTL许可)

现代电子产品的快速发展意味着小卫星经常使用没有或几乎没有航天继承性的最新技术,这样立刻暴露出一个问题——如果这些技术从来没有飞行过如何知道它们在空间环境下是否能够工作?特别是商用货架产品技术确实存在这个问题,由于它们自身特性,不可能针对苛刻的空间工作环境进行设计。

对于传统的航天任务,一般有足够的时间和资源在飞行前进行全面的地面测试(另请参见第17章)。以缩减经费和缩短研制时间为主要任务驱动的小卫星项目,地面测试就成了问题,因此需要不同的处理方法。

把使用货架产品技术风险降到最低的一般方法是更多地依靠成熟的设计实践、经验和系统级测试,而不是单个的设备测试(费用高)。然而达到此目的需要设计工程师对卫星系统所处的工作环境要有充分的认识,并采用合适的设计技术和必要的设计裕量。一些实施的方法总结如下:

(1) 最小化设备和材料的种类。

(2) 避免使用有毒、易挥发或者是可能爆炸的材料。

(3) 保持界面简单。

(4) 减少活动部件——使用体安装太阳能电池,使用被动热控。

(5) 关键系统采用经过飞行验证的设计和器件。

(6) 实际中留有安全裕量。

(7) 保证系统独立工作能力——避免串联工作。

(8) 小心使用和选取大体积器件。

(9) 避免使用循环嵌套软件。

(10) 有主见地使用大批量生产的现代化器件。

(11) 采用分层、故障恢复系统结构。

(12) 在飞行前进行全面的老练试验。

解决微卫星设计、建造、测试和运行等技术挑战只是完成了一半任务，在考虑任务技术问题的同时，有效的工程管理对于成功实现低费用、复杂小卫星工程至关重要。

如果成本、性能和交付目标都要得到满足，能够负担得起的小卫星不论在技术上和还是在管理上都需要非常不同的方法。传统航天机构由于管理结构和思维方式的僵化，几次尝试生产这样的小卫星都以失败而告终。紧密工作，保持良好交流、专业及高效管理的小团队(一般 25 人左右)是非常必要的。

这些特点在小公司或研究团队比大的航天组织能够更好地得到体现。在传统航天工程的员工和结构下，会发现很难通过采用和必要性地修改程序来生产低成本小卫星。小卫星工程成功的要素总结如下：

(1) 高度创新的技术员工。

(2) 小而有激情的团队。

(3) 工作严密及高度的个人责任感。

(4) 良好的团队信息交流，接触比较紧密。

(5) 明确任务目标和约束。

(6) 胜任技术的项目管理。

(7) 时间周期短(避免增加其他目标)。

18.3 小卫星系统设计

航天器设计尽可能冗余，尤其平台子系统应全部备份，但这并不意味着简单复制系统，而是使用层状结构，备份层由已经充分证明的技术所组成，上层系统使用当前技术高性能器件——一般没有飞行继承性，具有很高的功能。另外，低层系统使用的器件在以前的航天器中都经历过飞行和测试，能够实现大多数同样的功能(尽管可能会损失一些性能)。通过这种方法，设备系统设计固有错误或者是由于某类型设备产生的系统性失效不会复制到备份层。如果新的设备被证明是成功的，则对于未来航天器就具备了飞行资格。通过这种一代又一代渐进的发展方式使卫星能力得到增强。表 18.2 给出萨里大学 UoSAT 系列微卫星在轨主处理器的发展过程。

表 18.2 微卫星计算机处理器

微卫星	在轨计算机处理器主份(不包括子系统微控制器和有效载荷处理器)			
	1802	Z80	80C186	80386EX
UoSAT-2(1984)	主机			
UoSAT-3(1990)	主机(备份)	备机(试验)	主机(试验)	
UoSAT-5(1991)		备机	主机	
KITSAT-1&S80/T(1992)		备机	主机	
PoSAT-1&Health Sat-2(1993)			主机	
Cerise(1995)			主机	
FASat-Bravo&Thai Phutt(1998)			备机	主机(试验)
后续任务(1999-2009)				主机

在轨数据管理(OBDH)系统(另请参见第 13 章)是微卫星复杂处理能力的关键所在。例如,当代 UoSAT 微卫星在轨数据处理系统的核心是 80C386 在轨计算机(OBC),为实时多任务处理系统,能够处理有效载荷运行、基本星务管理功能及复杂姿态控制和轨道维持等各种任务。还有备份在轨计算机来分担大量的计算任务,必要时可作为完全备份。另外所有主要的子系统和有效载荷都有自己的内置微处理器提供本地智能处理和低级数据处理、支持遥测和遥控功能(TTC)。通过这种方式,微卫星在轨数据处理系统的结构提供和现代传统卫星相类似的功能,例如,ESA 标准在轨数据处理系统总线——虽然使用商用货架产品数据总线标准(如控制器区域网络(CAN)总线),但在定制时削减了软件界面部分,从而避免了与空间数据标准协调委员会(CCSDS)的遥控(TTC)格式冲突。和实际传统航天不同,微卫星在轨数据处理器的一个主要特征是所有的在轨主软件都是在发射后进行装载,需要时由地面站进行升级并重新装载。

一般情况下,卫星通过主计算机和实时多任务处理系统进行工作。所有遥控指令在地面站都形成"日志"然后传送到卫星在轨计算机(OBC),可以立即执行或者是延迟一段时间后执行。OBC 也可以根据传感器的输入自动发出自己的遥控指令。在轨平台系统和有效载荷的遥测由 OBC 收集和监测并立刻传送到地面站,当卫星在地面站测控范围之外区域,遥测数据存储于在轨内存。根据控制算法及各种姿态传感器的输入,OBC 相应地执行姿态控制系统。OBDH 的环境允许此类小卫星在高度综合、灵活和复杂的方式下工作,能够完全自动和自主控制卫星系统和有效载荷。

如图 18.4 所示,OBDH 系统周围为姿态测量和控制系统、电源系统、热控系统、通信系统——所有这些支持任务有效载荷系统都集成在一个机械机构中。

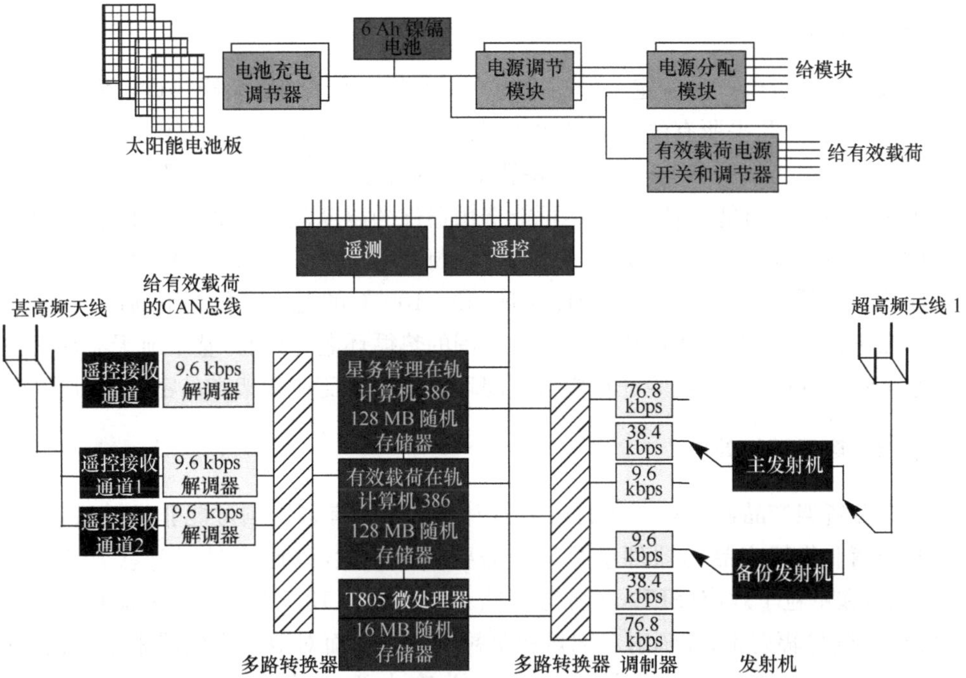

图 18.4 典型 UoSAT 微卫星系统体系结构框图(此图片发表经过 SSTL 许可)

18.4 商用货架产品器件在空间环境下的使用

空间环境(另请参见第 2 章)对商业货架产品(COTS)设备可能产生特别的损伤。一旦入轨,设备将面临高真空环境、可能的极高温或极低温环境和相对较强的离子辐射。

18.4.1 真空效应

很多商业货架产品部件含有塑料材料,在真空条件下可能会产生放气现象(另请参见 2.4.1 节)。这些部件要么禁止飞行或者在飞行前需要进一步封装。用于封装集成电路的塑料在真空下一般比较稳定,至今还没有遇到塑封器件问题(尽管是普通使用)。然而在飞行前一定要小心地把器件存储在有温度和湿度控制的环境下,特别是要防止水的侵入。

塑封器件被认为会增加静电放电(ESD)损伤风险(另请参见 16.4.1 节)——特别是高轨道卫星,如地球静止轨道(GEO),然而对低轨(LEO)小卫星的影响并不明显。

18.4.2　热控问题

很多商业货架产品额定工作温度为 0～70 ℃。因此,航天器热设计需要格外注意。事实上,几乎所有的微卫星均使用被动温控技术(另请参见第 11 章),使内部温度保持适当水平(10～30 ℃),每轨卫星内部温度变化保持在几度范围内,以减少热应力。在可能的情况下,尽可能选用器件的温度范围更宽的商业货架产品,如优选工业标准(－20～＋85 ℃)或者军级标准(－55～＋125 ℃)器件。舱外系统在轨期间要经历更大幅度的温度循环,50～100 ℃的温度变化并不稀奇。

在飞行前,需要完成模块级大温度范围的热循环老化试验,整个航天器热真空试验是强制性的,目的是验证在模拟空间环境条件下商业货架产品密封的可靠性。

18.4.3　离子辐射效应

商业货架产品器件对空间的离子辐射环境[5]的有害影响可能非常敏感,因此对基于商业货架产品的器件系统设计需要格外注意,以便应对辐射总剂量效应(TDEs)和单粒子效应(SEEs)(另请参见 2.3.2 节和 13.7 节)等。捕获形成的辐射带(范·阿伦辐射带)在辐射总剂量和单粒子效应方面对卫星产生严重威胁,还有一个质子带,由高能量的质子组成,称之为南大西洋异常区(SAA)(另请参见图 18.5),对低轨卫星产生影响。电子辐射带分为两部分,内电子辐射带或多或少和质子辐射带相重合,外电子辐射带位置很高。低轨卫星穿越南大西洋异常区内电子辐射带,大倾角低轨卫星还将穿越两极附近的外电子辐射带。地球静止轨道卫星在外辐射带内,椭圆轨道如地球同步转移轨道、在某种程度上莫尼亚(Molniya)轨道,穿越内辐射带和外辐射带。被捕获的电子对于单粒子效应不会产生影响,是辐照总剂量的主要来源。

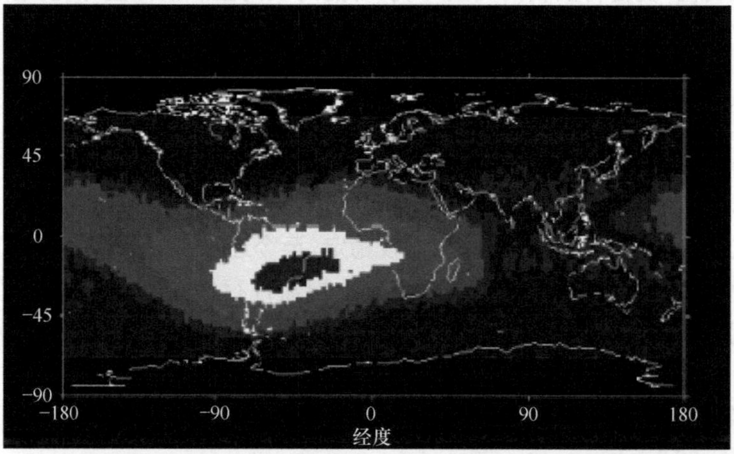

图 18.5　南大西洋异常区,KITSAT-1 宇宙射线试验在 1330 km 高度测量到的质子流量

除了被捕获的粒子外，还有来自深空的银河宇宙射线(GCRs)，由高能(一般为几个 GeV 量级)质子和重离子组成。高轨地球卫星完全暴露在银河宇宙射线下，而低轨卫星得到了地球磁场的屏蔽保护(高纬度地区除外)，固体地球及其大气层也有屏蔽作用。总之银河宇宙射线的流量相对较低，所以它们不是总剂量的主要来源，然而含量较低的重离子对单粒子效应产生很大影响。

太阳耀斑产生的粒子和银河宇宙射线很相似，主要由质子和几个百分比的重离子组成，它们的能量比银河宇宙射线略小。太阳耀斑的发生和 11 年太阳活动周期(太阳黑子)有关。大的太阳耀斑产生在太阳活动丰年附近，能够在地球上产生高密度的粒子流量，持续时间为一天左右，给卫星带来巨大威胁。地球静止轨道卫星和其他高轨卫星更是处于危险之中。一次大的太阳耀斑可能会产生相当于一年的辐射总剂量，极轨和其他大倾角低轨卫星也会在高纬度地区遭遇这些粒子。和银河宇宙射线相比，太阳耀斑粒子的单粒子效应更强。

总剂量效应的产生主要是由电荷累积或由粒子能量在器件结构中沉积产生位移损伤引起。例如，暴露于离子辐照下的 MOS 器件由于在场氧和栅氧内空穴的捕获，其阈值电压发生变化并且其漏电流增加。

商业货架产品器件对总剂量的耐受性差别很大。一些器件的总剂量小于 5 krad(Si)，有些器件总剂量达到 100 krad(Si)时仍然可以工作。5 krad(Si)可以作为未测试的商业货架产品器件使用的合理下限，在可能的情况下还是要得到器件的总剂量测试值，数据可以来源于出版物，也可以是来自地面测试结果，如 Co-60 γ射线源。

在计划的任务寿命内，器件可能接收到比失效剂量要多的辐射，因此需要考虑采用重金属(如铜、钨和钽)进行局部屏蔽，如果屏蔽不能解决问题，需要替换成抗辐照器件。即便如此，总剂量损伤将会累积，因此航天器系统设计必须考虑裕量以应对预期的变化，特别是电压变化和电流消耗增加。

单粒子效应是由于离子穿过器件结构时在路径上产生电荷沉积所引起。本质上单粒子效应可能是暂时性的，但也可导致永久性损伤。

单粒子效应可通过质子或离子束流试验产生，但一般试验费用较高并且需要专门的高能粒子加速器设备，这些设备不能广泛获得，有用的测试数据可以从出版物中获得(如 *IEEE Transaction on Nuclear Science* 核及空间辐射效应年会/NSREC)，或者从在线辐射效应数据库中获得，然而这些数据也不能完全保证个别器件飞行是安全的，因为商业货架产品器件总剂量指标每个批次都会有差异。

不论如何，都要假设会发生单粒子效应，航天器设计时要牢记这一点。单粒子效应包括单粒子翻转(SEU)和单粒子锁定(SEL)事件。单粒子翻转的发生是不可预知的，器件状态改变是临时性的，可由错误检测及更正系统(EADC)或者是表决电路进行改正。为防止半导体存储器单粒子翻转的累加，存储器需要定期刷新(即内容读取、改正并重新写入)。图 18.6 给出 UoSAT-3 卫星程序存储器发生单粒子翻转区域的记录,在刷新周期中进行检测和改正。和南大西洋异常区被捕获的质子数(另请参见图 18.5)具有明显的相关性。

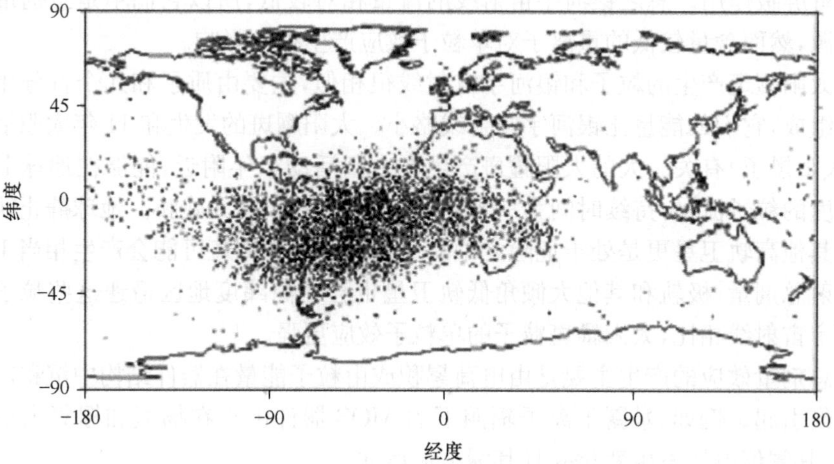

图 18.6 在 1330 km 轨道高度 S80/T 在轨计算机程序存储器单粒子翻转事件
(图片发表经萨里大学许可)

需要特别注意器件对单粒子锁定(SEL)是否敏感,因为单粒子锁定是破坏性损伤,很难统计。单粒子锁定一般是永久性失效,除非快速切断电源,则器件可能会恢复正常。在尽可能的情况下避免使用易发生单粒子锁定的器件,特别是要抛弃在质子轰击下易发生单粒子锁定的器件,这类器件不适合空间应用。

现代快速及复杂的数字器件面临新的威胁,包括单粒子瞬态效应 (SET)错误,带电粒子撞击导致的电流峰值脉冲而产生的错误传输,以及单粒子功能中断(SEFI),即器件转到不可预知的非功能状态,除非下电并重新上电,否则不可恢复。

18.4.4 力学环境

一旦入轨,航天器将面对微重力环境,对航天器结构产生的机械应力相对较小(热效应除外)。然而,卫星发射过程确实给卫星结构施加了剧烈的载荷,不仅来自运载火箭的加速度,而且还来自相关的振动和噪声载荷。在上升阶段,通过火工品点火实现运载火箭级间分离,对航天器可能会施加剧烈的冲击载荷。因此,同其他航天器一样,微卫星必须力学上设计得很坚固。这不仅适用于航天器结构,电子元件也必须牢固安装——商业货架产品电子设备的使用需要格外注意,载荷的作用下机械固定器件的焊接方面强度可能不够。器件安装不应离印刷电路板面太高,比较“重”的器件(如大的电容、晶体等)需要有辅助的支撑,如捆扎以保持固定。塑料(真空降额)保形涂层和泡沫也起到有效的额外机械支撑作用。真空降额的室温硫化(RTV)硅胶对连接到PCB线缆也起到很好的固定作用。

机械共振因素必须仔细考虑。小卫星的质量-刚度所在的范围使小卫星的共振频率在几十赫兹量级。这个频率范围运载火箭往往产生大量的振动能量,因此卫星可能会对输入载荷产生明显的放大(Q因子)作用。因此,机械结构的刚度不要过强,应包含降低振动和消耗能量的结构设计。

所有新的微卫星的结构都要进行鉴定振动试验和冲击试验,这些试验代表了预期的运载火箭力学环境。卫星建造后,飞行件还需要进行验收级振动和冲击试验,满足运载火箭系统对卫星健壮性的要求。

18.5 微卫星平台

图18.7为UoSAT-1卫星,是第一个现代微卫星,使用了传统的机械结构,电子模块簇拥在中央推进圆柱周围。太阳能电池板整体安装在底部支撑的蜂窝侧板上。然而,在一个标准发射包络内满足多种有效载荷用户的需求,加上增加组装密度、电磁兼容性、建造的经济性和方便集成的要求,于1986年引领了萨里大学在创新、模块化设计多任务微卫星平台的发展,其中电子模块实际上组成了航天器的基本结构。美国AMSAT公司和大学团体于1990年发射的微卫星采用了相同的体制,之后被很多国家所采用并发展了自己的小卫星。模块化的微卫星平台是萨里

图18.7 UoSAT-1卫星(1981)内部和外部机构,外部结构展示了四块体安装太阳能电池板中的三块(图片发表经萨里大学许可)

大学商务分支机构 SSTL 商务/技术转移的主要支柱。到 2009 年,此平台成功用于 30 多个不同 SSTL 任务,且每个任务有效载荷需求都不同,航天器从订货到入轨一般在 12～18 月内完成。

SSTL 模块化微卫星如图 18.8 所示,没有骨架,只是一系列外形相同的模块盒子,一个盒子叠加在另一个盒子上面,形成一个主体,将太阳能电池板和其他仪器安装在主体上。模块通过贯穿整个"垛"的拉杆固定在一起,并能够耗散一部分振动能量。尽管这的确对"垛"的最大潜在高度有限制,但由于微卫星质量的限制,"垛"的高度在实际中不是问题。稍大的卫星可以采用多"垛"结构(另请参见 18.6 节)。

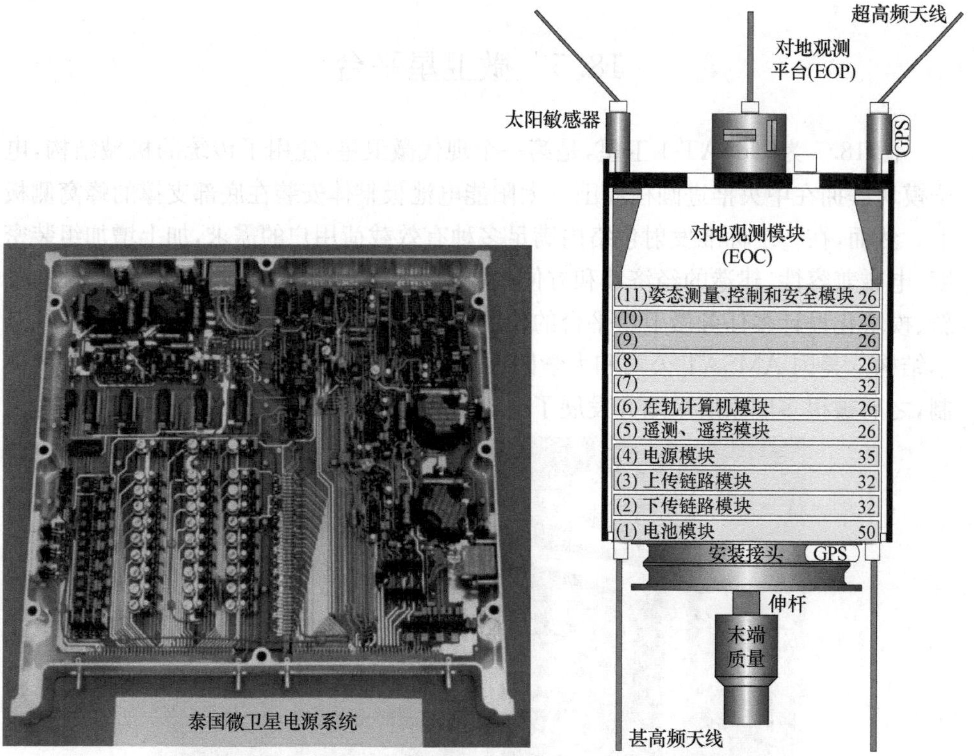

图 18.8 模块化盒子实例,典型 SSTL 模块化微卫星构造图解

AMSAT 微卫星的重量约为 10 kg,为微卫星质量规模的下端,包含五个"垛",形成立方结构,卫星的六个面体安装太阳能电池板,每片电池板提供的功率一般为 6～16 W。通过标准业余无线电上传和下传链路(如波长为 2 m、70 cm、23 cm和/或 13 cm)使用 AX. 25 数据包协议进行通讯。此协议由 AMSAT 团队(包括萨里大学)于 1980 年开发,是对标准外网计算机通讯协议 X. 25 的无线兼容扩展。数据打包后进行传输——从地面系统发送和接收,通过单频 RF 载波支持几个到航天器操作的"虚拟"连接,从而遥测、遥控、软件上载和有效载荷数据通过单频双工 RF 链路进行支持。

这种小的低成本微卫星姿控有限，一般限于通过永磁体和当地磁场被动校准。有时天线进行黑白喷涂，以便指令卫星慢速自旋辅助热控。有时使用全向天线，意味着卫星不需要准确地指向控制及了解控制方向就可以实现业余无线电通信应答这项主要功能。然而，高增益通信应答机和对地观测有效载荷确实需要对地指向平面或平台，因此典型 50 kg 重的 SSTL 微卫星天底点的维持精度为 1°，通过利用火工品释放 6 m 长的伸杆产生重力梯度(另请参见 9.4.3 节)和在轨计算机控制的电磁环主动阻尼组合实现。更近期的航天器已采用动量轮代替重力梯度伸杆提供更加准确的姿态控制(一般为 0.2°左右)，然而利用动量轮将引入活动部件，不可避免地降低可靠性，因此，一般保留重力梯度伸杆，如果动量轮失效则展开伸杆。太阳敏感器、地磁场传感器(磁通门磁强计)、星敏感器提供姿态数据，在轨 GPS 接收机自动测量卫星在轨位置，精度为±15 m。一般由四块体安装的砷化镓太阳能电池板提供电力，每块电池板产生的功率约为 35 W，存储于 7 Ah 镍镉可充电电池中。VHF、UHF、L 波段和/或 S 波段上行链路/下行链路完成通信，根据任务内容选择业余、商业或军事通信波段，这些卫星使用完全错误保护 AX.25 数据包链路协议，码速率为 9.6～156 kbps。

最近一代 SSTL 增强型微卫星的重量为 100～150 kg，是微卫星质量规模的上端，是已经经过飞行证明的 50 kg 微卫星的继承，在设计上支持任务需要较大和要求更多的有效载荷情况(费用仍然较低)。600 mm×600 mm×500 mm 平台结构设计能够容纳较大的太阳能电池板，并能提供灵活内部和外部有效载荷安装。不论如何，此平台非常适合低费用的搭载载荷运载火箭，如 Ariane 5 ASAP。

这些增强型微卫星(图 18.9)在轨能够产生的平均功率超过 100 W。完全三轴姿态控制系统能够让有效载荷指向陆地和天空的任何目标，指向精度小于

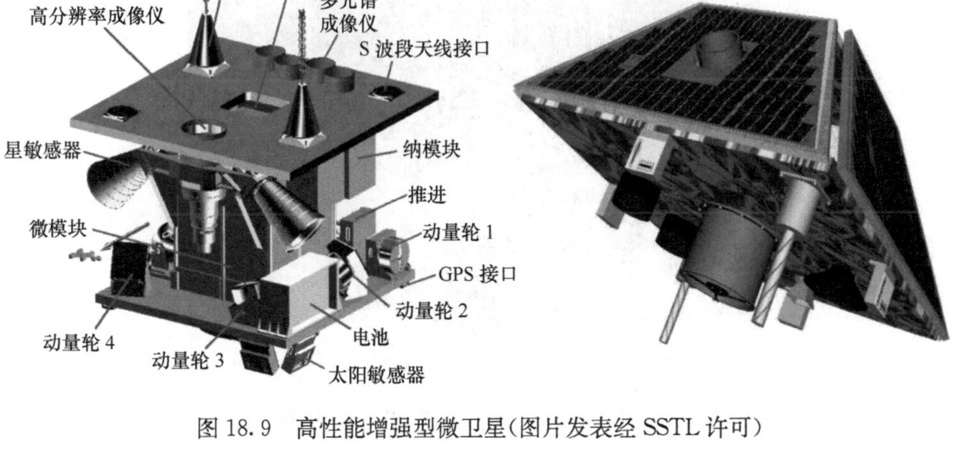

图 18.9 高性能增强型微卫星(图片发表经 SSTL 许可)

0.1°。在轨计算机网络和内置控制器自动完成所有的遥测和遥控、通信、有效载荷控制和数据管理功能。

S 波段和 X 波段下传链路给遥感类等有效载荷提供高速通信能力(最高码速率为 200 Mbps)。

18.6 迷你卫星平台

已经有了几百公斤级主要用于科学和军事的稳定卫星系列。从 20 世纪 90 年代早期以来,很多这类卫星建造费用只用了几千万美元(和传统航天标准相比成本是较低的)。然而为了适应有效载荷在功率、体积和质量的增长(但还要在小规模财政预算范围内),使用前面描述的微卫星原则建造迷你卫星的兴趣越来越浓。

SSTL 的第一个迷你卫星平台如图 18.10 所示,在设计上遵循了以上的低成本原则,结果是一个基本平台的费用为 500 万到 600 万英镑之间。

图 18.10　SSTL 研制的 312 kg UoSAT-12 迷你卫星,于 1999 年发射(图片发表经 SSTL 许可)

在核武器退役年代，非常有趣的是成功发射的 UoSAT-12 卫星使用的是改装的 SS-18(Dnepr)洲际弹道导弹。三轴姿态控制通过磁力矩器、动量轮、低温氮气推力器组合完成——同时对提供轨道修正和轨道维持的 N_2O 电阻加热推力器进行了试验，此项技术验证用于将来网络星座计划。很多技术在这次任务中得到了证明并已用于现代增强型微卫星，展示了技术验证任务和运行的航天器发展之间重要的相互影响。

18.7 纳卫星平台

在卫星质量规模的最下端，技术继续向最小型化的趋势引起了发展极小卫星的兴趣，卫星重量只有几公斤或者更小。主要兴趣还是来自美国，特别是航空航天公司(Aerospace Corporation)和军方-空军科研办公室(Air Force Office of Scientific Research)及美国国防部高级研究计划局(Defense Advanced Research Project Agency)，共同促进在美国大学内开展纳卫星和皮卫星研究计划——最有名的是斯坦福大学提出的立体卫星(CubeSat)概念。在欧洲大学内也有类似的兴趣，包括萨里大学首创的掌上卫星(PalmSat)。这种卫星的早期实例包括 3 kg 重的 SPUTNIK-40——为纪念 SPUTNIK 40 周年而用三倍缩比复制原始的 Sputnik。该卫星于 1997 年 11 月由和平号空间站释放。SPUTNIK-40 由法国 I' Aeroclub de France(负责无线电发射机)的学生和俄罗斯宇航局的工作人员(负责结构)制造。之后 1998 年柏林技术大学制造了 8 kg 重的 TUBSAT-N 和 3 kg 重的 TUBSAT-N1，在俄罗斯的核潜艇上由改装的 Shtil-1 导弹发射。再之后的 SPUTNIK-41 也是在 1998 年发射。2000 年 1 月斯坦福大学的 OPAL 微卫星进行发射时，携带了一组六个重量约为 250～500 g 的皮卫星，开创了纳卫星和皮卫星的新纪元。这次发射还包括亚利桑那州立大学研制的 5 kg 重 ASUSAT-1 和美国军方的 JAWSAT 纳卫星，大家共同享受多任务成功的快乐。

2000 年 6 月，英国发射了第一颗纳卫星——6.5 kg 重的 SNAP-1，萨里大学从设计到建造只用了 9 个月时间。SNAP-1 是一个高度集成和复杂的航天器，携带有先进的超小型的 GPS 导航系统、CMOS 视频相机技术、在轨计算机、推进和姿态控制技术。图 18.11(a)显示航天器正在进行机械验收测试。为了对卫星尺寸有一个直观印象，卫星所在的振动台的圆形平面近似餐盘大小。

SNAP-1 主载荷是机械视频系统(MVS)，能够观察在轨的其他航天器，MVS 由三个微小型大视角 CMOS 摄像机和一个窄视场 CMOS 视频相机组成，每个相机的重量只有几克，共用一个复杂图像处理电子学系统(图 18.11(b))，处理器为 220 MHz 的 Strong ARM RISC。MVS 曾对俄罗斯 Nadezhda 卫星进行成像(图 18.11(c))，Nadezhda 卫星携带 SNAP 入轨，MVS 特别用于监视另外一个

SSTL 微卫星入轨。随后 MVS 用于提供来自 SNAP-1 的近红外中等分辨率(500 m)地球图像。SNAP-1 的轨道高度为 650 km,为近极地轨道。

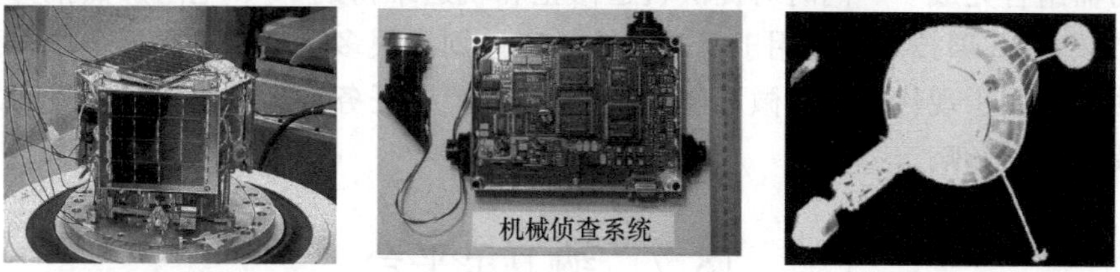

(a) (b) (c)

图 18.11 SNAP-1 纳卫星(a),SNAP-1 MVS 有效载荷(b),SNAP-1 在轨拍摄的俄罗斯 Nadezhda 研究与救援卫星(c)(图片发表经 SSTL 许可)

SNAP-1 的小型低温气体推进系统使用丁烷作为推进剂,用于 SNAP-1 卫星相对于中国清华 1 号微卫星的机动。图 18.12(a)给出小型化推力器和燃料储箱图片,由 SSTL 和 Polyflex 有限公司生产。图 18.12(b)给出 SNAP-1 和清华 1 号卫星轨道高度随时间的变化记录,记录是由各自的在轨 GPS 导航系统完成。清华 1 号没有推进系统,在大气阻力作用下自然下降。SNAP-1 最初下降很快(是纳卫星特性之一,原因是弹道比较差)。第一次自动轨道机动后 SNAP-1 快速上升,强烈的太阳活动导致 SNAP-1 降落比预计的要快,因此在允许 SNAP-1 降落到清华-1 号卫星轨道前推进系统进行了第二次点火。

(a)

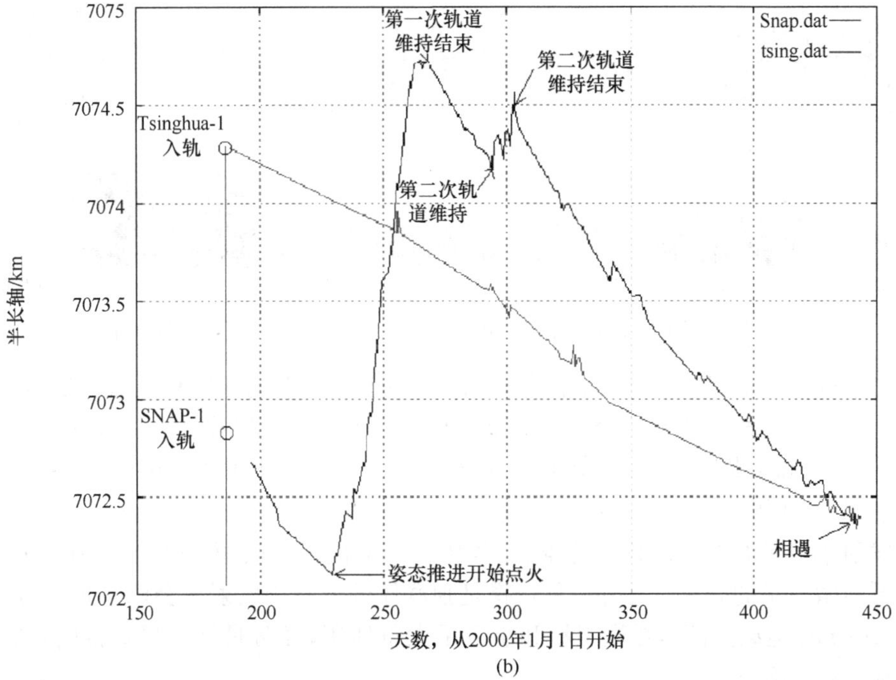

(b)

图 18.12　SNAP-1 丁烷低温气体推力器(a)，SNAP-1 轨道机动(b)，SNAP-1 和目标航天器半长轴的对比(图片发表经 SSTL 许可)

自 SNAP-1 以来，发射了很多立体卫星，第一批始于 2003 年 6 月，这些卫星主要用于航天工程教学实习试验平台——大多往往用于"飞行相机"。然而一些卫星也提供了大量的新技术验证功能，包括微电子机械系统(MEMS)、自动识别系统(AIS)、信号追踪、系留试验和空间环境监测等。

纳卫星将来的应用包括远距离监视卫星(如国际空间站)、监视在轨展开系统、演示验证群控制和编队飞行技术等。

18.8　可承受的小卫星发射

一个可持续、商业、低费用的小卫星计划一定要和相应的价格不贵的并且是常规的正式发射服务合同相匹配——如果发射费用过高，建造一个复杂、低价格微卫星就失去了意义。大多数微卫星的发射都是背负式的或者是搭载主载荷一起发射——主载荷承担绝大部分发射费用。

图 18.13 给出发射服务中可用的各种一次性运载火箭(另请参见第 7 章)。

在美国和前苏联的支持下，早期微卫星(特别是业余无线电卫星)的发射实际上是免费的，但这种发射机会不经常有且不可预期。1998 年取得突破性进展，当时 Arianespace 开发了 Ariane 附属有效载荷结构(ASAP)，第一次提供常规的、经

图 18.13　用于小卫星发射任务的运载火箭实例(图片发表经 SSTL 许可)

费可承受的商业发射服务,将重约 50 kg 的微卫星发射到低轨和地球同步转移轨道。图 18.14 显示两颗 UoSAT 卫星和四颗 US AMSAT 微卫星安装在第一个 ASAP 上,和主载荷法国的 SPOT-2 航天器一起发射。使用 Ariane 4 ASAP 一共发射了 20 多颗微卫星,Ariane 5 搭载能力进一步提高。尽管 Ariane 是世界上提供发射小卫星的主要运载火箭,随着小卫星的迅猛发展,阿丽亚娜独自不能满足发射低轨微卫星的需求。另外一种选择是独联体的低费用发射机会(Tsyklon,Zenit 和 Cosmos 运载火箭),被微卫星和小卫星大量使用,经常是微卫星直接附加在主载荷上(图 18.15)。

图 18.14　微卫星作为搭载载荷安装在 ASAP 圆环上(图片发表经 SSTL 许可)

图 18.15　微卫星直接安装在主载荷上(图片发表经 SSTL 许可)

在过去的几年里,独联体大量的洲际导弹库存通过去军事计划使小型发射器的获得变为可行(如 SS-18/Dnepr,SS-19/Rockot, SS-25/Start 等)。萨里卫星技术公司(SSTL)和国际宇航公司(ISC Kosmotras)合作将 SS-18 洲际导弹改造成第一个 Dnepr 小卫星运载火箭,并于 1999 年 4 月在拜科努尔导弹发射井将图 18.16 所示的 UoSAT-12 小卫星成功发射。

图 18.16　改装后的 SS-18 洲际导弹利用发射井发射小卫星(图片发表经 SSTL 许可)

对于 CubeSat 卫星有许多供应商提供发射机会,包括加州理工大学,拥有 P-POD 展开器(和斯坦福大学共同开发),ISIS 和 UTIAS ,可以用于纳卫星及 CubeSat 卫星的 X-POD 展开器。

18.9　在轨运行

低费用小卫星方程中的最后一项是在轨运行费用(另请参见第 14 章)。开发紧凑、低成本任务控制地面站来控制在轨微卫星,图 18.17 为地面站实例。

图 18.17　SSTL 任务控制地面站第谷大厅,吉尔福德英国(图片发表经 SSTL 许可)

这些地面站基于 PC 机并高度自动化——和在轨微卫星自主进行交互,可减少劳动力需求并增加可靠性。例如,在萨里大学的 SSTL 任务控制中心,一个控制器操控几颗低轨卫星和一颗中轨道卫星。这些设备依赖航天器本身具有很高的自主性,在实际中卫星在单站范围内的时间只占卫星整个工作时间的很小一部分(对于低轨道极轨卫星一天在中纬度地面站卫星控制范围内的时间约为 1 h),因此对地面站和卫星软件的投资不应该被低估。在轨微卫星软件总量一般在几百 kB 量级——可能比传统卫星软件还要大。类似地,地面站跟踪和数据处理软件代码一般在几千行。

18.10 小卫星应用

18.10.1 通信小卫星

大型静止轨道卫星透明实时宽波段服务已经成为卫星通信的代名词。低轨卫星和用户的距离较近，传输损耗和延时相应减少，因而具有吸引力，地面终端保持较低价格并且区域频率重用。尽管如此，低轨星座通信会造成不同的并亟待解决的问题，如通信路径和链路的变化、较高的多普勒频移和卫星之间的传递等。美国军方用微卫星开辟早期类似网络通信技术，如 GLOMR(1985)、MACSAT(1990)和萨里大学的 UoSAT-2(1984)和 UoSAT-3(1990)，提供全世界范围电子邮件非实时数字数据的存储和转发，特别是通信基础设施不足或没有通信设施的边远地区[6]。SSTL 的两个微卫星(HealthSat-1 和 HealthSat-2)被美国的 SatelLife 所采购，为在第三世界国家工作的医疗队和救援人员提供日常电子邮件通信。另外一个例子是 PoSAT-1 卫星，在波斯尼亚危机时给葡萄牙提供军事电子邮件通信。图 18.18展示的是一个极地科学家使用便携手持式设备通过 SSTL 微卫星和家里进行通信。

图 18.18 使用手持式设备通过微卫星从偏远地区发送电子邮件(图片发表经 SSTL 许可)

迷你卫星平台提供一种将实时通信转发器载入地球静止轨道的方法。

18.10.2 空间科学小卫星

微卫星和迷你卫星能够提供探索高度聚焦、小规模科学目标的一种快速实现并且成本较低的方法(如探测 X 射线、监测空间辐射环境、更新国际参考地磁场等),实例有英国的 ARIEL 系列卫星和 74 kg 重的 AMPTE-UKS 卫星(1984),286 kg 重的瑞典的 VIKING 卫星(1986)和 ASTRID 卫星系列,62 kg 重丹麦 OERSTED 卫星(1999)等。在昂贵、长期酝酿、大型空间科学任务的大型设备开发之前,这些卫星还能以完全互补的方式提供一种概念验证的手段/工具。不仅能够快速获得科学数据,还能给年轻科学家和工程师提供获得卫星和有效载荷工程“实际”经历的机会,对后续的大型任务是无价的经验。例如,一个博士研究生可以开始一项研究计划、提出和建造一个设备、检索轨道数据以进行分析并在正常的研究生学习期间内提交论文。8 颗萨里大学微卫星携带有效载荷监测近地辐射环境(另请参见图 18.5),利用飞行数据对地面数值模型进行了验证,同时对辐射环境进行了测量,辐射环境对在轨系统产生的效应也进行了测量。和智利合作的微卫星任务 FASat-Bravo(1998),是臭氧层监测试验(OLME)的一部分,携带的有效载荷有紫外相机和紫外辐射计,如图 18.19 所示,设备提供了地球极区臭氧浓度和结构的独特数据。

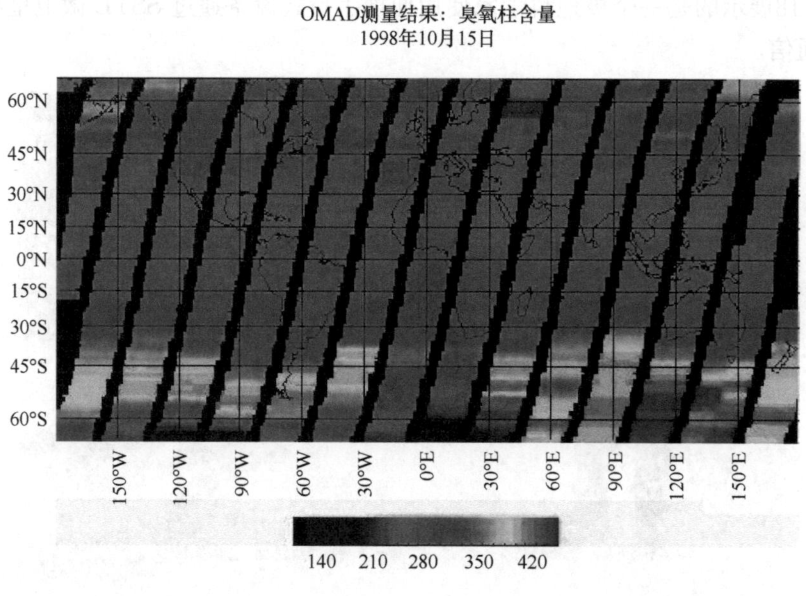

图 18.19 臭氧总量浓度(单位为 DU),由 FASAT-Bravo 臭氧层监测试验测量(图片发表经萨里大学许可)

18.10.3 技术验证小卫星

微卫星还在进行全尺度、高费用的任务之前提供具有吸引力、低费用及快速的手段,用于演示、验证和评估在真实轨道环境下和可接受风险范围内的新技术或服务。最好的实例是英国国防评价与研究局(现为英国国际防卫和安全技术公司QinetiQ)的STRV-1(1994)系列微卫星——设计是为了在严酷的地球同步转移轨道空间环境下验证新技术。例如,其中的一个试验是测试新太阳能电池的工作特性,卫星依赖太阳能电池板工作特性产生一次电源,支持在轨星务管理系统和有效载荷在轨7～15年的工作寿命。因此,了解不同类型太阳能电池在空间辐射环境中的长期工作特性至关重要。遗憾的是,地面短期辐射敏感性测试并不能提供准确的不同类型太阳能电池在轨工作情况的准确数据,因此需要将地面数据扩展到真实的轨道环境进行评估。UoSAT-5(1991)进行了一项先进的太阳能电池技术试验(SCTE),如图18.20所示,该项技术是针对不同厂家生产的砷化镓、硅和磷化铟27个太阳能电池样品在低轨道的性能进行评估。

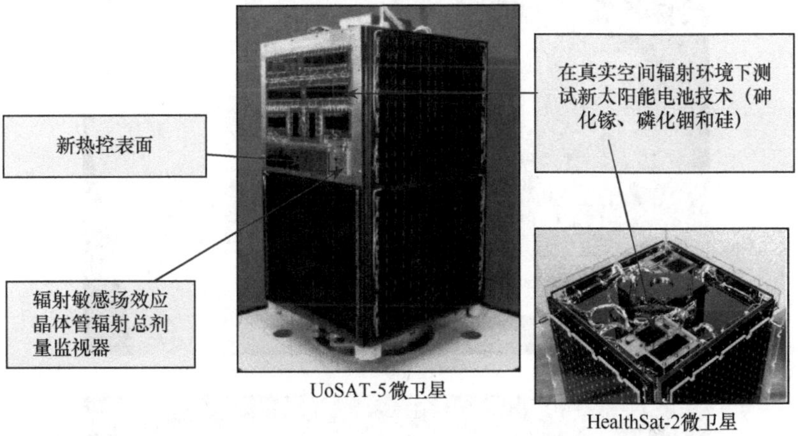

图18.20　UoSAT-5新技术演示验证试验(图片发表经SSTL许可)

18.10.4　对地观测小卫星

微卫星给对地观测带来了一场革命。常规对地观测或者是遥感卫星任务费用是非常高的(5亿美元是很正常的)。然而,尽管能提供令人印象深刻的空间和频谱分辨率,但这类任务和产生的数据相对都少,并且由于这类卫星实际在轨数量少,因此地面目标时间分辨率较低。由于①高密度二维半导体电荷耦合器件(CCD)光学探测器(用于消费者使用的录像机和数码相机等)和②低功耗、强大计算功能微处理器的可用性,低价格小卫星给遥感带来了新机遇。事实上UoSAT-1(1981)和UoSAT-2(1984)都携带了第一代2D-CCD对地成像相机试验产品,为第一个在UoSAT-5(1991)卫星在轨运行的相机奠定了基础。该卫星能够对第一次海湾战争中科威特油井大火进行成像,是唯一能够开展此项工作的私有对地成像卫星。清华1号微卫星于2000年6月发射,提供四波段35 m分辨率图像(和

Landsat 卫星相似)，根据用户要求可提供星下点视场±15°(幅宽约±200 km)图像——包括发射入轨在内的任务费用一共约 350 万英镑。迷你卫星和增强型微卫星能够实现更好的效果，例如，103 kg 重韩国 KITSAT-3 卫星于 1999 年发射，地面分辨率为 17 m，分为红、绿及近红外三个波段，同时，灾害监测星座(DMC)和 RapidEye 增强型微卫星表明全面的商业对地观测星座成为可能，最高能够达到多频谱 7 m 地面分辨率和 4 m 地面分辨率全色成像能力，图 18.21 给出一些小卫星地面成像性能实例。

(a)

(b)

图 18.21　DMC 星座图像

(a) 阿富汗赫尔曼德省三波段 32 m 分辨率图像，摄于 2006 年春，联合国毒品与犯罪办公室(UNODC)用来评估罂粟产量(把图像覆在数值估计模型上)；(b) 埃及开罗机场 4 m 分辨率全色图像 (图片发表经 SSTL 许可)

18.10.5　军事应用小卫星

在过去的几年，军事需求一直驱动小卫星技术的应用，特别是美国和前苏联。但这些航天器更趋于传统类型(只是体积小一些)，人们对于如何实现高性价比更感兴趣。

对于微卫星工程师，初看起来军事类型卫星的采购需求和高性价比相互矛盾。但在保持低成本和快速响应两个最主要特性的同时，SSTL 开发了可展开太阳能电池板军事微卫星平台以支持各种军事应用有效载荷。“商业”和“军事”卫星平台的主要区别是元器件的规范和采购，特别是用来追踪硬件和过程控制的文档数量。军事项目的限制和经济上的矛盾已经找到一个最佳的折中解决办法，和商业卫星采购程序相比，军事卫星在研制经费和研制时间上都要乘以大约 1.5 倍因子。

已经用于军事方面的小卫星和系列小卫星的实例如下：

(1) 美国 TRANSIT 计划，小卫星用于军事导航系统。

(2) 美国 MACSAT 和葡萄牙 PoSAT 任务，小卫星用于小部门的数据存储和转发通信。

(3) 美国 MICROSAT 星座，由 7 颗卫星组成，用于战场通信。

(4) 法国军方 CLEMENTINE 和 CERISE 航天器，用于电子情报收集。

(5) TechSAT-21 任务，将用小卫星进行雷达成像和地理定位。

SSTL 军事微卫星平台的第一次应用是 CERISE 任务，为法国国防部设计和建造，于 1995 年 7 月由 Ariane 火箭发射到 700 km 低轨轨道(图 18.22)。经过一年完美运行后，CERISE 成为历史上第一个被空间碎片(火箭碎片)(已知的) 击中

图 18.22　为法国国防部建造的 CERISE 航天器(图片发表经 SSTL 许可)

的在轨运行卫星，碎片割断了用于稳定控制的伸杆。然而，由于微卫星系统的灵活性和适应性，SSTL 工程师通过上传新的姿态控制算法使 CERISE 卫星姿态重新稳定，并恢复正常工作。为法国国防部建造的第二颗微卫星(CLEMENINE)于 1999 年发射到低轨轨道，第三颗卫星(称之为 PICOSat)是给美国空军建造并于 2001 年 9 月 30 日成功发射，携带了美国国防部先进技术的有效载荷。

使用微卫星给军事应用提供敏捷的 2.8 m 分辨率成像于 2005 年在 TOPSat 微卫星上得到了展示，卫星由 SSTL、RAL(Rutherford Appleton Laboratory)和 QinetiQ 联合研制。图 18.23 为 TOPSat 卫星，表达了一个概念：为了获得高的分辨率图像需要相对较大的光学测量设备。

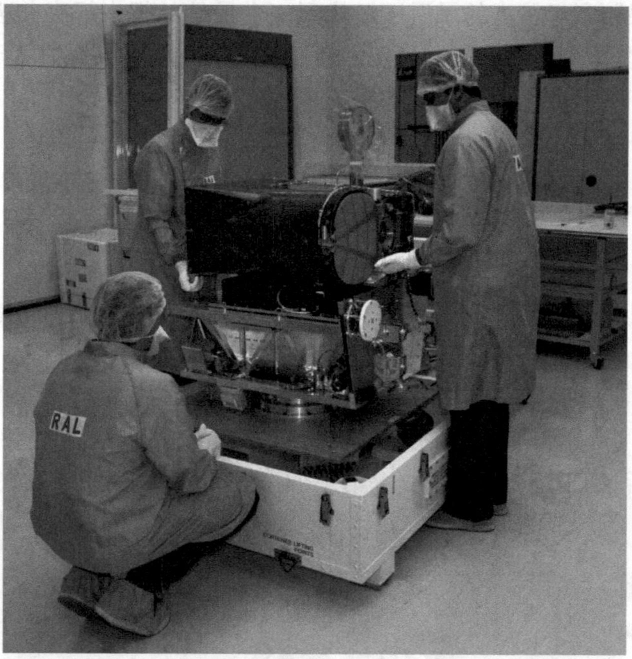

图 18.23　TOPSat 高分辨率成像卫星(图片发表经英国 STFC 许可)

18.11　皮卫星及小型化最新进展

小型掌上计算机和移动通信设备的驱动刺激了进一步小型化的发展，特别是低功耗微处理器、高效发射机、低质量高容量电池技术和低功耗 GPS 接收机等。

这些技术发展之后是移动多媒体系统的特定发展时期，如数码相机，推动了低价格、低功耗、高密度的数据存储及高分辨率成像传感器的发展。最近的发展趋势是电子部分全部集成到一个芯片上(芯片系统)，特别适合皮卫星技术(芯片卫星)。

在此领域其他技术的进展总结如下：

微电子机械系统(MEMS)利用集成电路制造技术开发了小型带电子器件的机械组件，已经在气囊展开传感器和喷墨打印机打印头等方面找到了先期的大众应用市场。

定制产品根据订单进行生产，和特殊应用集成电路(ASIC)技术一起将很快使整个航天器电子设备系统包括传感器和执行机构集成到方糖大小体积内。边长为几个毫米量级的惯性导航平台已经能够获得，还有微推进系统。这些工作大部分正在美国研究机构如桑迪亚国家实验室 (Sandia National Laboratory)内进行。电子产品晶片尺度的集成和微电子机械技术拓展了机遇，是美国航空航天公司提出的高度先进和高度集成纳卫星和皮卫星的基础。

一些技术是由航天商业化所驱动，包括先进的地面段和高效率、抗辐照、多结点太阳能电池等。

在以后的 10 年，这些技术的发展成果将使极小型、复杂、智能卫星变为可能，并且可以低费用大量生产。这些卫星可能会成千的发射，并且具有足够的在轨自我组织和分布智能——实质上是通过群体作用实现综合功能，这种卫星的应用究竟如何？我们拭目以待。

18.12 结　　论

随着 20 世纪 70 年代业余无线电爱好者将先进微处理器和商业货架产品技术用于低费用卫星平台，于 1981 年诞生现代微卫星的概念。20 世纪 90 年代这些技术得到快速的商业发展，当前低费用微卫星在使得太空国家能够进行日趋复杂的航天任务方面起着重要作用，包括通信、对地观测、空间科学和技术演示等。把低成本和小尺寸卫星直接联系在一起可能是错误的，高性价比的实现是来自应用特殊的设计理念——不仅是对卫星，而且是对任务的各个方面。正是这种设计理念对“小”卫星任务进行了很好的定义。小卫星实现方法和传统卫星相比表明，更小、更快、更廉价的理念在小公司和研究团体而不是大的航空航天组织取得了巨大成功。

随着进入新世纪，商业货架电子产品小型化的快速发展及微电子机械技术的出现已经迎来了更小的正在开辟新任务的纳卫星和皮卫星的新纪元——经常需要运用集群卫星使特殊功能综合化。下一个十年可能会看到 “芯片”级独立生存卫星的大量生产。

Martin N. Sweeting, Craig I. Underwood

Surrey Space Centre, University of Surrey, Guildford, Surrey

参 考 文 献

[1] Davidoff,M. (1990)The Satellite Experimenter's Handbook,American Radio Relay League, Newington,CT,USA. Chapters 2,3 and 4.

[2] Sweeting,M. N. (1982) UoSAT—an investigation into cost-effective spacecraft engineering, J. Inst. Electr. & Radio Eng. ,52,(8,9),363-378.

[3] Sweeting, M. N. (1987) The University of Surrey UoSAT-2 Spacecraft Mission, J. Inst. Electr. & Radio Eng. ,57,(5),(Supplement),S99-S115.

[4] Helvajian, H. and Janson, S. W. (2009) Small Satellites: Past, Present, and Future, The Aerospace Press,AIAA,Resto,VA,USA,2009,Chapter 5.

[5] Underwood,C. I. (1996) Single Event Effects in Commercial Memory Devices in the Space Radiation Environment,PhD Thesis,University of Surrey,Guildford,Surrey,UK.

[6] Ward,J. W. (1991) Microsatellite for global electronic mail networks,Electron. & Commun. Eng. J . ,3,(6),267-272,December 1991.

参考书

[1] Wertz, J. R and Larson, W. J. (1996) Reducing Space Mission Cost, Microcosm Press, Torrance,Calif. and Kluwer Academic Publishers,Dordrecht,The Netherlands.

[2] Boden, D. G. and Larson, W. J. (1996) Cost-Effective Space Mission Operations, McGraw-Hill,New York.

[3] Small Satellites Home Page,http://centaur. sstl. co. uk/SSHP/ (accessed 3rd June 2010).

19 产品保证

19.1 概　　述

产品保证(PA)及相关的专业术语——可靠性、质量等都是由昂贵的失效所引出，通过深入调查可以预见并预防失效。它们经常发生在政府投资或者富商个人投资的大型项目中。纳税人不想看到他们的钱被浪费。一些观点认为早期的检查是值得的，尽管它会增加成本，但后期失效带来的损失更大。

19.1.1　产品保证的起源

可靠性作为正式的学科出现在铁路时代，当时需要通过测定机车车辆的寿命来计划在破损或更糟糕的情况发生之前替换轴承和其他磨损件。安排常规检验监视磨损和破裂，结果是火车很少发生出轨。后来，在工业时代电子机械的使用逐步增加，它们很容易失效——部件尺寸缩小、应用中过度使用和环境应力等。直到后来沃纳·冯·布劳恩(Werner von Braun)开发了V2导弹，引入成功的概率(可靠性)来代替以前使用的统计数据百分比。

质量保证作为正式的学科来自于20世纪30年代和40年代海洋军舰的运行经历。通信和雷达上电子设备使用的增加意味着军舰使用4000～5000个真空管。它们经常失效，工程师差不多要持续对它们进行更换，军舰大部分时间不能进行服役。美国政府通过海军部访问真空管制造商并对单件产品建立质量标准，强制他们进行反复检验和审核。产品价格上升迫使制定了明确的两项质量目标：

(1) 产品到达用户后减少失效；

(2) 削减内部浪费。

19.1.2　产品保证的发展

在随后的几十年，供货商的压力增加基于以下几个因素，产品质量持续提高：

· 维修费用的上升	· 市场需求的快速变化
· 持续不断地追求金钱	· 长期保证和担保
· 可靠性/性能激励	· “适用性”方面的法律
· 及时供货需求	· 产品责任方面的法律
· 采购方需要 ISO 9000/9001/9002 标准认证[1]	

1. 注意 ISO 9000 系列标准认证组织机构不保证用户将拿到他们订购的产品,例如供货商破产。如果用户拿到了订购的产品,产品质量为高品质并满足用户要求。这就意味着购买者在下订单前除了需要考虑 ISO 认证情况外,还必须查看供货商账户的稳健性

由质量专家发起质量循环活动,目的是引入持续的质量改进,指出操作者在哪些地方做错了哪些事情,提醒监督人员注意的是不要谴责或责怪当事人。“总质量管理”和“企业再造”在提高质量目标前提下提高管理效率。

19.1.3 航天系统产品保证

航天系统在几个方面不同于其他工程。例如,典型的运载火箭,燃料供给涡轮机工作的转动速度很高,并且一侧的温度高达 2000 ℃,另外一侧的燃料/氧化剂工作在低温温度。运载火箭还需要经受持续的高加速度和振动、上面级工作在真空环境(见第 2 章)。

航天器不可维修(哈勃空间望远镜、航天飞机和国际空间站除外),因此尽管质量限制(航天器质量大则需要价格更高的运载火箭),备份设备不得不带入太空。航天器的异常状态不一定不可逆转地失效,因此航天器恢复要在设计时预先计划,包括故障检测、隔离和恢复(FDIR)功能。深空探测是个特例,传输遥测(故障显示)到控制台所需要的总时间需要评估,正确的指令返回到航天器所需时间可能会很长,而且指令效果还要通过来自航天器的遥测进行确认,无线电信号传输的距离是星地之间距离的三倍。因此在操作者介入之前,深空探测器必须在失效状态下几个小时内能够生存下来。

高质量等级部件、材料和超洁净空间的制造通常用来防止老化效应和污染带来的失效。空间环境的特性是真空、辐射并且温度变化范围宽,器件和材料必须在此环境下能够长时间存活并保持功能正常。

19.2 项目中的产品保证

19.2.1 概述

工程师喜欢使用最新技术——更高效率、更低功耗、更小质量等。另一方面,项目经理一般总是喜欢比计划提前一点点,留出没有使用的余量资源去解决不可

预见的工程问题。

在航天项目中，产品保证在项目团队中扮演“良心”的角色。产品保证的任务是既不要反驳创新，也没必要把资源都用掉，重点是实现在计划任务寿命周期内的在轨性能要求，而不只是在开始阶段。飞行航天器所有元素都要能够胜任应用和环境，工程师推荐的新的元件，必须花费一定的项目费用去通过资格验证。如果特殊过程很难执行，或对任务成败非常关键，则执行任务的工程师必须进行适当的培训并且熟练程度测试要达到必要的标准，过程结果也要经过检验。

产品保证工程师使用经过认可的失效率、发布的产品保证标准、关键的现场测试和工艺检验进行可靠性预计。

一个好的产品保证工程师还要调查失效率的有效性、核对产品保证标准的适用性和实用性、核对测试设备定标记录并检验采用的工艺标准。

普遍原则如下。

普遍原则 1：对于每项产品保证任务，竭尽所能，对正在进行的产品保证任务进行假设验证。

有时会说“会出错的，终将会出错”（墨菲定律）。产品保证的功能是预防和纠正问题，预防的代价一般小于问题发生后进行纠正的代价。

产品保证工程师经常要作细致的权衡判断，包括：

(1) 坚持重新测试，代价是成本增加并且测试结果会延期；

(2) 检验人员拒收设备，代价同样是增加成本；

(3) 如果没有备份，将产品处理为“废品”的成本将是昂贵的，因为必须订购或生产一台新的设备，结果是项目计划延期本身也使成本增加。

(4) 飞行件控制过程或者应急过程出现的差错可以被认为是产品保证不合格，尽管是航天器操作团队建立了操作过程，并用航天器仿真器对差错进行检查并得出结论。

(5) 在轨失效使航天器任务终结，会导致巨额的保险索赔，承保人总会收到详细的失效事后调查报告，他们也会询问专家包括产品保证人员，他们有义务作出解释！

无论何时、何地出现错误，产品保证人员一般都会受到责备。

普遍原则 2：在签发任何文件之前，找出并了解所有未知因素，并且充分满足，① 产品保证活动能够表征这些未知因素；② 减少副作用。

此原则可应用于设计、制造、装配、集成和测试，也可以应用于在轨异常情况。

19.2.2 产品保证定义和原则

下面各项构成了产品保证活动的基础。

产品保证（定义）是一门致力于研究、规划和实施活动的学科，旨在确保项目设计、控制、方法和技术可以使产品质量达到令人满意的程度。

质量(定义)是一个产品的特性总和或者是能够满足规定的或隐含的需求的服务。

普遍原则 3:质量基础(原则)——产品最终质量依赖于对设计、制造和测试的控制。

普遍原则 4:质量证明(原则)——质量必须显而易见(包括可验证的证据)并可演示验证(演示验证能力)。

1968 年北大西洋公约组织(NATO)在 AQAP-1(AQAP:盟军质量保证出版物)质量标准[1]中发布了这些普遍原则。AQAP 这些标准很久前就已被取代了,最初是在 1979 年被英国标准 BS 5750[2]所取代,此标准后来被国际标准化组织(ISO)采用并作为 ISO 9000 系列标准[3]的基础。即便如此,直到今天 AQAP 的原则仍然适用。

19.2.3 产品保证目标和项目阶段

图 19.1 给出在项目各个阶段的产品保证目标,阶段目标来源于顶层目标——计划寿命期内性能应满足要求。另请参见第 17 章。

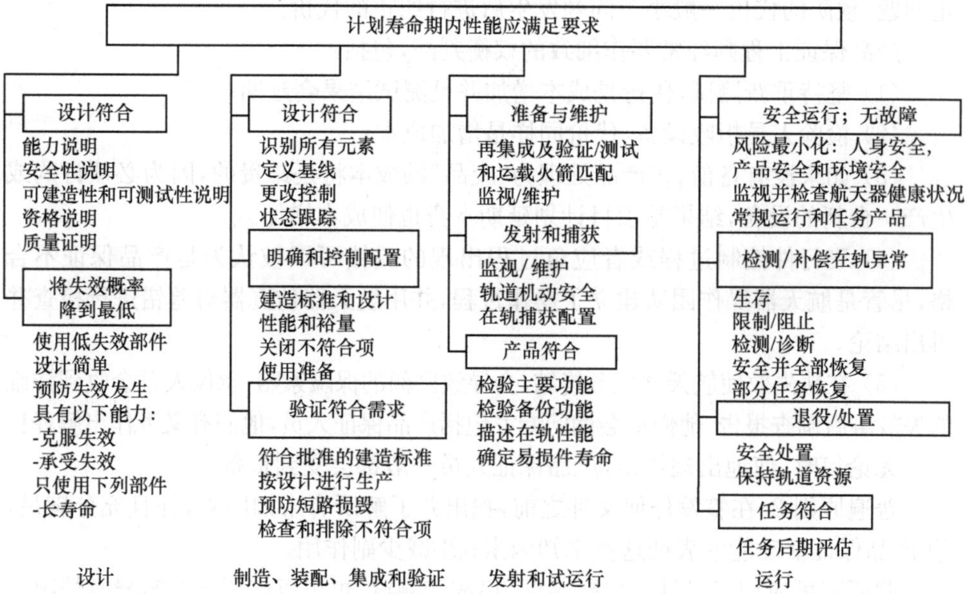

图 19.1 项目不同阶段的产品保证目标

在设计和制造阶段给出“设计符合”术语,目的是说明有一个明确的基线,根据此基线最终产品(如航天器)能以相同(合格的)质量标准进行重复建造。在后续阶段——发射和试运行,“设计符合”变成了“产品符合”。当航天器在轨运行时,要对航天器进行检查,其运行特征要足够好并使操作者“了解他们的航天器”。在轨测试活动(另请参见第 14 章)结果可能会对飞行控制程序(FCP)和紧急恢复程序(CRP)进行更新。寿命终止(EOL)后的工作是“任务符合”,无论寿命终止是计划内还是早于预期,即任务通过回顾的方式进行评估,判定满足用户需求的范围并从项目经验中吸取教训。目的是通过积累经验来改进设计、制造、测试和在轨运行过程。

在设计阶段,“将失效概率降到最低”包括预防(使用高质量等级部件、材料和工艺、承受失效)和纠正(通过备份设备克服失效)。

制造和装配、集成及验证阶段包括“明确和控制配置”,确保所有人员的工作都是基于相同的最新基线(避免无用工作)。可总结如下:

基线+所有已经批准的更改=当前配置

“验证符合需求”,有时也称为一致性,说明完成的产品和设计的产品一致(更改批准后),是质量证明中证据的一部分。

在发射场,“准备和维护”能够使项目经理对航天器在发射前一直保持良好状态感到满意。如果某项关键参数超出限定范围,项目经理可要求暂停发射。在轨运行则执行“安全运行;无故障”,异常情况用紧急恢复程序进行补偿。

19.2.4 产品保证在风险管理中的作用

风险管理就是管理责任(表 19.1)。作为正式标准的活动经常委托给产品保证人员,因为他们被认为在“假设分析”研究、概率原理、风险概率估计和成功准则等方面具有良好的技能。

表 19.1 典型标准分类(ESA),基于欧洲空间合作标准化组织(ECSS)标准

管理 ECSS-M-ST-	工程 ECSS-E-ST-	产品保证 ECSS-Q-ST-
10. 项目分解结构	10. 系统工程	10. 未使用
20. 项目组织	20. 电气及电子设备	20. 质量保证
30. 项目阶段和计划	30. 机械	30. 可信性
40. 配置管理	40. 软件	40. 安全性
50. 信息/文件管理	50. 通信	50. 未使用[1]
60. 成本和进度管理	60. 控制系统	60. 电子、电气、机电元件控制
70. 综合后勤保障	70. 地面系统和运行	70. 材料、材料采购及处理
		80. 软件产品保证

1. 计划的题目和其他标题合并

项目风险管理的主要特征如下:

(1) 风险是一种影响力或“挫折”,它对项目规划有负面影响;

(2) 风险的属性包括可能性或概率性以及影响的类型/幅度;

(3) 风险体现在各个方面,如法律诉讼的威胁、关键项目推迟交付、测试中潜在的故障、未能获得资质等。

(4) 风险是对"会出错的,终将会出错"的预先警告。

(5) 风险必须进行查找、记录、分类和跟踪。

(6) 必须坚持不懈地减少和消除已识别的风险。

大多数情况下,项目实施风险管理时,责任人建立风险登记,列出并界定已发现的风险。周期地对风险登记记录进行审查,查看针对降低风险采取了哪些行动,哪些风险或影响得到了降低。也要审查新增加的风险,一些相关性较强的风险可以合并。为了帮助项目经理消化理解这些登记的风险信息,识别的风险经常使用颜色代码引起注意,典型颜色代码如下:

红色	未解决的、很可能的、紧急的风险,或风险影响较严重
橙色	风险影响可能较严重或可能扩大
绿色	风险可能性较小,或影响较小
灰色	风险已消除,不再是威胁

项目风险管理的目的是随着项目的进展风险逐步减少,以便在成本和进度的约束下能够交付满足所需标准的最终产品。

19.2.5 产品保证-项目整体活动

航天机构、采购部门和制造商三者的标准是典型围绕图 19.1 所示的三个主要标题——管理、工程和产品保证进行组织的。配置和数据管理(C& DM)是在"管理"标题下,有时也可以放在"产品保证"标题下。

分成三个分支有时可能会导致歪曲的看法,例如项目经理可能会认为产品保证只是在项目上多增加了一层开支,把它当成头顶上的一个合法机构,并利用这种观点挤压产品保证的预算。"消除潜在的问题" 是对项目有价值的贡献,"出售"这种理念是比较困难的。正如图 19.2 所描绘的,产品保证是一个十足的项目整体活动。

19.3 可靠性/可信性

19.3.1 基础

可靠性这一学科已经建立了几十年,用于描述并包括用户想要的产品的所有性能属性。可靠性工程成为工程学科,并确保这些属性在交付给用户的产品中被设计、植入和验证。可靠性工程师一直为实现交付高可靠性的任务产品而努力,确保故障可接受或者可恢复,提供安全模式,防止航天器完全失效。

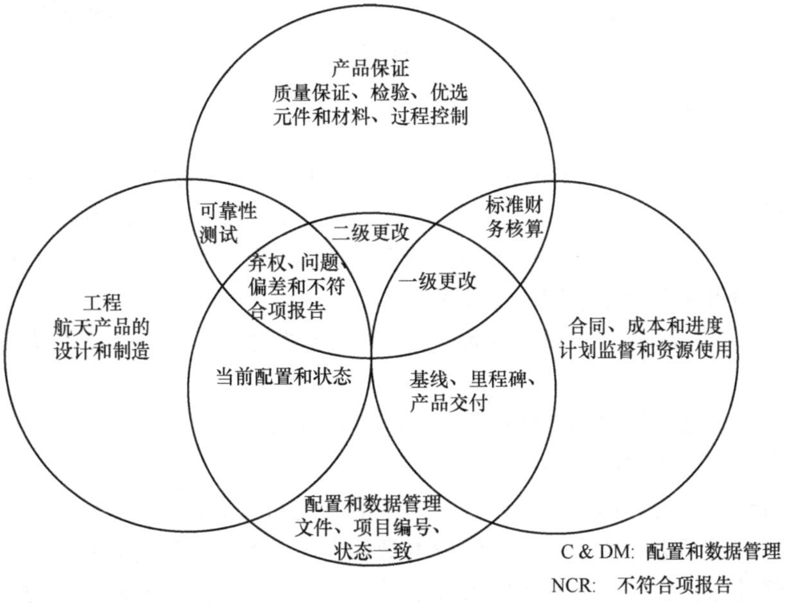

图 19.2 项目的产品保证

术语可信性为大家所常用是因为其他属性(可靠性以外的其他属性)得到重视并由用户提出需求。其他属性需求包括高的可用性、维修性和安全性(抗干扰能力)。可信性现在已成为大家所接受的术语,内容包括可靠性和其他用户需求。

可信性(定义[4])为集合名词,用来描述可用性性能及其影响因素,如可靠性性能、维修性性能和维修支持性性能等。需注意的是可信性只用于一般非定量术语的描述。

持续使用的常用术语包括:

质量可靠性(定义)——产品在规定的条件下和规定的时间内完成规定功能的能力。

定量可靠性(定义)——产品在规定的条件下和规定的时间内完成规定功能的概率(等效于数值可靠性)。

设计可靠性或预计可靠性(定义)——使用经过核实的失效率输入数据和设计实施(此过程假设地面控制为100%完美并且航天器完全符合设计),在设计阶段得出的预计的定量可靠性。

运行可靠性(定义)——在轨可达到或达到的定量可靠性,包括任何不可预测的或者有缺陷的运行状况及其产生的反应。

对设计进行综合后,设计者要分析设计并证明设计将满足性能、质量、稳定性和运载火箭整流罩包络等输入需求。可靠性工程师分析设计并证明设计将满足任务寿命、异常的可恢复性和消除单点失效等输入需求。当运行团队需要作为输入时,可靠性工程师也要追踪引起可能失效的因素。

19.3.2　相关内容

如上所述,和可靠性紧密相关的其他术语有可用性、维修性和安全性。注意"安全性"(security)也有几种不同的表达方法,不同国家、不同作者在文中可能会使用"Serviceability" 、"Survivability"或者"Safety"等不同词汇。在一些特殊国家民用和军用可能会使用不同的专业术语。

可用性(定义)——在规定的条件下,在指定的时刻产品所处状态执行规定功能的能力。

此定义描述了瞬时形式的可用性,在大多数的说明当中,可用性更多的是指在整个任务持续时间内的总的可用性。为了回应此论述,分析师将上面定义的任务周期内瞬时形式的可用性进行积分。为了能够进行积分,必须要对停止工作的概率和持续的时间进行假设。这些假设本身就成了概率论模型研究专题。

维修性(定义)——在规定的条件下,按照规定的程序和资源实施维修时,保持或恢复执行规定功能状态的能力。

维修用于可回收的航天器,整修后再发射。维修也用于如哈勃空间望远镜和国际空间站等任务。一般非载人航天器预先计划的在轨备份单元属于可靠性工作范畴。

安全性(定义)——产品具有抵抗有意或无意外界影响干扰并在设计控制权限的控制下保持规定的功能的能力。需要注意的是干扰可能来自多种外界影响,如流星和碎片的撞击、物理攻击、没有经过授权的遥控指令、信号阻塞、任务产品的错误分配等。

19.3.3　可靠性理论

预测或设计可靠性来自于航天器可靠性模型,模型是由串联的主要硬件/功能单元和并行的备份单元组成,此模型即为大家所熟知的可靠性框图,一个可靠性框图的例子如图 19.3 所示。

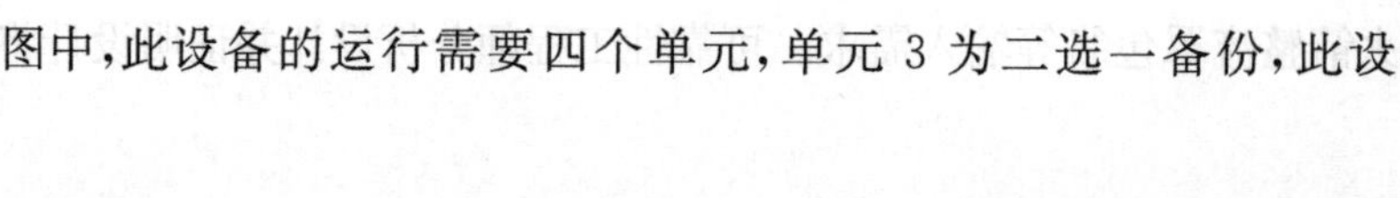

图 19.3　可靠性框图例子

在图中,此设备的运行需要四个单元,单元 3 为二选一备份,此设备需要

1A&2A 单元或 1B & 2B 单元(或者两部分都需要),但 1A 和 2B 是不连接到链路中的。为了保证运行,单元 4 始终都是需要的。在此例中,每个单元的可靠性是已知量并作为模型的输入,大多数情况下每个"盒子"的组成部件的失效率是已知的,以此计算每个单元的可靠性。

失效率(定义)——在规定的环境下,在规定的时间间隔内①,设备失效数量预计。失效率单位为菲特(Fit):一个菲特即为工作 10^9 小时有一只产品失效②。

① 也可以使用诸如全寿命周期、工作周期或者运行周期等来度量寿命。

② 选用非常大的小时数只是为了保证失效率为整数值。

尽管失效率的定义很简单,但任何特定设备的失效率都不是固定的,而是随时间、应力和环境而变化。图 19.4 给出典型失效率随时间的变化关系,此形状有时也称为浴盆曲线,其中 λ 代表失效率。

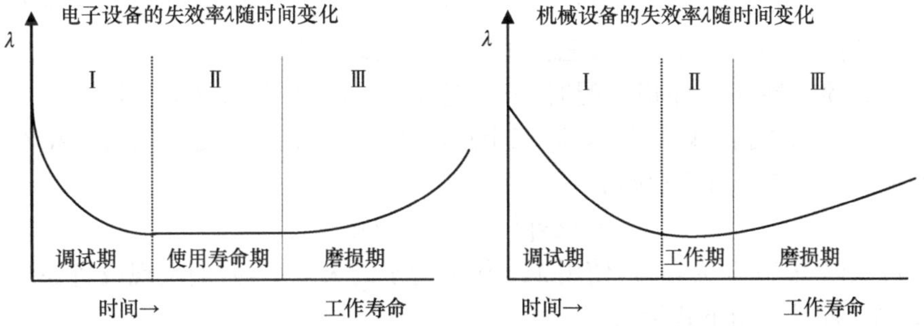

图 19.4　部分类型失效率随时间的变化关系

对于电子元件,失效率不变区要达到失效率最低并保持不变。当连续进行足够多的物理和化学过程后元件失效即进入磨损期。对于机械元件,持续"工作"时间段相对较短,但仍然可用,磨损即为表面遭受磨损并最后导致设备失效。失效率随应力和环境的变化是设计师和元件采购专家必须要考虑的一个因素,如:

—如果元件的降额达到了厂家的最大值,失效率将上升;

—高温增加失效率(阿伦尼乌斯定律给出定量结果);

—低温增加失效率;

—辐射照射增加失效率。

降额、良好的热控、使用抗辐照元件及物理屏蔽措施都会降低这些负面作用。

当薄弱的元件屏蔽后,如上所定义和图解说明的失效率在运行工作寿命期内差不多是常数,即在每个相等时间间隔内,元件的失效是一个固定数值。可靠性 R,或是在规定的寿命期 T 内成功运行的概率和失效率 λ 有关,即

$$R=\exp(-\lambda T)$$

考虑一个例子,一个"盒子"由 n_1 个失效率为 λ_1 的元件 1,n_2 个失效率为 λ_2 的元

件 2,……组成,在规定的寿命期 T 内,“盒子”如果正常工作,则“盒子”内所有部件都要正常工作,“盒子”组合后的可靠性为所有单独部件可靠性的乘积,即

$$R_{\text{type1}}=\exp(-\lambda_1 T)\exp(-\lambda_1 T)\cdots\exp(-\lambda_1 T),\quad n_1 \text{个相乘}$$

$$R_{\text{type2}}=\exp(-\lambda_2 T)\exp(-\lambda_2 T)\cdots\exp(-\lambda_2 T),\quad n_2 \text{个相乘}$$

等等。

总的可靠性由下式给出

$$R_{\text{total}}=R_{\text{type1}}R_{\text{type2}}R_{\text{type3}}\cdots$$

注意 R_{total} 为简单指数函数的乘积,因此参数或指数相加后形成如下一个简单的符合参数指数的函数:

$$R_{\text{total}}=\exp(-(n_1\lambda_1+n_2\lambda_2+\cdots)T)=\exp(-\lambda_{\text{total}}T)$$

按照这种指数相加得到 λ_{total} 的方法称为元件计数法。

当固定的失效率不再适用时,有几种其他类型的概率分布和元件可靠性特性相匹配,特别是正态分布、对数正态分布或者是伽马函数分布。当需要一个不同寻常的可靠性特性和元件相匹配时,可以考虑使用韦布尔分布(Weibull distribution)。此分布以指数函数为基础,三个形状参数 γ、σ、β 使其更好地与可靠性特性相匹配。韦布尔分布表示如下

$$R=\exp[-\{(T-\gamma)\sigma\}^{\beta}]$$

再次以图 19.3 为参考,使用 $\lambda_{\#\#}$ 作为盒子的失效率,我们发现设备在寿命周期 T 内可靠性可由下式给出

$$\begin{aligned}R_{\text{device}}=&\{1-(1-\exp[-\lambda_{1A}T]\exp[-\lambda_{2A}T])\times(1-\exp[-\lambda_{1B}T]\exp[-\lambda_{2B}T])\}\\&\times\{1-(1-\exp[-\lambda_{3A}T])(1-\exp[-\lambda_{3B}T])\}\times\exp[-\lambda_4 T]\end{aligned}$$

1A、2A 和 1B、2B 至少有一个单元组合工作,3A 和 3B 至少有一个单元工作,4 单元必须工作。

术语组合来自标准概率理论,即乘法“×”表示两个单元都工作的概率,“+”表示使用其中的一个单元工作的概率,“1－()”表示()不工作的概率。

19.3.4 可靠性增长

把“最小化失效概率”作为目标的一部分,可靠性工程师采用几种方法来提高可靠性。

利用备份使可靠性数值大大提高。例如,一台设备的可靠性为 0.90,如果完全相同的设备作为备份产品加入,则此产品的可靠性增加到 0.99＝1－(1－0.9)(1－0.9),即为两台产品不失效的概率。如果备份产品在需要之前一直处于关机状态,则可靠性会增加得更多。此原则的例外情况另请参见 19.3.5 节。

设计多样性,蓄意使不同单机完成相同的功能,比增加一个完全相同单机成本要高很多。这种多样性方法用于新的单机,或安全性在使用中非常关键,或甚至是

为了获得两个不同单机的飞行资质。

限制影响的目的是阻止失效传播给任何有关的功能单机或就近的单机(防止过热)。设计师可以采用可恢复保险丝、自动切换到备份单机、调用安全模式和隔热等方法。

元件降额使用能够降低元件的失效率从而增加可靠性。降额也有有益的副作用,如降低后的失效率和可靠性预计中使用的值非常接近,对可靠性预计进行了验证,并且也降低了不必要的影响,如过热。然而,一些元件(如微波场效应晶体管FET)不能进行降额,因为它们只有在额定的功率下才能正常工作。

辐照屏蔽用于一定类型的电子元件,对辐照损伤敏感的元件有互补型金属氧化半导体(CMOS)、在轨处理器、随机存储器(RAM)。有时将电子产品远离航天器表面进行安装即可,因为航天器外表面可以起到屏蔽作用。

在制造设备过程中实施操作/装配控制,防止对元件产生早期损伤。

对采购元件进行检验和(或)测试是常规活动,经常称之为入厂(所)检验。一般采取在订购的元件批次中选取样品进行测试来对功能进行验证,并注意元件与元件之间的特性变化是否在允许的误差范围内。对大多数或全部元件也可以进行目检。

测试和演示验证可靠性是非常罕见的。航天器在轨任务寿命期一般为15～20年,为了证明必要的可靠性即使加速寿命测试也需要很长时间。作为促销手段,一些供应商提出将他们的产品进行连续的寿命测试,例如,德国海德堡的 Teldix 公司在接待处的一个真空玻璃房内有一只转动的动量轮,许多年一直在转动。

19.3.5 设计分析技术

可靠性工程师从可靠性和潜在的失效方面以及与此相关的输入需求(一般来自用户)出发来分析设计。表 19.2 给出常用分析技术及其优点和缺点。

表 19.2 设计分析技术

技术	应用	优点	缺点
失效状态概率	可靠性研究,成功概率=1－失效概率	能够影响设计过程	没有考虑亚成功状态
最坏情况分析(WCA)	极端公差下性能展示	对在生产线上生产的产品增加了信心	测试代价较高,统计的有效性会受到质疑
失效模式、影响及危害度分析(FMECA)	从影响、观测数据和补救办法来寻找所有的单一来源故障。标记单点失效	强迫考虑"如果……将会怎样"故障域;给安全分析作输入	劳动量大;有时时间上太晚而得不到益处
故障树分析(FTA)	追踪并识别系统失效模型,追溯到一个或多个原因	对于飞行操作控制编辑者是非常有用的输入	劳动密集

续表

技术	应用	优点	缺点
应急分析(CA)	验证 FMECA 输出补救措施实际效果和故障树诊断法	对于安全模式设计和操作团队是非常有用的输入	无
潜通分析(SCA)	发现满足需求设计中的多余电路	经验数据存储对于一个公司非常有用	对于工业部门无用,需要建立客户数据库

需要注意的是备份单元一般处于关机状态,减少功耗并增加可靠性。应急分析能够检查航天器采取这种决定的正确性。例如,考虑一只接收机处于开机状态接收遥控。如果它发生失效,故障模式、影响及危害分析(FMECA)的补救措施是"切换到备份接收机",如果备份单机处于关机状态,应急分析就会警示,则航天器接收不到遥控指令,因此备份接收机总是处于主接收机的热备份开机状态。此处的逻辑是基于考虑在第一次失效发生之后(这点经常被忽略)。

19.4 元　　件

19.4.1 基础

元件是航天器的基本单元之一,航天器是由元件组成的组件所构建,曾一度将它们看成是失效的最小单元,此观点被可靠性预计的"元件计数法"所支持。在航天时代早期,由于元件失效发生异常占在轨总异常的 6%～16%。目前和元件失效有关的异常已经很少,但还是会发生,例如,大功率 GHz 频率场效应管(FET)、行波管放大器(TWTA)及太阳能电池。在过去几十年中,这类元件已经经历了几次技术升级,每次升级都会带来新类型失效。

从影响、观测数据和补救办法来寻找所有的单一来源故障。

19.4.2 元件类型

元件(part)(定义)——装配中的最低层次,对它进一步分解将产生不可恢复性破坏。

尽管可能会引起混乱,有时"component"也指元件(part)。在美国,component(组件)是指由元件组成的单元;在欧洲,component 和 part 都是指如上定义的元件。

元件主要分为两类,总结如下:

电气、电子和机电(EEE)	机械
导线、连接器、电阻、电容、晶体管、集成电路、光耦、开关和继电器等	机械元件、蜂窝板、承力桶、太阳能电池基板和天线固定安装等

19.4.3 元件失效

正如可靠性研究，元件专家检查失效元件并试图了解它们是如何失效的以及为什么失效。依据此信息，建立控制措施，目的是防止类似失效发生。对一些典型元件失效问题进行了分类，见表 19.3 和表 19.4。

表 19.3 典型元件失效问题

元件类型	曾遇到的问题
无源元件	
保险丝	金属结晶；在真空中的性能有差异；降额错误
电阻	残余焊接焊剂；表面裂纹⇒渗漏通道
电容	电解质泄漏；无极性⇒极性；污染⇒电阻电抗 Ω
有源元件	
射频功放晶体管	局部薄金属化⇒加电后产生金属元素迁移
集成电路钝化层	局部钝化层过薄⇒短路
晶体管引线键合	利用电火花进行键合⇒共晶合金传播
处理器及随机存储器(RAM)	宇宙射线⇒单粒子翻转；软件/硬件错误

表 19.4 机电和机械元件失效问题

问题类型	缓解措施
继电器在开关时会产生电弧	用高温非燃性金属如铂作触点，防止触点性能下降； 限制开关工作总次数； 限制每次接通总的接通电流×接通时间
电枢运动有时会遇到阻碍	使几何形状不改变(特别是电枢和壳体之间的间隙)， 保证在任何预示的温度下工作
陀螺会发生轴承润滑剂泄漏或迁移	制造中严格控制尺寸
密封轴承也会发生油泄漏，真空会助长泄漏	噪声谱是很好的质量指示器，这种特性不随不同陀螺而变化
干润滑剂在真空中的特性是不同的	(石墨在真空中会变粗糙!)

在轨诱发元件失效原因总结见表 19.5。

表 19.5 诱发因素会导致元件失效

环境影响	产生的问题
加热和温度引起不均匀膨胀	阿伦尼乌斯(Arrhenius)定律：高温⇒高失效率 在极端温度条件下在元件内部产生张力⇒破裂 例外，恒温控制器依靠膨胀差异控制电路的开关

续表

环境影响	产生的问题
辐射影响	电子开关性能降低
其他	存在污染物⇒早期失效 功率过应力⇒早期失效 振动使材料或元件产生松动

19.4.4 元件采购和控制

早期方法主要是使用高可靠性(Hi-Rel)元件或者美国军用标准(MIL-STD)元件,另外一种选择是特殊生产线生产的元件,但不具有可持续性,原因如下:

(1) 成本增加及商业竞争压力;

(2) 缺少高可靠性元件生产线;

(3) 商用货架产品(COTS)可用元件——可接受并用于航天使用;

(4) 可用的民用航空电子/军用(CAM)标准元件。

现在普遍使用商业货架产品和航空电子/军用标准元件,这些元件的厂家众所周知、生产质量稳定,这些元件已经经过评估适合航天环境使用。

即便如此,也需格外小心以确保所有采购的元件满足质量需求。有许多采购系统用于合适质量的元件订货,并详细给出了测试的种类及元件所满足的容差。采购者是以美国国家航空航天局(NASA)、欧洲航天局(ESA)、法国航天研究中心(CNES)、日本航空航天开发机构(JAXA)和俄罗斯联邦航天局(RKA)等标准作为指导来维护自己的采购系统的。然而也需要小心,几项原则总结如下。

普遍原则 5——元件采购标准在国家和国家之间并不能完全互换。

表 19.6 给出了可采购的不同质量标准的元件的例子。需要注意的是可靠性工程师在可靠性预计中也使用质量因子调整元件的失效率。

表 19.6 元件采购等级

采购系统	质量等级	质量因子
ESCC[1]	Level B	1
ESCC[1]	Level C	2
ER-MIL[2]	FR Level S	1
ER-MIL[2]	FR Level R	2
MIL-S-19500	Jan S	1
MIL-S-19500	Jan TXV	2
MIL-M-38510	Class S	1
MIL-S-38510	Class B	2

1. European Space Components Coordination/欧洲航天元件协作;

2. Established Reliability MIL/军用可靠性建立

当指定航天器的尺寸和应用后，内部元件采购机构（或外部采购机构）能够列出所需 60%元件的类型和数量并能给出它们的来源。

航天器项目评估方法由元件采购经理进行指导。在项目早期，采购经理为项目建立一个“元件优选目录”（PPL），一般情况下目录中的所有元件都符合航天使用资质，或者是可获得资质的商业货架产品或者是民用航空电子/军用产品。负责设计和制造的工程师尽可能选择“元件优选目录”内的元件，另外，下一步他们要识别将要使用的不在“元件优选目录”内的元件。

不满足要求的元件的后续工作是协商，主要集中在哪些元件在可接受的成本和时间下能够获取使用资质。有时资质获取非常简单，现存资质扩展到新的应用或者是不同的温度包络，对于这种情况，通过增量资质认证建立元件新的应用/环境可接收性。偶尔有的元件需要通过完整的资质认证程序，但成本很高，经常需要两三个项目共同分担，当设备/分系统需要升级时，确实会发生分摊经费情况，升级成本也可由后续在研航天器分期偿还。

元件采购经理的一项非常重要的任务就是识别哪些元件必须提前采购，也称为长周期元件。这就需要与其他长周期项目协调（不必要的元件）。

最后，形成一个项目实际元件清单，适用以下原则：

普遍原则 6——飞行航天器使用的所有元件/物品必须要有资质。

19.5 材料和工艺

19.5.1 基础

材料以及加工工艺造就了航天器非电子类（非 EEE 类）基本单元。它们可以是已加工好的类似结构单元的机械元件，或者是将其他单元连接在一起的产品，如胶带、紧固件、焊剂、灌胶等。

材料的选取、处理和使用和元件的采购和使用控制一样需要加倍小心。

19.5.2 材料特性

表 19.7 列出材料的主要特性，这些特性对航天器的使用非常重要。

表 19.7 材料功能特性和约束

功能特性	约束
	常规约束
强度	放气
附着力	抗辐照
弹性模量	惰性

续表

功能特性	约束
热稳定性	再制性
延性	耐加工性
展性	膨胀系数的匹配性
可切割	载人约束
反射率	低毒性
吸收率/透过率	低气味
内能：	非可燃性
-推进剂、电解质、弹簧	低放气性

材料放气是个问题，特别是对于航天应用(另请参见第 2 章)。当材料从空气中搬到并放置在真空罐中，材料将会失去质量，材料特性可能会明显改变，会释放可凝挥发物(会使光学器件失效)。

航天使用的材料要符合初始筛选条件，即要求它们在真空中的质量损失小于 1%，可凝挥发物收集(CVCM)要小于 0.1%。CVCM 是指材料样品在+125 ℃下的排放量，收集表面温度为+25 ℃，收集时间为 24h。

19.5.3　应用和工艺

设备和航天器制造商存储了大量的数据，国家航天机构也掌握大量的材料数据，航天器制造商可获得这些数据。就元件来说，关于在哪些应用中可以使用哪些材料，一般由一名材料及工艺方面的专家去与设计和产品的工程师协商。

通过多年的经验总结，一些材料禁止用于航天器的制造。此类积累的经验并不完全排除这类材料的使用，如果不可避免要使用这些材料，理由必须很充分而且必须经过特殊的评估。一些被禁用材料的例子列于表 19.8。

表 19.8　被禁用和避免使用的材料

材料	问题类型
柔性黏结剂	缺乏弹性，凝固后会发生破裂
聚氯乙烯基底胶带	性能不稳定
纤维板、纸、纤维织物等	性能不稳定
依靠溶剂蒸发硬化的清漆和涂料	真空下的特性随温度循环而变化
加拿大树脂；用于高精度设备的有机玻璃	不稳定
绝大多数的油和油脂	材料迁移

续表

材料	问题类型
石墨	在真空下变粗糙
镉、锌和锡	枝晶生长;短路风险
绝大多数的漆	放气,性能不稳定
聚氯乙烯、纤维素和醋酸纤维素、塑料薄膜	性能不稳定
陶器	极端温度下会破裂
多层聚酯	性能不稳定
乙烯硫化橡胶、塑化剂、氯化物	性能不稳定
PVC 热塑料、聚乙烯醋酸盐、丁酸盐、几种聚酰胺	性能不稳定

需要注意的是一些材料被批准在航天中使用,当处理到最后状态时需要格外小心。典型的例子是焊剂和专业金属加工,铍在加工过程中会产生有毒氧化物。

19.5.4 材料问题

表 19.9 给出过去一些任务中材料所遇到的一些典型问题,通过这些事件获得的经验促使建立更进一步的原则和加强现有原则。

表 19.9 在轨出现材料问题例子

航天飞机隔热瓦	航天飞机有 24000 多块隔热瓦,每块的形状都不一样,配置管理问题非常大,前面的发射在上升段和返回时丢失了隔热瓦,需要黏结另外一层隔热瓦,因此会使航天飞机重量增加,减少有效载荷携带能力
原子气体	清洗液在表面会留下微量污染物,航天环境助长了氢原子的释放,使分子晶格发生混乱,效果表现为金属脆化,可能导致破裂,可能会导致弹簧灾难性失效
枝晶生长	当镉、锌和锡不纯或处于电场环境时,在拐角处会产生枝晶生长,导致电路短路
GOES 卫星光频率定标灯	特殊的准确光频率灯用于 GOES 系列卫星,第一只定标灯成功使用,后面的定标灯在寿命结束前发生在轨失效,生产周期的一部分出了问题,定标灯制造商更换了灯丝材料的供货商,新的供货原材料的成分是不同的,灯丝的寿命没有经过航天应用环境检验

材料和处理工程的主要原则如下:

普遍原则 7——在航天工程中"洁净近乎神圣"。

普遍原则 8——材料的加工工艺和应用与材料一样重要。

普遍原则 9——精确重复是供货商质量的唯一保证。

19.5.5 特殊情况:元件材料问题

用于元件结构的材料会产生潜在深层次问题,表 19.10 给出一些例子的概述。

表 19.10 元件中材料问题的例子

在数字集成电路中枝晶生长	温度+电场偏置+水汽=枝晶生长。这些针状的生长(钼)发生在金属和基底界面的拐角处,会导致交叉短路和电容变化(对于一些类型元件非常重要)
电腐蚀	不同金属+水汽+温暖=电耦合。水汽穿过镀层形成电解液,持续的电动势导致腐蚀
应力腐蚀	机械应力使金属内产生裂缝,裂缝形成的地方杂质会汇聚,使裂缝地方的金属失去保护层
组成部分的膨胀系数不匹配	大的温度变化范围——进出阴影区,在元件内产生张力,或导致产生破裂,或产生电性能不稳定

19.5.6 材料采购程序

材料采购控制程度是非常高的,与元件采购在实践上有很多共同的地方,生产厂家已经预先核准生产航天质量材料。材料每次交付都要经过外观检查和检验,查出和上次交付材料的微小变化,并在库存清单中进行记录、注明日期和确认来源。对于航天器生产线,所需的材料是批量采购的,意味着必须严格控制存储环境,使材料保存在很好的环境下并免受污染。另请参见 19.6 节可追溯性。

航天器项目实施途径受材料和工艺经理的指导。在早期,材料和处理经理建立该项目材料优选目录(PML),一般情况下,优选目录中的所有材料都经过了航天资质认证,前提是使用经过核准的处理方法。负责设计和处理的工程师试图使所需要的材料与优选目录一致,然而,极少数情况下工程师们会发现所需要的一些材料并不在优选目录内。

不一致发生后进行一段时间讨论,主要考虑这些材料能否在接受的成本和时间内完成资质认证。偶尔设计师被建议采用优选目录中已存在的材料。有时一些材料的资质认证就是现有资质的延伸,只是应用或者热环境有微小差别,在这种情况下,处理过程和元件的处理过程类似,完成增量资质认证,建立材料在新的应用和环境下的可接收性,偶尔所需材料需要完成完整的资质认证程序。例如,科学类航天器中的有效载荷功能依赖一些特殊元件,这些元件所用的材料还没有资质,这种资质认证将会非常昂贵,需要专业实验室设备、真空罐、时间和努力,很难与其他项目分担费用,因为很可能只有此航天器需要使用此元件,然而设备或分系统升级引起的费用可以分摊,升级成本也可由后续在研航天器分期偿还。

材料和处理经理必须对需要提前采购的材料进行识别,即长周期项目,提前采购也要和其他长周期采购项目相匹配。

最后,项目需要建立项目有效的材料、处理和应用清单。

19.6　制造、装配、集成和验证过程中的产品保证

19.6.1　基础

此阶段包括制造、装配、集成和验证，此阶段产品保证的努力常称为质量保证(QA)。当质量术语只涉及或者主要涉及交付产品的建造标准时，则称为质量保证是适当的。如果产品失效，一般说产品不可靠，或者称为产品损坏，但很少说产品质量不好。在 ISO 9000 系列标准和广泛的保证范畴中，质量现在意味着“所有特性和参数能力的总和……”(见 19.2.2 节质量定义)，即意味着质量如果不包括产品保证所有内容，则包括绝大部分内容。即便如此，质量保证仍然是广泛使用的术语并在这里采用此术语，这里使用质量保证的含义总结如下：

(1) 质量保证主要关注制造和测试；

(2) 质量保证向前延伸到设计；

(3) 质量保证向后延伸到资源配置和使用；

(4) 质量保证的任务是监督、审核和验证；

(5) 质量保证活动对用户需要的质量证明有帮助作用。

表 19.11 给出质量保证过程的主要活动，下一小节给出简单描述。

在 19.2.1 节讲述了“墨菲定律”——“会出错的，终将会出错”，思考质量保证的最好方法是想象一个特定任务所有可能的执行错误，并询问有哪些介入或额外检查可以防止错误发生。质量保证主要考虑对普遍原则 2 的响应。

表 19.11　质量保证主要原则

1.	软件——特殊情况(见 19.9 节)
2.	过程控制和记录
3.	培训和证书
4.	可追溯性
5.	计量和定标
6.	不符合项控制
7.	告警
8.	保存、包装、操作、存储和装运(见 19.6.8 节)
9.	趋势和统计
10.	设计裕量验证
11.	采购控制
12.	更改控制
13.	监视、检验和审核
14.	资质和验收

19.6.2 处理控制和记录

所有的常规处理和所有的关键处理必须正确理解并在可接受的和批准的标准下完成(否则有些人可能忽略这些标准或被错误地执行)。即意味着这些处理必须都要进行文档化,包括准备、资源需求、执行方法及必要情况下的证明。在特殊情况下,需要对过程进行预演和练习并给出正确的和一致性的结论。控制必须非常简明和清楚,以便质量管理责任人和工程师签字。

19.6.3 培训和证书

所有人都要有胜任的资质和经验,需要注意的是不仅仅是需要资质,目标是熟练。每当要完成一项新的或者改进的活动,对于执行任务操作人员的培训或再培训是强制性的。培训本身也要满足标准,只能由有经验的并被批准的教育工作者来完成。执行关键处理必须满足如下条件:

(1) 熟练程度已被证明;

(2) 持有权威机构签发的能够证明熟练程度的证书;

(3) 接受常规检查并更新培训。

19.6.4 可追溯性

在航天工程中可追溯性主要有三类,具备的追溯能力如下:

(1) 使用工具、测量设备、测试设备的追溯(见 19.6.5 节);

(2) 元件或材料的原始采购和供货商的追溯;

(3) 元件和材料使用追溯,当整个批次产品出现问题时非常有用(当接到告警时)(见 19.6.7 节)。

19.6.5 计量和定标

对于工程师来说使用测试设备进行读取甚至自动打印输出是非常容易的,获得这些数据的读取是非常有意义的。然而,不是特别清楚的是测试设备给出的数据是否真实。对所有测试装置和设备定期进行定标是基本良好的实践。

误差(工具和设备产生)大小必须清楚,在最坏情况下的总误差包括:

(1) 定标过程产生的误差;

(2) 定标标准产生的误差;

(3) 工具或设备数据读取产生的误差。

回忆一下,所有输出都建立在可重复的基准之上,因此,总的来说,所有的检验都应该是充分的(如果它们显示为通过),则这个设备是可接收的。极少的情况下,设备生产非常困难,生产的产品并不一致,在这种情况下,只能选择最好的产品应用于飞行件。尽管计量结果可能是好的,这是一件非常糟糕的工程实践。在这种情况下，基准不可重复。

19.6.6 不符合项控制

用户要求制造商/供货商有一套系统用来检验、记录、评估和处理所有不合格的原材料，直到有满意的结论。不符合项可能来自检验、测试结果、定标失败、合同错误或者设计评审(实施项目)。每项不符合项都要记录到不符合项报告 (NCR)中，查看从不符合项处理到结论过程是材料审核委员会(MRB)的责任，表 19.12给出处理框图。不符合项报告首先根据对航天器计划影响的严重程度进行分类，需要决定是否需要向用户请求让步(放弃一项需求，或者允许制造指标偏离指标要求)。最后，采取合适的行动，即不符合项处置。

表 19.12 不符合项报告处理框图

处理过程	分类(缩写)	描述	重新测试和检验	通告买方	需要买方处理
严重程度	不符合项报告(NCR)	发现不符合项并将报告用特殊的识别码报告			
	材料审核委员会(MRB)	MRB 开正式会议；评估 NCR 重要性			是[1]
	次要	局部处置			
	主要	非常严重，需用户立即介入		是	是
让步	申请让步接收(RFW)	对不满足需求的指标申请让步接收		是	是
	申请偏差(RFD)	对完成中的最后产品技术指标进行超差申请		是	是
	无	无需让步			
处置	按现状使用	没有修正意义和价值，不需要 RFW 和 RFD			
	返工[2]	返工后完全满足指标要求	是	是	
	返工[3]	返工后指标超出使用的批准的偏差要求	是	是	是
	报废	不准使用，产品拆解后材料回收	是	是	

1. 只有当分类为“主要”时；
2. 在返工/重新测试/检验后满足指标要求；
3. 在返工/重新测试/检验后不满足指标要求

19.6.7 告警

发现“问题”时发出告警，主要针对已知供应商生产的元件或材料。大多数航天团体都有消息库工具，把供应商遇到的问题通知其他单位。欧洲航天局和法国航天研究中心都在使用告警系统，与北美相应机构的做法相同。告警的目的是对于特定批次元件和特定批次材料的不良经历告知所有的使用团体。

可追溯性功能(见 19.6.4 节)非常有用,它加速了对怀疑项的搜寻,购买记录很快就能确定是否购买了被怀疑的元件或材料。同样,使用记录将识别飞行硬件是否需要作补救工作。尽可能避免更换新元件,因为可能需要补作早期试验(以成本为代价)。

19.6.8 保存、包装、操作、存储和装运(PPHSS)

PPHSS 是总的环境控制,用来预防航天器损毁,或者是对于购进的一批成品单元产生损毁。一般要求如下:

(1) 包装材料相对于被包装的产品必须是惰性的;

(2) 包装箱一定要安装环境传感器,监视温度、压力、湿度、冲击和振动;

(3) 操作不能对人产生伤害,对航天器不能产生损毁;

(4) 装运一定要满足物主、发送人/运输和接收人的共同需求①;

(5) 存储环境必须"维护",在实际中意味着使用干燥氮气(或类似气体),温度必须控制。电池一般不安装在存储的航天器上。

19.6.9 趋势和统计

长期监视趋势变化和统计特性对于质量保证团队来说非常有帮助。典型值需监视的数据如下:

(1) 检验接收和拒收次数统计,每次检验都要特殊记录被拒收增加的次数;

(2) 不符合项报告(NCR)数量随时间变化曲线,NCR 发生后曲线会上升,然后是持续下降;

(3) 不符合项报告(NCR)处置统计,作为过多返工和报废的告警。

趋势变化和统计特性也可用于如下几个方面:

① 对开发过程中出现的问题给予告警;

② 启动问题诊断;

③ 监视质量保证有效性;

④ 提高质量保证成本效益。

19.6.10 设计裕量验证

所有设计师的综合设计要满足如下需求。

(1) 形状:轻金属外壳的立方体;

(2) 安装:机械接口;功耗,电信号接口;

(3) 功能:所有输入产生需要的输出。

---

① 现在有些航天器都是在已完成燃料加注状态下用飞机运输。

发射阶段和空间环境对设计师也提出了挑战,因此他们的设计也要满足如下需求。

环境:工作在热环境、真空、加速、振动和冲击等环境。

对设计的分析用来证明这些设计是满足需求的。在制造、装配、集成和验证阶段,按设计进行建造,通过测试表明它们确实满足这些要求。设计师一般希望避免实际建造设计在测试中的失效。为了保证测试成功,设计师一般对设备要有一点过设计。对于大多行业的设计师这一做法是非常普遍的,服务过程中设备失效会使设备制造商的名誉受损。另外,极端过设计的结果使经费很难管理。航天工程师团体已经建立了多种设计健壮性等级,使设备到达轨道后以良好的状态和功能服务更长时间。

项目的元件、材料/处理和应用对于飞行件航天器都要取得资质(回忆一下普遍原则 6——将用于飞行件航天器的所有元件/物品都要有资质),在此阶段,组件、设备、分系统和整个航天器都要有资质。

不论是哪一级的装配,都要预估设备将经受的应力。设计师根据下列环境载荷大小来制定设备所经受的各种应力。

(1) 预估级:通过分析预计应力范围。

(2) 验收级:仅仅超出最坏的预估级应力。

(3) 鉴定级:相对验收级要留有余量。

(4) 设计工况:仅比鉴定级试验条件略严(防止试验过程中产生失效)。

一般情况下热试验验收级温度为预计最坏工况温度+/−5 ℃,并且作用时间为已知一段时间,使设备不会经受过度的能量输入。鉴定级温度可以比预计最坏工况温度+/−10 ℃,并且试验时间可以比验收级试验时间更长(另请参见第 11 章)。另外对于验收级和鉴定级的振动和冲击强度可以定义阈值。

“鉴定件”是指要经历鉴定级环境试验和测试时间的设备,鉴定件一般不用于飞行航天器。由于经费原因,很难研制鉴定级航天器,但有时规划的系列军事卫星要先期投产鉴定级卫星。

“准飞行件”是满足鉴定级裕量需求和能量输入限制之间的折中。准飞行件的设备将进行鉴定级环境试验,而试验时间为验收级试验时间(另请参见第 17 章)。

避免损伤测试件的普遍原则是限制所有试验的总能量输入,因此记录测试件所有试验经受的应力非常重要,这些试验经受应力记录也是用户要求的质量证明的一部分。

普遍原则 10:记录所有试验应力(试验量级、试验时间和环境)并限制总能量输入。

无论哪一级的集成,最终目的是使飞行件获得资质。飞行资质状态是通过建造、模拟空间环境下证明性能和裕量的测试中控制元件、材料/处理和应用来获得。一旦设备飞行成功,则称之为具备“飞行资质”,但只对应其“资质包络”范围——温度范围、最大振动、冲击、加速度等。

资质的获得主要通过下列两种方法中的一种。

(1) 相似性:和类似的有资质的项目进行比较;

(2) 试验:环境试验考核(热真空、振动)。

通过相似性获得资质逐渐变得越来越普遍,特别是使用商用货架产品和航空电子/军用产品。然而,在轨失效会使相似性资质认证很难开展,一般称为"有缺陷的相似性资质认证"。

19.6.11 采购控制

这是一个专业领域(见元件和材料章节),采购文件要定义如下内容:

(1) 采购项目、质量、数量和验收检验/检查;

(2) 接收/拒收条件和供应商批准状态。

采购计划必须考虑如下因素:

(1) 运载火箭合同文件;

(2) 生产周期和应急计划;

(3) 采购项目合适的存储条件。

19.6.12 更改控制

更改控制是一项非常重要的活动,原因如下:

(1) 确保所有的更改都由其他人检查,而不是由更改建议人去检查;

(2) 所有更改都要由高级工程指挥者授权;

(3) 批准后的更改要通知到工程团队所有成员;

(4) 工程团队所有成员工作在相同基线。

更改起因有很多种,例如,检验员拒收,未通过失效评审委员会、测试评审委员会、材料审核委员会、不符合项报告(NCR)评审或者合同错误等。正确的更改过程是先提出更改建议/需求,要有充分的理由,编辑签署后进行讨论。在一些合同中,更改通知由用户发起,更改需求则由制造商发起。这两种情况的更改都可划分为两类。

第一类:对性能、经费、进度和互换性无影响;

第二类:对性能、经费、进度和互换性有影响,这类更改需要用户参与决策处理程序。

19.6.13 审核和检验

审核是用来检验分包商和供货商的产品保证系统,审核也可用于评估制造商自己的产品保证系统(自我评估)。审核的主要目的是验证产品保证系统按照提出的和公认的方式正确执行。大多数航天器制造商具备 ISO 9000 资质，质量功能要求进行定期审核，即便如此，也要进行合同级别的项目审核。

正式检验要对制造的一个完整步骤或阶段进行验证，成功的检验是质量证明的一部分，对于用户来讲必须要得到这些证明。要对下列节点实施检验：

(1) 已完成的一个关键或者非常困难的过程；

(2) 在后续阶段发现失效会产生时间和经费方面的巨大支出；

(3) 用户的要求。

如果检验不成功必须形成正式的不符合项报告(NCR)。

19.6.14 资质和验收

所有的飞行件都要取得飞行资质。越接近发射，对于最后几项产品签署“资质”的压力变得越大，在此阶段产品保证经理需要保持头脑冷静，“资质”状态签署必须非常谨慎。产品设计“资质”只适用如下情况：

(1) 对于确定的环境条件(机械方面、热环境等)；

(2) 对于确定的应用；

(3) 在资质包络内适用；

(4) 所有的计算、测试、元件/材料来源和处理都满足要求；

(5) 测试证明裕量满足要求。

产品被“接收”用于飞行必须满足下列条件：

(1) 产品的制造符合有资质的设计/建造标准；

(2) 所有的不符合项报告都完成关闭；

(3) 圆满通过验收级测试。

准飞行件是个特例(见 19.6.10 节)，经常用于系列卫星中的第一个卫星，后续卫星为简单的验收级测试。

19.7 安全性

19.7.1 基础

安全性计划的总目标是防止意外事故发生并识别和控制所有的危险或者是对人、系统和任务的威胁，安全性要求应用于所有计划阶段；这些要求包括地面和飞行硬件、软件和文档。安全性的目的也在于保护人员防止人为因素产生的灾害。

危险分析的一般过程如下例所示：

危险		诱发事件		后果
易燃材料	→	由晶体管散热片引起的过热点	→	材料着火 & 产品产生，威胁人员安全的烟雾

对于非载人任务,安全性主要是工业保护,包括有毒液体的操作保护,高压保护操作和射频供电保护,飞行件的运输和存储等。有些时候潜在的人身伤害不可能完全排除(在制造商车间里发生过航天器跌落或翻到的情况)。高压气体软管的不适当使用也会产生足以将作者送医院的严重伤害。

对于载人航天,航天员和随行的科学家的保护是主要目标。保护实施包括倒计时、发射过程中、对接、在轨、舱外活动、分离、再入大气层及着陆和返回地面站等各阶段。

19.7.2 危险分类

危险分为灾难性的、严重的和轻微的,这与它们产生的后果有关,见表 19.13。

表 19.13 危害度分类

危害	危害度分类		
	Ⅰ.灾难	Ⅱ.严重	Ⅲ.轻微
人	丧命;威胁生命或者永久性致残伤害,或者职业病	暂时性致残伤害;暂时性职业病	
接口载人航天飞行系统	组成部分损失	重大损失或损坏	轻微损坏
地面设施		重大损失或损坏	轻微损坏
发射场	设施损失		轻微损坏
公共或私人财产		重大损失或损坏	轻微损坏
环境	长期有害影响	短期有害影响	

19.7.3 降低危险

安全的一个方面是识别危险,另外一方面紧密相关的是如何处理危险。目标常常是降低危险,理想情况是完全消除它们。

优先选用下列降低危险的方法:

(1) 消除危险(如去掉易燃材料)。

(2) 最小化危险的设计。

(3) 控制危险(将残余危险最小化)。

① 将危险事件发生的概率降到最低;

② 落实危险告警设备;

③ 为了避免危险发展到不利的后果,用户必须遵守特殊程序,这也就是说危险和诱发源不可能由设计完全消除。

19.7.4 紧急、告警和警示

这些是载人航天任务中与威胁人的生命有关的术语，为了明确这些条件的准则需要对危险进行分析，什么时间、什么地点危险会发生，发生后必须相应采取哪些措施。这些使用输入来自危险分析和告警时间分析，其中告警时间分析包括了对诱发事件检测到响应所需要的时间。

现在还建立了人员从不可控的威胁生命的环境逃生方法的需求，例如，航天飞机，1986 年挑战者号发射灾难后不再使用，2003 年哥伦比亚号再入大气层后发生灾难也不再使用，国际空间站还在使用，它是由几个相互连接并且可以相互隔离的舱段组成。

对紧急、告警和警示研究的输出包括各种安全功能和安全特性，必须在设计中进行考虑，这些安全功能和特性只有在任务的特定阶段才需要，但在整个任务过程通常都会遇到。

紧急、告警、警示和安全功能需要标记危险情况并使它们安全。危险分类可总结如下：

紧急	可能灾难性的/或者已经发生的严重的危险事件
告警	可能灾难性的/或者即将来临的严重的危险事件
警示	可能灾难性的/或者在已知的条件下可能会发生的严重的危险事件

19.7.5 容错需求

对于强制实施的容错设计有特殊的准则和需求。单一失效准则总结如下：

(1)单一失效不会产生灾难性或严重危害性后果。

(2)单一操作错误不会产生灾难性或严重危害性后果。

(3)单一失效和单一人为操作错误组合不会产生灾难性、危险性后果。

下面给出安全关键功能和关键项目需求的一些例子，如：

遵守灾难性容错需求。

对于软件，由不同的开发团队建立多个软件版本(>=2)——消除相同软件实体中系统性错误，如果只有一个软件实体，硬件功能备份则是可接受的。

元件质量必须达到“Level B”的要求，一般商用货架产品和民用航空电子/军用(CAM)标准元件是不能接受的。

需求实施的验证，包括试验验证、检验验证和文件评审验证等。所有的安全需求都必须在安全分析、设计文件和设计硬件/软件/过程实施中给予反馈。

残余风险的正式接受。

19.7.6　安全性和可靠性比较

安全性和可靠性都和意外发生的事件的原因和结果有关。安全性涉及人和资产的保护,可靠性重点在于任务成功(通过交付预期任务产品来衡量)。

19.7.7　安全是沉重的负担

需要注意的是安全性需求的实施为工程增加了巨大的额外负担。人生命的保护被认为是最重要的议题,它比其他任何方面都重要。航天员到空间环境需要生存环境、食物和水的储存、周期性可靠的补给以及废物的清除等。

除了很多的安全特性需要考虑外,航天器的外部表面必须能经受住类似流星和碎片的撞击,所有这些都会对轨道设施增加明显的质量,减少高优先级载荷试验可用的体积和质量。

19.8　运行过程中的产品保证

在航天器操作过程中,主要目标是尽可能减少对任务产品流产生风险和/或对航天器本身产生风险(另请参见第 14 章)。

运行控制中心(OCC)拥有大量的计算设施来处理遥测并发送遥控指令,租用线路和地面站相连并和任务产品需求方直接通信。为了计划必要的轨道控制机动,运行控制中心工作人员也会利用所控制的航天器轨道演变数据。控制航天器的任务由下列共同特性提供支持。

(1) 遥测通道进行显示,方便对感兴趣的量进行检查,如电源、姿态和轨道控制系统、跟踪、遥测和控制系统、有效载荷状态等。当被监视的设备开机并在线时遥测通道显示设备工程参数的数值。如果设备开机,但没有在线,数值显示将被屏蔽(如果需要还能查看)。这些数值被连续地监视并针对预设置的门限进行自动检查,如果超出限制,则会触发报警,受影响的通道将会改变颜色(如红色)。一般会设置软件限制和硬件限制,帮助操作控制者决策处理。

(2) 用"模态方程"(布尔逻辑)处理屏蔽或显示遥测通道,这些方程也有保护目的,当航天器在特殊环境下,一些遥控指令的发送是不安全的,模态方程能够防止在这些特殊情况下发送指令。生成进一步的报警。

(3) 一般航天器至少有两种安全模式:① 在失效情况下允许继续服务,② 如果遇到的失效自动纠错非常困难,则卫星指向太阳。绕过错误,引导到安全模式,在安全模式下(已知是哪种模式),操作者使用紧急恢复程序(CRP)使其恢复到正常运行状态。

对操作人员在航天器设计及其可预见运行状况方面进行大量培训。对于特殊的航天器有软件模拟器，操作者可以练习飞行控制程序（FCP）和紧急恢复程序（CRP）。飞行动力学专家给操作执行者提供必要的轨道演化和轨道机动计划。

生成飞行控制程序（FCP）和紧急恢复程序（CRP）的目的是避免“在时间紧迫的情况下进行创造性地思维”。考虑到所有可能的情况，对所有的事件都预先作了计划。因为所有的检查和控制都在操作控制中心，很少发生操作错误带来航天器的损坏，但是，有时由于指令错误可能使任务产品流暂时中断。

19.9 软件产品保证

19.9.1 基础

软件和硬件的区别主要体现下面几个方面：

(1) 没有重量；

(2) 在几乎没有成本的情况下可以拷贝若干次；

(3) 需要一个主机来实现功能（一个处理器和可能的操作系统）；

(4) 很容易修改；

(5) 几乎不可能作全部的测试；

(6) 主控硬件失效（如单粒子翻转）会导致软件失效；

(7) 如果软件失效（无论什么原因），运行状况和硬件控制会迅速变得混乱。

为了从用户（用户可以是人也可以是系统的一部分）新的需求开始开发可靠的软件，在软件研制周期中的各个阶段都需要控制。软件工程标准（例如，参考文献[5]）一般需要软件开发过程并包括如下几个阶段：

获取用户需求；

软件需求定义；

结构设计；

软件详细设计和产品实现；

转交给采购方；

运行和维护。

此方法对于开发的全新软件是有帮助的。然而，有时需要或希望使用以前开发的/使用过的软件，对于类似应用可以“原样使用”或者修改/改善。如果作为一个大型软件开发的一个模块，重复使用软件模块可以“原样使用”或者修改。只有当软件为重复使用而设计时重复使用才有可行性，并且所有文件都要归档。

对于任何小型软件开发，大多数机构开发软件都建立了一套工作标准，包括大量的软件工程标准，如模块设计、语言选择、编码、结构化程序设计、面向对象设计的验证和确认等，并由软件产品保证标准[6]进行补充，产品保证标准按照功能来组织更加方便。

19.9.2 软件产品保证计划

组织和责任及软件产品保证计划管理活动的主要目的是保证找到有能力的人承担工作并且产品保证要配备相应的资源。出于工作效率考虑,软件产品保证专家可以和开发团队一起工作,但是他们必须既要有能力去赞成,又要有能力去批评/拒绝。这些组织和管理职责也包括常规报告、检验点、审核、软件问题检查、记录和决议等。

软件开发风险管理和硬件开发风险管理相似,包括识别和描述风险(性能、资质、证明和经费/进度),通过努力降低软件风险或降低其影响。

供应商的选择和控制适用于买方/用户,也适用于软件合同商选择分合同商。对于这两种情况,组织管理需要软件开发必须满足合同商具有能胜任的员工,在软件开发过程中他们能够参加该项目并进行必要的软件产品保证控制。合同商可能雇佣分合同商,合同商的责任是保证分合同商的标准至少不低于最终用户的需求。

采购控制目的主要是明确需求是什么、扩展/增强选项、验收方法和准则、操作和维护支持。

所有软件的开发工具和支持环境都非常重要。选择和批准支持工具如需求分析、编码标准检查器和测试环境等都是合同本身和项目管理功能的一部分。

评估和改进过程都能在好的软件合同商管理策划中得以体现,评估和改进在合同商的组织中是有效的并且定期执行,确保软件开发项目本身具有此功能,但它不是合同管理的一部分。必须建立评估和改进以及对软件产品保证的有效性进行监视。

19.9.3 软件过程保证

软件开发生命周期指从概念开始到应用结束为止的整个生命周期。在开发生命周期内,必须对下列各项进行定义:阶段、阶段的输入和输出、完成标志、里程碑、依赖关系、责任及里程碑节点客户活动。

通用软件工程需求用于开发计划、规格说明、用户提供的文件、配置项管理、验证测试、确认活动和维护等。

每个软件工程过程必须由标准进行控制,标准定义了如 19.9.1 节定义的开发阶段,整个过程从用户需求获取开始一直到运行和维护。

19.9.4 软件产品质量保证

产品保证目标和度量单位直接用于项目并具有特殊性,产品保证目标和度量单位没有标准。产品保证目标和度量单位必须量化,必须明确定义获取这些数值的方法。产品保证工程师负责保证在开发周期内测试过程正确执行。

产品质量需求形成他们独自的需求，产品质量需求可能来自用户需求，一般由用户来批准。软件质量需求的主要特征是：正确、无歧义、完整、一致、可验证和可追溯。软件一定要设计成方便测试，并且需要的测试一定能够按照计划执行。需要注意的是测试基线后的修改可能会导致通过的测试不能够证明什么，不满足警觉性较高的用户要求。

准备重用的软件一般由用户委托，但多数情况是合同商在软件清单中把它开发成多次应用。准备重用的软件必须经过额外的步骤：文件必须详细说明软件预期要工作的平台，针对此平台的测试必须已经完成，开发者必须证明测试执行符合指定的标准并测试成功。

标准地面段操作系统软件也占很大比重。对于一台新设备，硬件和软件作为相容的一对来采购。对于已经存在的地面设施，新软件采购可能需要根据硬件/操作系统环境进行修改，不论采取哪种方法，在采购过程中都有一些关键需求要得到满足：

(1) 性能；
(2) 维护；
(3) 操作设备的耐用性和技术连续性；
(4) 根据需求包括危害度对产品进行评估；
(5) 可获得的支持文件；
(6) 接收和保证条件；
(7) 安装、准备、培训和使用的条件；
(8) 维护条件，包括可延续开发的可能性；
(9) 版权限制；
(10) 可用性——准备就绪、安装时间表、培训；
(11) 和已存在设备及航天器控制需求的兼容性；
(12) 现场操作限制等。

有时也需要固件，取决于特殊的应用。产品保证控制包括在计划之内，对于开发生命周期很关键。因为固件嵌入到特殊的硬件内，硬件必须作永久性标记，通过这种方法唯一识别硬件及其固件。

19.10　技术开发中的产品保证

美国国家航空和航天局、美国国防部和欧洲航天局已采用标准方法来定义用于航天任务的技术成熟度，见表 19.14。新技术开发的一般阶段所覆盖的成熟度等级如表 19.15 所示。

表 19.14　技术成熟度等级

技术成熟度	描述
TRL 1	测量基本原理和报告
TRL 2	技术概念和/或应用论证
TRL 3	分析和试验关键功能和/或特性，概念验证
TRL 4	实验室环境组件和/或试验电路板验证
TRL 5	相关环境组件和/或试验电路板验证
TRL 6	相关环境(地面或空间)系统/子系统模型或原型机演示
TRL 7	空间环境下系统原型机演示
TRL 8	实际完整系统并通过试验和演示(地面或空间)获得“飞行资质”
TRL 9	通过任务成功执行，实际系统已经经过“飞行证明”

表 19.15　技术开发阶段

开发阶段	TRL 1	TRL 2	TRL 3	TRL 4	TRL 5	TRL 6	TRL 7	TRL 8	TRL 9
基本技术研究	■	■							
可行性研究		■	■	■					
技术开发			■	■	■				
技术演示					■	■	■		
系统/子系统开发							■	■	
系统测试、发射及运行								■	■

整个过程中，产品保证人员的目标是对技术进行资质认证，这一目标会影响成熟度初级阶段技术开发的决策。“资质”在技术开发活动中是个挑战，通过下面的例子强调资质的作用：

(1) 原子钟由于极其精确时间测量特性用于导航卫星，在地面资质认证时所需要的测试设备的精度要大大高于被测原子钟的精度。这是一项具有挑战性的工作，制造商认为这样的测试设备配置就是“测试方案”，非常感谢他们解决了这一困难问题。

(2) 带有多个支杆和肋的大型展开天线，一般发射阶段折叠压缩在一起，只有在轨后展开。在地面进行资质认证非常困难(见第 15 章)。在地面总是存在重力，然而地面展开试验时会承受在轨时并不存在的重力。预期的通信服务一般强烈依赖展开天线的几何精度，用户有权要求证明展开天线的几何精度。解决方法是在一个方向和其相反方向进行测试，如果假设零重力，位形在两次地面展开位置测量中间的某个地方，则此试验就可能具有一定的可信度。即便如此，也很难证实在地面观测到的测试的展开动力学和将来在轨发生的情况一致。事实上，在地面进行零重力资质验证是不可能的，基本上，在轨进行设备的测试是获得真实资质的唯一方法。

(3) 航天器的指向精度的要求越来越多，特别是射电天文任务。詹姆斯·韦伯太空望远镜预期达到的指向准确度为 10^{-6} 度，即 0.0036 角秒。在地面演示此指向准确度是一项非常有挑战性任务，可能只能演示指向稳定度，而不是绝对的指向准确度。

19.11　产品保证启示

本章内容和文中提到的普遍原则意在帮助产品保证工程师有效地完成工作。

作者在航天保险部作咨询顾问已经有二十多年，一个问题会反复突然出现，就是由于使用相似性获得资质认证时考虑不充分或者有缺陷而发生失效。这种资质认证方法没有错，但是获得资质的"相似"条件必须非常接近才能生效，所有的参数都要非常接近，不只是那些被关注的参数。"此单元经过飞行验证"本身还不足够好，还要考虑应用参数，期望的工作温度包络、允许的电源输出波动等。此单元是否第一次用于选择的运载火箭？如果是，它是否能够经得起运载火箭的振动和加速度环境？

无论产品保证工程师执行什么样的任务，他们应该经常问自己：为此工作做了哪些实际贡献？风险是否已经降低？我们是否需要进行计划中未安排的额外工作或测试？如果一项测试失效，他们应该坚持要重做，并对项目经理的抱怨有所准备。

最后，在有点偏执狂的心境下，需要时刻记住如果出错，项目产品保证的功能最有可能受到责备，产品保证工程师需要为调查委员会介绍调查结果。

Geoffrey Hall
Moreton Hall Associates, Maidenhead

参考文献

[1] NATO AQAP-1 Quality Standard first published 1968, adopted from the US DoD MIL-Q-9858 Rev A (1963).

[2] British Standards Institute document BS 5750 Quality Systems, first created 1979.

[3] International Standards Organisation (ISO) documents ISO 9000/9001/9002, Quality Management Systems. First produced as ISO 9000 in 1987, this document is derived directly

from BS 5750.

[4] Dependability Definition 191-02-03 given in 'Dependability and Quality of Service' document IEC 60050-191 Vocabulary. Published by Technical Panel T. P. 59 of the International Electrotechnical Commission, Switzerland.

[5] Guide to the Software Engineering Standards, ESA PSS-05-01, Issue 1, ESA Board for Software Standardization and Control, March 1995.

[6] Software Product Assurance Requirements. ESA standards document: ECSS-Q-ST-80C, March 2009.

20　航天器系统工程

20.1　引　　言

本书的第 1 章从系统层面对航天器进行了介绍，并阐明了分系统和整个系统之间的关系。本书的主体详述了分系统并考虑了分系统之间的接口关系。最后这一章将所有这些内容组织在一起，结合具体航天器——欧空局的 CryoSat 卫星例子的讨论，讲解并阐明了系统工程过程需确保整个航天器要满足的任务目标。有很多其他例子可以选用，但这个特殊的例子对寻求如此富有挑战性任务目标最优化方案过程中所产生的任务驱动的广度和复杂度提供了很好的展示。

系统工程经常被刻画成具有艺术和科学的特征。这种倾向性描述是适宜的，因为好的系统工程需要工程师具有创造性和系统工程方面的知识，但也需要系统管理或者系统方法的应用。在本章详细介绍系统方法，重点强调系统工程方法学，特别是在 20.3 节重点介绍并行工程的运用。

任务需求是航天器的最顶层需求，需求需要量化并由用户或使用者进行规定，是对满足任务目标的性能的估计。对于航天器的系统设计就是将这些需求转换成工程指标，这种转换过程可能很复杂，和特定的应用有关。

对于通信类航天器这种转换比较直接，因为用户覆盖范围和数据需求可直接用于定义卫星参数。第 12 章中的链路预算是转换过程的核心。对于类似 20.4 节介绍的 CryoSat 航天器，把用户需求的地球物理参数，如冰厚度变化几个厘米转换成设备参数是非常复杂的并涉及很多系统算法，在这种情况下转换过程涉及其他相关参数假设，例如需要处理的等级及从其他渠道获得的轨道数据等。在设计过程中这些假设可能被证明是错误的，则工程需求将不得不作相应更改。当非常清楚这些假设对航天器设计所产生的影响时，修改任务需求也是必要的。

这种迭代过程对确保多数相关的、现实的需求用于航天器设计是非常重要的。有很多这样的例子，在设计初期工程需求变成不可更改的“石碑”，随着设计的进展，整个系统因不愿怀疑工程需求而深受其害。始终必须明确工程需要什么样的质量或者“科学”到何种程度，以便控制任务经费及不必要的苛刻需求，其他例子包括技术上的限制，如关键部件和过程不满足航天质量要求，也会提出修改工程需求。

另外一个问题也会影响采用的设计方法。商业通信卫星的采购目标是通过容量的提高来满足未来市场需求的增加，因为商业组织一般是以满足用户需求作为驱动,为了和其他供应商进行竞争,时效性更为重要。这种商业主义在通信卫星(Intelsat)中得到了很好的体现,Intelsat 于 2001 年成为一家私营公司并被 Serafina 公司控股,由股权投资者形成实体公司,私人实体公司介入卫星经营的主要原因是这些公司能够提供稳定的现金流。

商业考虑的结果是,通信卫星主任务需求在项目初期就被指定了。必须提出工程方案来解决这些特殊需求,尽管合同商和用户之间有一定程度的讨论,但目的是把任务定义得更加精确。因此,这种计划不用像主要为实验性质并用来建立用户市场的 Envisat 卫星那样经历与任务相关的迭代过程。相反,设计迭代多是为了对计划的时间周期和成本产生重要作用。即使在这个市场,也需要用户团体认可并且其需求体现在整个设计当中。在过去 10 年里,这种价值观念对美国和欧洲产生压力并缩减科学和对地观测应用航天器建议及设计规模,在 20.4 节给出这类问题的讨论,并阐述 CryoSat 经济型卫星的理念。

20.2 系统工程

20.2.1 计划阶段

航天计划整个系统工程分成不同的阶段是比较好理解的。从复杂任务的最初概念到发射及运行,整个周期可能长达 10 年,有时由于经费限制或任务本身需要产生的延期使整个周期时间延长。罗塞塔(Rosetta)任务于 1993 年被批准,于 2004 年 3 月发射,航天器将于 2014 年 5 月和 67P/楚留莫夫-格拉希门克(Churyumov-Gerasimenko)彗星相遇,任务计划结束的时间是 2015 年 12 月。到冥王星和柯伊伯带(Kuiper Belt)探测的新视野号(New Horizons)任务得到财政批准的时间是 2003 年,发射时间是 2006 年,航天器将于 2015 年飞过冥王星,最后将于 2016 年到 2020 年和柯伊伯带相遇。很多任务半途而废是因为得不到经费支持。航天任务竞争还是很激烈的,欧洲航天局宇宙愿景项目 2015～2025 年一共收到 50 份项目建议书,2010 年只选了 3 项进行后续论证。

几方面因素会影响新任务选取的计划周期时间。首先,政治和财政限制会妨碍计划的顺利进行;其次,发射机会的限制,特别是行星际任务。例如,乔托号(Giotto)航天器,是个千载难逢的机会和哈雷彗星相遇,但研制和发射时间就变得很关键;有些时候在任务可行性被充分认可前需要展示或开发新技术,一般对计划的工程周期产生影响。

航天器计划一般都划分成如下所述的几个明显的阶段,但这种划分对小卫星并不适合,对于商业计划各个阶段要明显缩短,特别是使用已经成熟的卫星平台,需要说明的是不同航天组织(如 ESA 和 NASA)对阶段的定义也不相同。

1. 阶段 A(可行性阶段)

此阶段一般持续 8～12 月，称之为可行性阶段或者概要设计阶段，本阶段主要目标包括：

(1) 在一系列备选方案中选择最优化(高成本效率)系统概念；

(2) 通过设计和分析论证工程的可行性；

(3) 所涉及的领域技术解决方案，对后续阶段工作形成并具体化现实的性能指标、进度、计划和经费数据等。

有时将此阶段进一步分解成阶段 A 前或阶段 0，此阶段在概要设计中给出系统的主要特性。使用 20.3 节介绍的并行工程设计工具对此阶段的设计特别有用，它能够让用户参与建立系统需求，此阶段工作费用相对较低，但此阶段工作对成本的影响是巨大的，任务的最终费用和早期阶段的设计决策有关。

航天器阶段 A 研究期间，用户一般提供任务、运载火箭和有效载荷需求的基本信息，包括目标性能指标说明。如流程图 20.1 所示(由于其本性，某些设计任务是迭代过程而不是顺序进行)，早期阶段系统工程在优选概念的遴选上扮演着中心角色。

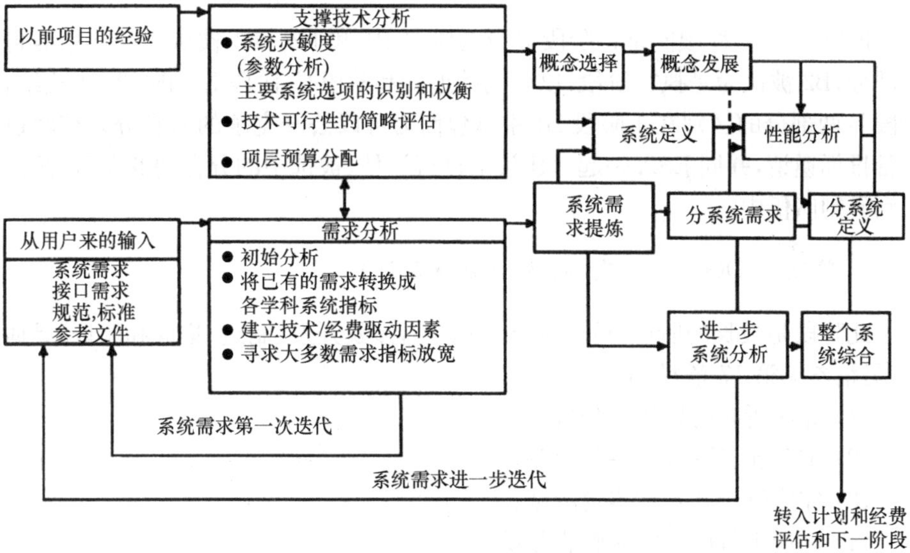

图 20.1 阶段 A 系统工程流程图

为了给项目经理和用户建议整个系统技术可行性，系统工程师对整个系统提出总的看法。在阶段 A 的最后进行基本需求评审(PRR)，评审结果用于判断项目是否就绪转入阶段 B。

一旦计划得到许可或者是合同承包给一个主承包商，则进入后续阶段并总结如下。

2. 阶段 B(详细定义阶段)

此阶段一般需要 12～18 个月，对于大的航天机构(ESA，NASA 等)，如果在资金和政治方面的考虑降低整个任务审议的速度，则此阶段会明显延长。此阶段主要进行详细设计和定义，具体的活动包括：

(1) 系统定义和分系统设计要充分详细，将阶段 C 和阶段 D 的主要设计、研制过程中出现问题的概率降到最低；

(2) 分系统生产需求及设计指标、分系统和设备设计及研制计划、计划进度和针对后续阶段 C/D 提出完整的建议书；

(3) 开始启动阶段 C/D 先期工作，如长周期项目订货或关键部件详细设计。

此阶段评审对象是系统需求评审(SRR)、系统设计评审(SDR)和无主审查或独立评审。

尽管这些工作与任何航天计划基本相似，但不同机构关于阶段的定义是有区别的。例如 ESA，阶段 B 是指基本定义阶段，初步设计评审是在此阶段的最后进行。

ESA 还有一种倾向是将阶段 B 分为阶段 B1 和 B2。B1 被认为是计划准备的一部分，B2 被认为是执行阶段，以合同的形式和阶段 C、阶段 D 和阶段 E1 相结合。阶段 B 两部分的区别在于阶段 B1 主承包商为可以公开竞争的所有分系统和设备准备投标邀请，并同 ESA 一起对建议书进行评估，被选中的分合同商在 B2 阶段加入到研制队伍中。

3. 阶段 C/D(设计、开发、制造、集成和验证)

此阶段是最长的阶段，可能延续 3～5 年，涉及开发、制造、集成和验证，具体活动(另请参见第 17 章)如下：

(1) 完成所有的设计和分析工作；

(2) 准备加工图纸和特殊程序；

(3) 完成所有开发和鉴定测试；

(4) 制造飞行件并完成验收测试。

初步设计评审(PDR)、关键设计评审(CDR)、测试准备就绪评审(TRR)和飞行准备就绪评审(FRR)都在此阶段内进行。

4. 阶段 E(执行任务和数据分析阶段)

当飞行准备就绪评审通过后就开始阶段 E，一般分成两部分：阶段 E1 是使卫星(和系统的其余部分)进入到常规工作状态,即进入阶段 E2(另请参见第 14 章)。阶段 E1 的工作一般包括将卫星运抵发射场并准备发射(“发射运动”),之后是发射和在轨初期阶段(LEOP),发射后几天内的运行非常关键,包括任务的关键活动,如附件的展开。在轨初期阶段之后卫星应处于稳定且自给自足的状态,尽管此时有效载荷设备可能还没有开机。

在轨初期阶段之后为试运行阶段,其中航天器、有效载荷及涉及的地面基础设施均进入工作状态,完成检查、优化、调整和必要的调试。定标和检验活动也在此阶段完成。

试运行完成后开始常规运行,也标志着工程进入 E2 阶段。常规运行依赖地面支撑人员(可能是消耗性的),因此会引发年度费用。尽管早期系统设计时已经将自动化程度大大提高,例如,通过智能故障检测、隔离和恢复(FDIR)可以大大降低成本,费用仍可能很高。

20.2.2 系统工程技术

系统工程学科的界面,与产品、运行、产品保证及管理学科之间的关系如图 20.2所示,此图来自欧洲合作航天标准[1]。系统工程包括下列功能(另请参见第 17 章和第 19 章):

(1) 需求工程包括需求分析和验证,需求分配和需求维护。

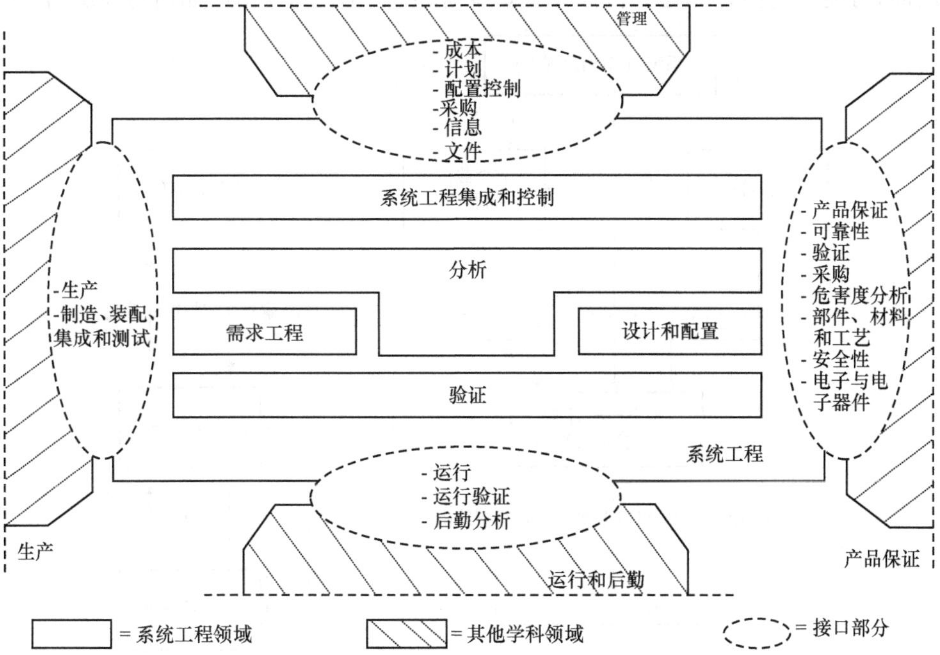

图 20.2 系统工程边界(ESA 代表 ECSS 成员同意发表此图片)

(2) 通过分析来解决需求冲突、功能分析时的分解和分配需求,并评估系统效率(包括分析风险因子)。它也被用来进行试验评估,对效率、风险、经费和进度评估结果进行权衡研究。

(3) 为了定义物理体系需进行系统设计和配置,包括完善系统功能、物理参数和软件参数等。

(4) 验证并证明交付产品符合需求规定,包括鉴定和验收产品。

(5) 系统工程集成和控制,确保所有项目阶段多工程学科和参与者为一个整体。

完成这些功能所需要的技术列于表 20.1 中。

表 20.1　系统工程技术

· 需求识别和分析	· 概念选择
· 系统规范	· 预算分配
· 优化识别	· 性能分析
· 任务评估	· 系统优化
· 权衡	· 接口规范
· 可行性评估	· 系统定义
· 成本比较	· 成本估计

在计划开始的时候,顾客或最终用户提出的需求可能都限定在一个相当高的层面,可能只包括整体任务目标和主要载荷界面。图 20.3 给出如何将顶层需求扩

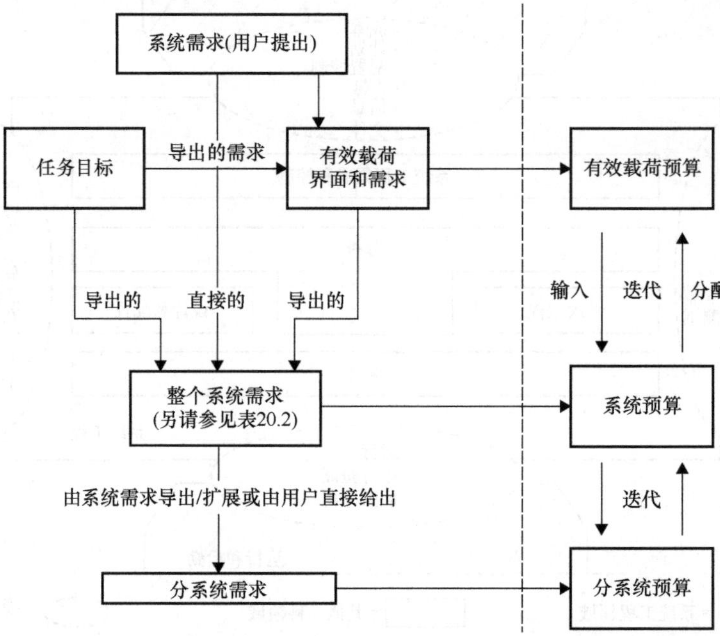

图 20.3　顶层需求扩展并转换成系统和分系统级需求

展到整个系统和分系统工程参数的具体指标，同时也给出并行建立技术预算数据的重要性。

表 20.2 是后面更详细计划阶段要进行规定的全部参数的检查单。

表 20.2 系统需求检查单

任务需求(第 4、5、14 章)	物理需求(第 3、9、10 章)
1. 发射窗口	29. 轴向定义
2. 轨道(转移、正常工作和备份)	30. 配置限制
3. 运行(发射和早期入轨阶段;运行阶段;寿命终止)	31. 尺寸
4. 寿命期(恢复、维修、再补给)	32. 质量
5. 自主性	33. 质量特性
6. 可靠性/可用性	34. 内力矩
7. 地面段	35. 干扰
环境需求(第 2、7、8、11、16、17 章)	36. 功率 性能需求(第 5、8、9、10、11、12、13、14 章)
8. 地面工作环境	37. 轨道维持
9. 发射和升空环境	38. 测距准确度
10. 转移轨道和工作轨道环境(再入大气层和降落环境)	39. 时间准确度
11. 结构/热输入、载荷及变化范围	40. 指向准确度
12. 环境保护	41. 测量准确度
13. 洁净度/污染要求	42. 稳定度
14. 电磁兼容性	43. 指向范围
15. 直流磁场	44. 转换速率
16. 辐射	45. 数据率
17. 航天器充电	46. 数据存储容量
18. 原子氧	47. 在轨处理
19. 自主运行	48. 链路预算余量
产品保证需求(第 2、17、19 章)	49. 遥测/遥控 50. 强度/刚度
20. 可靠性	51. 热控
21. 可用性	52. 可靠度
22. 维修性	AIV 需求(第 17 章)
23. 安全性	53. 计划
24. 部件、材料和过程	54. 研制配套数量
25. 洁净度	55. 测试内容
26. 存储、操作和运输	56. 地面测试设备需求
27. 配置管理	57. 设备使用
28. 软件	58. 经费限制

一个新任务的早期概念设计阶段,可能需要对轨道类型、运载火箭类型、必要时用于轨道修正的推进系统、姿态控制理念、数据接收方式及航天器配置等作出系统级选择。

本章后面的实例研究对这些因素进行了阐述,这里我们只简单地考虑一个例子——天文学任务的轨道选择,它着重突出在概念选择和优化时一定要考虑的某些关键点。

树图 20.4 表示可为天文学任务采用的可能的地球轨道以及远轨道。除了月球表面轨道外,所有列出的轨道实际上都被选用过,任务的名称如图中所示。

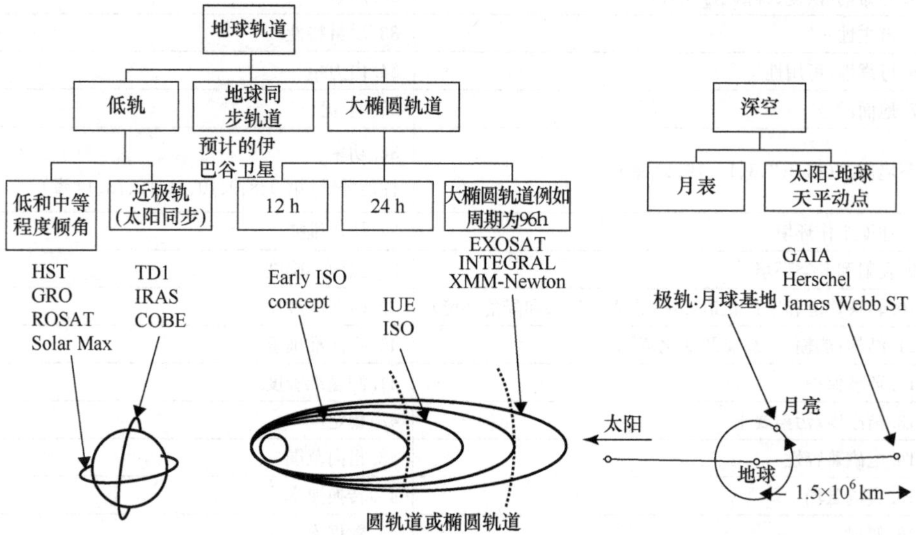

图 20.4　天文学任务轨道选择

上图揭示的要点是,这一任务类型轨道的选择并不是非常清晰,主要还是依赖现存的基础设施,如可用的运载火箭、数据接收能力和现存的航天器平台设计等。例如,NASA 主观测任务——哈勃空间望远镜(HST)和伽马射线天文台(GRO),为了能够使用航天飞机发射/服务,轨道选择只能是近地圆轨道,跟踪和数据中继卫星系统(TDRSS)用来接收数据。然而 ESA 天文学任务,例如,国际伽马射线天文学实验室(Integral)和 X 射线多镜任务(X-ray Multi-Mirror Mission)(XXM-Newton)选择大椭圆轨道来确保远离地球捕获的质子和电子辐射带的影响,进行长期不间断的观测。其他任务如 GAIA、Herschel 和 James Webb 太空望远镜选择了绕拉格朗日 L2 点(另请参见第 4 章)轨道,L2 距离地球 1.5×10^6 km。在太阳相反方向上,这种轨道的优势是良好的热环境和辐射环境,对于长期观测非常理想,并且能够持续获得太阳能量和连续的通信链路。其他航天器如 NASA 的开普勒航天器，是围绕太阳的轨道，尾部扫过地球，因此在几年内可以连续观测星场。

使用已有的航天器设备设计和新开发的相比能够节省很多费用，例如，金星快车（Venus Express）使用的卫星平台几乎是火星快车（Mars Express）平台的复制。卫星平台、运载火箭和任务寿命期间的地面段操作费用在总计划费用中占绝大多数，在早期权衡处理时有较大影响。很明显，由于空间环境限制和轨道条件的不同，继而带来的航天器系统和分系统的设计对于低轨、高轨或者是其他轨道会有很大差别。

20.2.3 设计驱动

大多数情况下有效载荷是卫星设计唯一的最主要驱动因素。卫星平台的目的是提供有效载荷所需要的支撑，确保有效载荷在要求的轨道和环境下能够工作，要提供功率、加热和制冷、结构和通信等支撑并保证有效载荷令人满意地工作并将数据通过中继传送回地面。推进系统、姿态和轨道控制系统（AOCS）及任务分析使有效载荷进入到合适的位置并进行测量，例如，Giotto 航天器拦截哈雷彗星，围绕太阳的哈雷彗星的逆行轨道意味着任何拦截时的速度都会非常高（～70 km/s），航天器对如此高速运动的粒子要有防护方法，因此缓冲防护成为关键的设计驱动因素。为确保有效载荷保持正确的方向观测彗星核心并将数据传输到地球，有必要将航天器自旋给陀螺仪提供更好的健壮性。另外 Rosetta 航天器，是 ESA 的第二个彗星任务，预计与彗星 67P/楚留莫夫-格拉希门克彗星相遇。当彗星接近太阳时，航天器绕着彗核以每秒几厘米的速度运动。彗星的轨道是顺行的，因此航天器有机会设计成三轴稳定配置。这两个航天器设计的例子都是出于有效载荷的需求和限制。

20.2.4 权衡

早期概念研究阶段通常列出权衡处理表对可选方案进行打分，主要的权衡处理准则包括如下：

(1) 成本，一般是主要因素；

(2) 性能需求满意度（如对地观测任务图像质量）；

(3) 物理参数，主要有质量、尺寸和功率等，反过来影响成本和可行性；

(4) 适用的硬件技术的可用性和技术预先开发的时间周期；

(5) 和运载火箭、地面段和其他系统单元的兼容性，接口的复杂性；

(6) 有关备选任务方案的灵活性；

(7) 可靠性和可用性。

如果认为这些准则中的一些准则比其他准则更重要，则可使用权重系数进行处理。不管是否使用权重系数，这只是一个指导性使用准则。很难说权衡是完全客观的，评价准则是详尽并且独立的，例如，成本就受上述所有准则的影响，它作为独立参数使用是会受到高度质疑的。

上述准则中只有一部分可以进行定量评估，因此可以通过直接比较选择合适的解决方案。表中的一些其他准则比较主观，更多地依靠工程师评审委员会的评判，而不是靠参数分析和优化方法决定。尽管本质上一些参数能够定量化，但在计划早期对各个参数进行评估可能较粗，很难在一系列备选方案中选出单一的解决方案。然而，尽管存在缺点，权衡分析在识别设计驱动因素和聚焦可能威胁可行性问题的源头方面往往是有帮助的。最后，需要注意的是，如天文学任务轨道选取的例子，不是说只有一种优先的选择，可能存在两个或更多的可行的解决途径。

20.2.5　预算

一个重要的系统工程工具和系统预算有关。航天器级主要系统预算编制包括如下：

(1) 质量和质量特性(如质心和转动惯量)；

(2) ΔV 和相关的推进剂总量；

(3) 功率和能量；

(4) 指向精度和稳定度；

(5) 校准/瞄准误差(如有效载荷视线相对于航天器标称的坐标轴的误差)；

(6) 遥测、遥控预算；

(7) 数据率和数据存储能力；

(8) 通信链路预算；

(9) 可靠度。

重量和功耗在航天计划中几乎总是最受重视的，但它们受限制的重要程度和任务类型有关。设计驱动因素，如 CryoSat 航天器有效载荷功耗和数据率需求，或者射电天文望远镜的指向精度和稳定度，这些参数一定要从最开始的时候建立。关键系统需求和预算要延伸到分系统级，必要时对这些参数进行迭代，这些参数在计划早期阶段和系统工程进程其他阶段紧密联系，这些阶段传统上包括多个概念的识别，针对评估的主要准则和候选的优选方案进行权衡。为建立系统的灵敏度和技术驱动因素，系统和分系统级的参数分析是必要的。

需要注意的是，表 20.2 所列出的系统需求及相关的预算几乎对所有类型的航天器都适用，如果考虑一个特殊任务，可以将任务和有效载荷需求清单进行延伸。例如，遥感类有效载荷的特征参数包括频谱和空间分辨率、动态范围、信噪比、定标准确度和地区重复观测频率等。这些参数中只有小部分和预算编制有关，但它们在优化系统设计时以相互作用的方式起到一部分作用。

系统工程任务在整个计划过程中都应该得到应用而不只是在计划初期，特别是以下几个方面一定要进行处理：

(1) 所有的物理参数和性能参数满足系统需求；

(2) 将系统级指标和预算分解到分系统级；

(3) 建立满足总的质量、风险、成本和其他目标的最高成本效率的折中办法解决详细设计冲突；

(4) 定义、监视和控制所有系统单元之间和分系统之间的接口；

(5) 细化任务操作流程；

(6) 管理和维护质量、功耗、燃料和其他关键资源的预算；

(7) 对系统级要素进行分析，如可靠度、电磁兼容和化学洁净度等。

20.3 并行工程

20.3.1 介绍

并行工程(CE)是一整套技术，从产品设计、开发、采购和制造等过程由近实时的团队合作进行实施。另外，在参与项目的所有学科之间还有一个高级的集成工具，在产品寿命周期中参与项目的团队共享相同的设计工具和环境。这种方法的目的是大幅减少从开发到转入市场的时间和开发成本，提高产品的质量。

并行工程活跃于科学界和工业界已有 30 多年。其概念已引入航空业得到持续发展，并延伸到其他工业领域和寿命周期更广的产品区域。

一个相关的子学科，如合作和分配工程，虽然强调准实时活动和工具集成特性，但重点还集中在不同远程团队的参与。这通常涉及多个公司参与项目，对供应商进行管理等，团队的结合某种意义上较松散。

为了说明并行工程的原理，本节将使用一个特殊的工具进行说明——ESA 并行设计中心(CDF)，设在荷兰的欧洲航天研究与技术中心(ESTEC)。

到目前为止，主要根据背景和应用环境，并行工程引入了各种各样的定义并在文献中使用。在 ESA 并行设计中心(CDF)采用的并行工程定义如下：

“并行工程(CE)是一种集成产品开发的系统方法，强调响应客户的期望。它通过决策达成共识的方式体现合作、信任和共享的团队价值观，从产品生命周期开始，所涉及的各领域并行工作”。

20.3.2 并行设计

经验表明航天系统工程特别适合航天任务的早期规划和概念设计。因此并行设计(CD)是其他方法的一种替代。有三种主要的设计方法：

(1) 顺序设计；

(2) 中心设计；

(3) 并行设计。

图 20.5 给出了它们的示意。

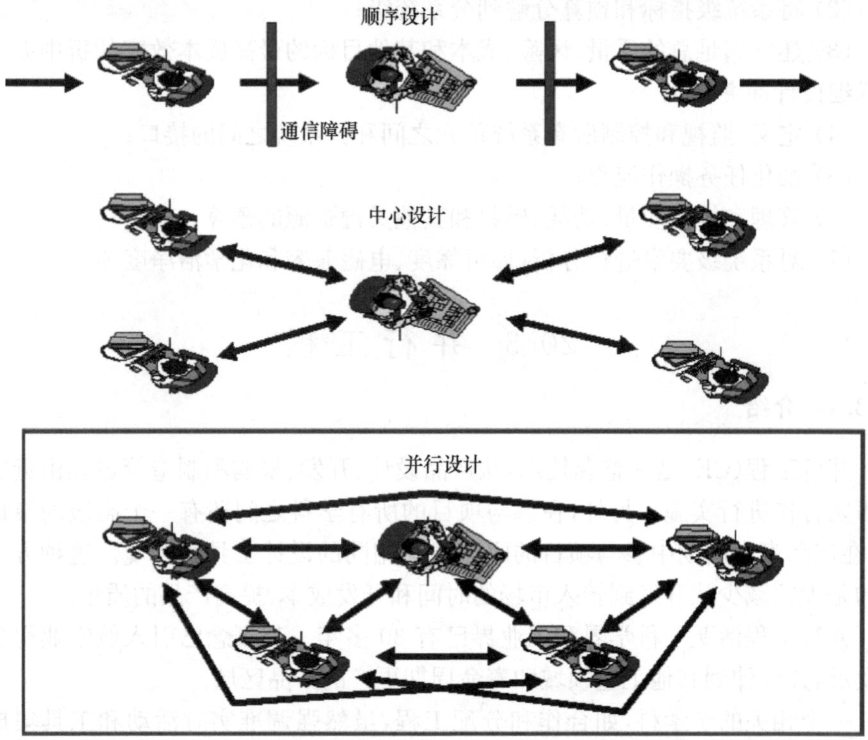

图 20.5　航天系统设计的不同方法

最常用的经典方法就是顺序设计,整个设计要经过很多设计阶段,从一个领域的技术专家到另外一个领域专家,连续分段进行(也就是说专家的工作是串联的)。通过迭代过程,排除设计的不一致性,确保设计收敛。因为专家之间缺少信息交流(这就是也被称为"蛮横无理"方法的由来),采用的假设可能并不正确,不能做到实时监测主要系统参数,因此需要几轮迭代才能完成最后的目标,从而可能导致处理时间很长。这种方法也有一些优点,如人力资源使用的灵活性,结论经过多次论证,是一种常规设计方法。但另外一方面这种设计方法减少了跨学科解决方案的机会,减少了专家的系统意识。此外,这种非中心的设计方法,所有的设计数据和模型分散在各个专家手中,不是不可能但很难将这些知识进行重新汇集,例如,将来修改了需求,需要重新设计。最后但并非不重要的一点是,使用传统设计方法需要的研究时间(6～9 月)和从概念到飞行短周期的设计驱动因素相矛盾。

顺序设计的改进方法是采用中心设计方法,各种不同专业的技术专家提供分系统设计信息和数据给一名到多名系统工程师组成的核心设计团队,他们的任务是在系统级上分析和确认设计，适当或需要时促进和鼓励专家之间进行信息交流。

传统设计方法的另外一种替代方法是并行工程，它通过现代信息技术的所有优势为设计方法提供更好的性能，快速发展的信息技术使并行设计成为可能。完整的设计团队包括各种领域的专家，在设计的最初阶段开展工程不同方面的工作。设计的一致性和整个项目收敛的迅速获得得益于在共同设计环境下实时工作的团队成员之间经常性的、直接的信息交流和数据交换。这个过程仍然需要几次迭代，所有的学科都要快速轮流提出自己的建议和结果，减小和预定设计路线偏离的风险。不同领域的专家协同工作并阐明一个基本设计概念本身并不是新事物，然而过去的设计过程及个人之间的交流仅限于一般的集体讨论会。因为任何数值分析都需要使用工具，工具既不能提供实时分析结果，也不方便和团队沟通或协作。目前可能只有极少数例外，大多数基本设计阶段需要的分析工作都可以在个人计算机或笔记本电脑上实时进行。

并行设计方法特别是针对很多学科领域参与的复杂系统设计过程更加有效，如航天任务设计。

因为并行设计方法将航天器任务设计的各个方面同时进行研究，工程设计一致性程度快速改善，所需要的研究时间同传统设计方法相比大大缩减。事实上不同学科之间一直在相互交流，所有设计决策，尽管不直接在团队层面采用，也会快速传递至整个团队进行即刻验证。从任务需求修订开始，并行设计方法对每个设计问题都进行共同讨论，对即将作出的决定大家都有一个基本了解，因此设计团队的所有成员都能不断地跟踪相同的设计路线，防止出现和各个分系统设计不兼容的方案，从而减少任务研究的时间和工作负担。并行工程成功的基础是信息交流。

20.3.3　ESA 并行设计中心

每年 ESA 都进行一定数量项目的阶段 A 前工作(或 0 级)评估研究。这些研究的目标是从技术、计划和经济角度对新航天任务的可行性进行评估，一般通过完成任务的基本概念设计和基本航天系统设计获得。研究的结果用来支撑任务选择程序，如果任务被选中，研究报告将作为阶段 A 的设计输入。阶段 A 前研究工作一般是在技术支持专家的支撑下，由欧洲航天研究与技术中心(ESTEC)执行。

欧洲航天研究与技术中心启用并行设计中心(CDF)始于 1998 年，是在实验的基础上，得到了欧洲航天局总体研究计划的倡议和支持。当时在航天领域还有一些其他例子，如 NASA/JPL 的工程设计中心(PDC)，X 团队(Team X)用来进行概念任务设计，另请参见图 20.6。

欧洲航天研究与技术中心的最初目标是：

(1) 建立任务设计环境，使航天任务的概念设计能够以一种高效的方式进行；

(2) 通过几个试验实例的并行工程实践应用，评估并行设计方法应用到航天任务开发各个阶段的可能性；

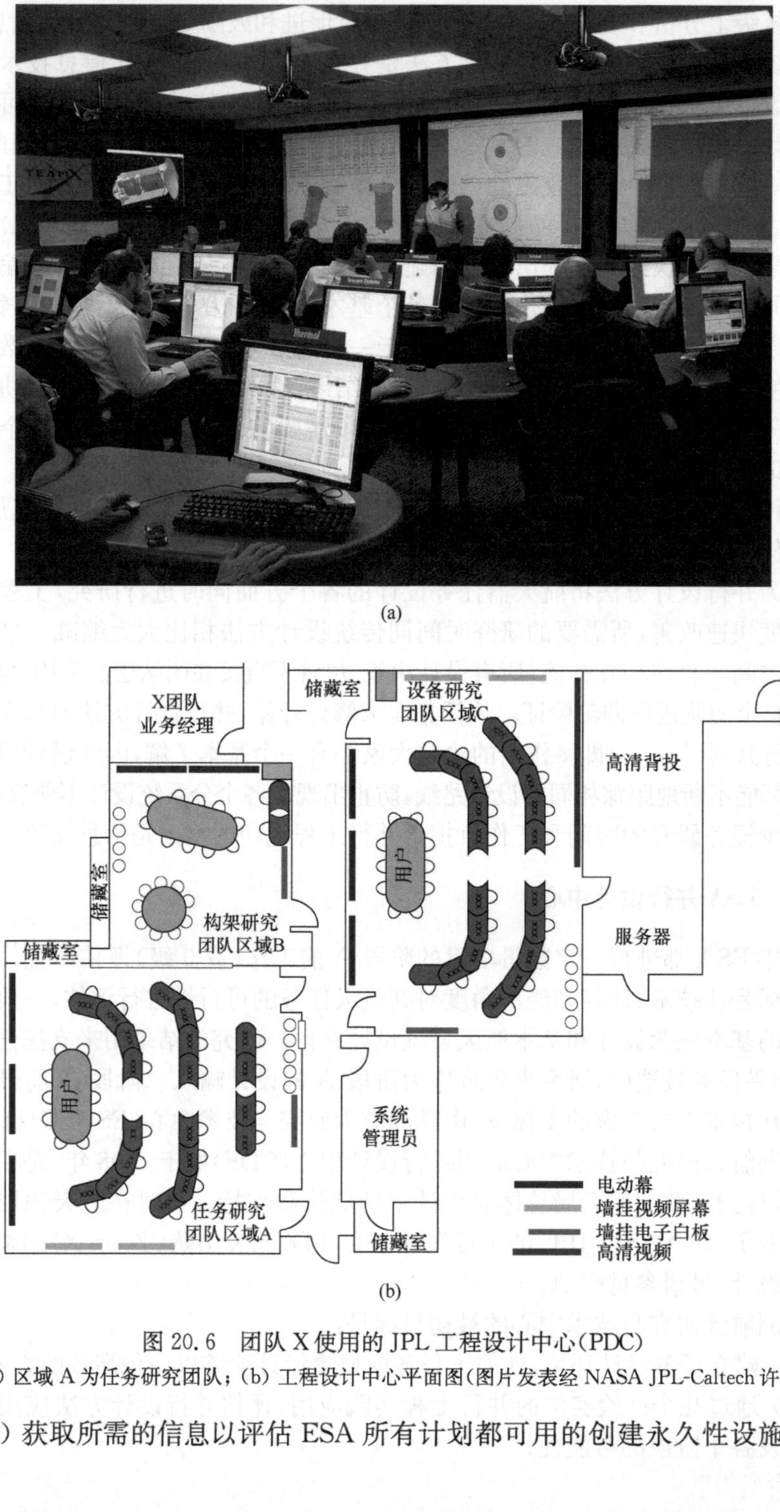

图 20.6　团队 X 使用的 JPL 工程设计中心(PDC)

(a) 区域 A 为任务研究团队；(b) 工程设计中心平面图(图片发表经 NASA JPL-Caltech 许可)

(3) 获取所需的信息以评估 ESA 所有计划都可用的创建永久性设施所要求

的资源。

并行设计中心事实上是建立在并行工程方法基础上的集成设计环境(IDE),ESA 并行设计主要用于评估未来航天任务和新的航天器概念(如在阶段 A 前或者是 0 级阶段的评估研究)在技术、计划和经费方面的可行性。

特定的多学科并行设计应用包括:

(1) 新任务概念评估;

(2) 航天系统权衡和选项评价;

(3) 系统级或任务级新技术验证。

此外,目前 ESA 并行设计中心(CDF)也应用于其他多学科,例如:

(1) 有效载荷设备初步设计;

(2) 系统的系统结构,是一个以服务和最终用户为导向的结构,特别为安全应用而构筑,用以集中对不同的和独立的航天资源进行开发,给最终用户提供更高数量和更高质量的服务;

(3) 航天探测方案;

(4) 技术融合和技术路线;

(5) 阶段 A 研究评审;

(6) 科学需求的定义和整合;

(7) 异常现象调查(如在测试和运行期间发现的设计不一致性);

(8) 教育和培训。

1. ESA 并行设计中心采用的方法

迈向 ESA 并行工程更持久应用的第一步需要对现存的工具和人力资源以更为有效的方式进行重新组织,即建立如图 20.7 所示的集成设计环境。其中一部分

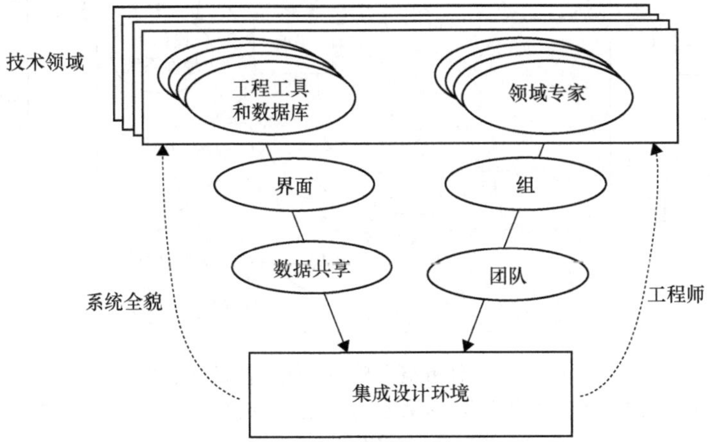

图 20.7 ESA 建立集成设计环境的方法

是由多技术领域引入的所有工程工具和数据库的界面,除此之外还包括用于数据共享的实时机制。这种组合称之为集成设计模型(IDM)。

对技术领域专家进行重新分组是很有必要的,并且对专家进行团队工作的培训。这些专家不是永久性的,也不专属于并行设计中心的活动,只是矩阵组织执行的几项任务中的一项任务,在并行环境中工作的优点是专家习惯于将“系统全貌”牢记于心。

ESA 并行设计中心采用的并行工程方法基于五项关键要素:

(1) 设计过程;

(2) 多学科团队;

(3) 集成设计模型;

(4) 工具;

(5) 硬件和软件基础设施。

2. 设计过程

设计过程的概念模型如图 20.8 所示,图中突出航天系统不同单元之间相互依赖的事实,暗示着每个单元的定义和发展对其他单元的设计产生的影响,任何变化

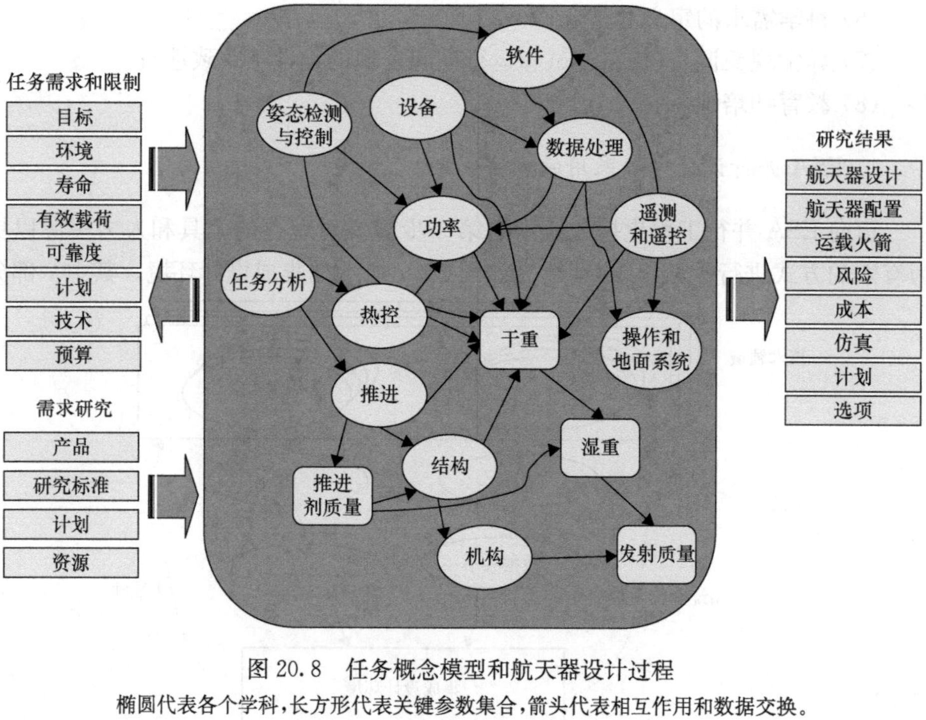

图 20.8 任务概念模型和航天器设计过程

椭圆代表各个学科,长方形代表关键参数集合,箭头代表相互作用和数据交换。

每个学科直接或间接有助于主任务参数的定义

都会影响到整个系统。对变化的影响进行早期评估非常重要，其目的是确保设计过程收敛到一个最优方案。并行工程方法旨在提供各学科之间互动最大化的工具，逐步改进实现早期评审和验证的方法。设计过程始于准备阶段，工程团队代表（团队负责人、系统工程师或者是挑选的专家）和用户代表相聚一起提炼并正式提出任务需求、定义约束条件、识别设计驱动因素、估计完成研究目标所需要的资源。

设计过程从研究开始，并行设计中心的活动以一系列全体会议形式进行，从最初阶段（需求分析）一直到设计完成（经费），航天工程领域所有代表都要参加。

邀请用户和用户挑选的其他专家（如科学家和项目管理员）参加所有的会议，以便他们为研究设想的制定做出贡献，回答团队提出的问题并跟踪设计进展，包括对设计中不符合他们预期的各个方面进行实时的讨论和修正。

第一次设计会议始于用户提出任务需求和团队的约束条件，后续会议专家各自提出本专业的建议或方案，突出并讨论和其他学科的关系。经过辩论，保存一个基线，且将相关参数值记录到共享的数据库中。和用户取得一致意见后，工程设计过程结果出来后可能对任务需求和约束进行修改。

一个关键因素是执行一个不依赖于既定技术途径过程的能力，在每个阶段都必须接受其他技术途径的优点或者使用“专业估计”来确保设计过程不会因为缺少数据或缺少决策而受到阻碍。将系统设计各个方面进行快速和全面的解说就是一个迭代过程。并行设计过程符合图 20.9 所示的螺旋线模型，在所有工程方案平面内画出螺旋线。工程方案又将平面划分出扇区，每个扇区代表一个专业技术学科，每个学科负责该扇区内设计参数的计算。

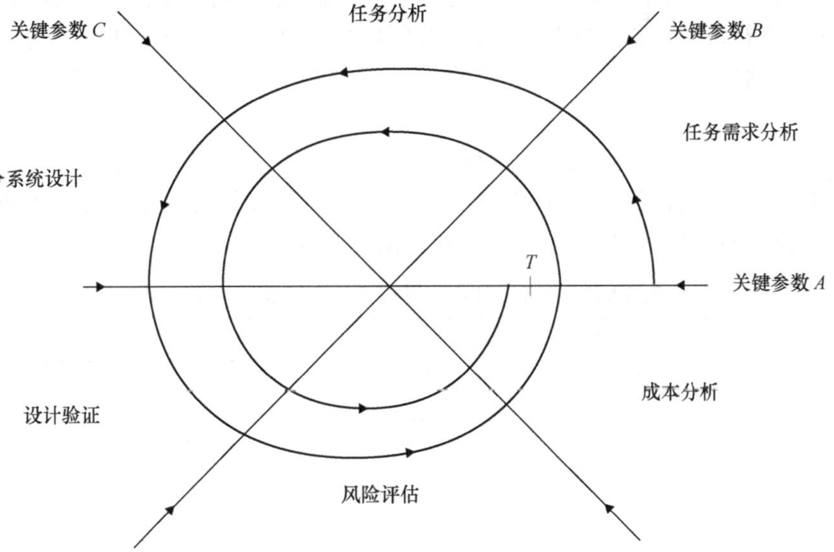

图 20.9　并行工程迭代过程：螺旋线模型。本例中点 T 为关键参数 A 的目标值

每次设计迭代都代表螺旋线快速旋转一周,每次迭代过程中每个学科都分别呈出各自所代表的分系统的设计(尺寸、配置等)。设计过程由若干不断完善的方案成功获得通过所组成,直至所有关键参数都达到了预期目标,也就是说所有任务需求和约束都已满足要求。每个轴代表选取的关键设计参数的值,关键设计参数和任务及系统需求有关,例如,它有可能是系统的总质量、发射时间和任务费用或者是任务和系统的性能,如图 20.9 所示,把参数的目标值标记在每个轴上。在本例中,经过连续迭代关键参数 A 达到了预期目标 T。根据需要分析和权衡的设计备选方案的数量,可以画出相应数量的螺旋线模型并执行迭代。一般螺旋线具有“最好收敛”形状的为设计基线并用于进一步迭代。

设计团队全体对分系统设计方案建议的选取和各种权衡的决定等进行共同决策,对某一专业提出的方案建议进行讨论,讨论结束后相关的数据经授权后公布在数据交换中心上,以便其他专业学科能够获得。

这种过程一直重复进行直至设计的改变对迭代不产生明显影响,也就是说,建议的系统设计满足所有的需求。

3. 团队

人力资源是整个过程中最重要的因素。一组工程专家在一个房间内一起工作,使用复杂的工具,每个成员都很重要,但这不是建立合作环境的充分条件,恰恰相反,这个地方可能会将冲突放大。不论如何,专家组必须作为一个团队进行工作。

并行工程方法中最基本的部分是建立一个高度积极的、多任务学科的工作团队,实时进行设计工作。挑战性、方法的创新性、集体方法、合作环境、紧张和集中的努力及明确的、短期的目标等这些关键因素都有助于提高每个工作人员的积极性。

表 20.3 列出在并行设计中心任务评估研究中所涉及的技术学科。

对于每个学科,都要建立相应岗位,配备相应设备并指定专业技术领域专家,每个岗位配备必要的设计模型、计算和数据交换等工具。

表 20.3 并行设计中心任务评估中涉及的技术学科

学科/岗位
系统
有效载荷设备
任务分析
推进
姿态和轨道控制
结构/布局

续表

学科/岗位
机构/火工品
热
供电
控制和数据处理
通信
地面系统和操作
仿真
成本分析
风险评估
计划

所涉及的学科的选择和详细程度的要求及可用的专家专业知识有关,另外,所涉及的学科数量一定要限制,特别是在早期试验研究阶段,以避免持久的争论,同时让设计迭代快速周转。一般团队的大小应满足一次会议上能够进行一次完全迭代(如所有学科都要讲述自己的分析),在 ESA 并行设计中心一般会议持续四个小时,理想团队的组成应该为年轻人和有经验的工程师的平衡混合。

过程的执行由团队的领导或服务商负责,此角色对并行方法的成功非常重要,一个好的团队领导者一般是有才能的系统工程师并具有管理人力资源的技巧,能够将设计过程做到动态、实时,鼓励团队成员保持高效工作。

4. 模型

航天器的设计以数学模型为基础,使用定制的软件和并行设计中心(CDF)的集成设计模型(IDM),通过这种方法,可以定义一组统一的设计参数并在研究过程中进行交换,对其他学科产生影响参数的变化会立刻被识别并集体进行评估。通过这种方法,可以执行多次设计迭代,容易对不同的设计进行分析和比较。

参数法支持新方案的快速修改和分析,对实时处理非常重要。它的作用是建立和维护设计的基本准则并规范每个领域的责任边界。一旦一个特定的模型已经建立,则将用于完善设计并提出进一步的细节。

建立模型过程的第一步是参数化并在能够进行迭代设计过程之前获取或建立适合任务方案的模型。并行设计中心(CDF)集成设计模型(IDM)工具是自己开发的,它能够将分系统学科工具和参数在一致和有效的设计环境中进行集成。模型也代表了在设计过程中将技术知识转换成适合设计过程的工程师能够理解的文档的方法。图 20.10 给出 ESA 并行设计中心中采用的设计集成模型体系结构。

模型包括三个部分:

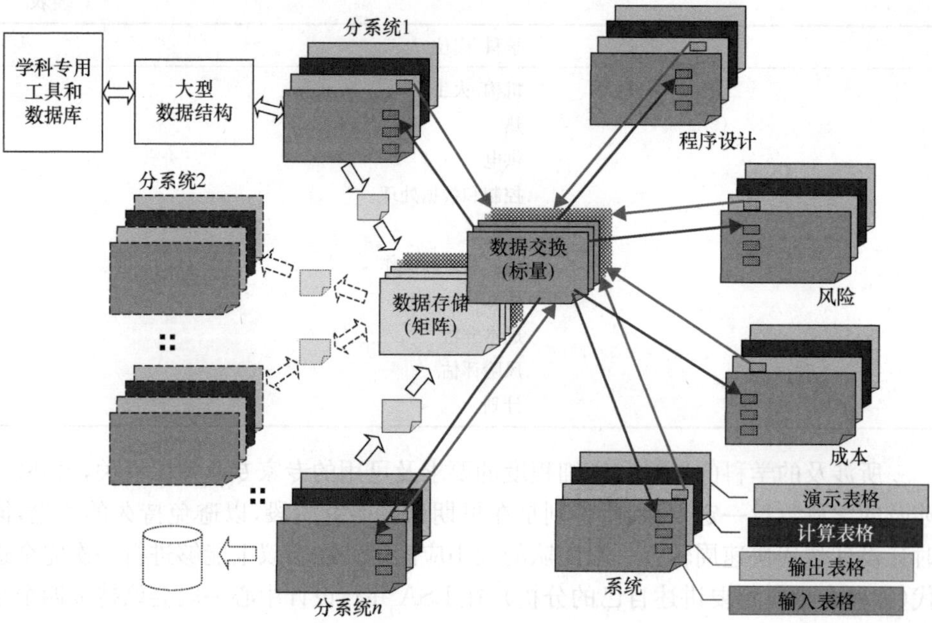

图 20.10 并行设计中心(CDF)的集成设计模型(IDM)

(1) 各学科领域专用工具和数据库(如 CAD、任务分析、仿真、成本模型和估算的工具,运载火箭、材料、设备等的数据库);

(2) 多功能中间层,简单地以微软公司 Excel 工作簿和模型为基础;

(3) 数据交换中心。

学科领域专用工具由各专家购买并集成到基础设施里面去。

中间层是集成设计模型集成元素之一,提供不同学科之间数据交换链接和各学科专用工具之间的接口。

演示工作簿包含数字结果总结和用于设计过程演示特定设计的图像,并作为研究结束报告的一部分。实践中,建模过程使用多个工作簿,以增强主要设计部分的明晰度并便利设计会议间的展示。

集成设计模型的核心是数据交换,包含最新共享数据并依次和所有的技术专业工作簿相链接。

并行设计中心(CDF)的集成设计模型(IDM)模板分发给 ESA 的所有成员、工业和科学机构,以促进建立各自的并行设计中心。应用于集成设计模型(IDM)的数据交换标准已在欧洲航天标准合作组织(ECSS)的文本中建议作为一种潜在的标准。

5. 设施

专家团队在 ESA 欧洲航天研究与技术中心(ESTEC)中的并行设计中心内(CDF)举行设计会议。

如图 20.11 所示，房间包括一个主设计室，加上一个工程设计室和一个支持设计室。CDF 的设备和布局的设计目的是方便设计过程、交互、合作和专家的参与，交互最频繁的学科或其他关系密切的科目(如数据或模型共享)会放在一起。在任何情况下，这些设施都可以根据不同的布局进行重新配置，而学科则可以根据特定研究任务重新定位或改变。

图 20.11 2008 年 4 月 8 日在 ESTEC 举行新 CDF 落成典礼(照相 Anneke Le Floc'h，图片发表经 ESA 许可)

在这些设施的最前面是一个很大的投影屏，能够把每个工作站的演示投到大屏幕上，以便专家介绍设计选项和建议，突出对其他学科的影响或者是受其他学科的影响。还安装了视频会议设备，以便远端团队成员能够参加会议。

6. 硬件和软件基础设施

实施上述的并行设计需要的基础设施总结如下：

(1) 建模需要的软件工具；

(2) 各学科模型的集成，通过一些方法使各模型之间实时传递数据；

(3) 将建模和/或复杂计算用学科专属工具合并的手段；

(4) 文件支持系统；

(5) 存储和归档能力。

基础设施必须允许用户进行如下操作：

(1) 通过这些设施可以在 ESTEC 或其他中心进行远程工作，例如在德国

Darmstadt 市的欧洲航天运行中心(ESOC),或者是在巴黎的 ESA 总部(ESA HQ);

(2) 方便普通办公室环境和并行设计环境之间的信息交换。

尽管受制于上述的限制,事实上,选择的工具已证明能够满足未来的需求。它们已是 ESA 基础设施的一部分,使用它们带来很多收益(如低投资成本、减少学习的弯路、办公室和设备之间自动化工具的兼容性)。

对于系统模型,选择 Excel 电子数据表格的动力不仅仅是它的可用性和团队目前的熟练使用,还在于更早的工作表明它是一个理想平台的事实。最基本的决定是将系统分成几部分并代表团队成员的专家专业领域,因此允许独立或并行开展建模工作,且不依赖于单一建模专家。这就唤起了对一个机制的需求,即以可控的方式在学科间进行数据交换。通过准备共享工作表格将数据集成后进行交换的方法使问题得到解决,通过宏命令处理控制新数据的传输。

7. 并行设计的益处

在 ESA CDF 实验室并行设计展示了很多优点,在后续阶段的工程生命周期内并行工程会带来更多的益处,对于典型阶段 A 前研究带来的益处有:

(1) 研究持续时间从 6~9 月缩减到 3~6 月;

(2) 相应成本减少一半;

(3) 每年执行研究的数量增加;

(4) 使用并行设计得到的结果是通过提供一致的、完整的任务设计使技术评估的质量得到了提高,包括技术可行性、计划、成本和风险等各个方面。

并行设计中心(CDF)通过使用中心设计方法,在组织内积累了知识数据库,CDF 结果给 ESA 决策群体提供了详细的信息,帮助他们对将来工程任务选取进行评估,并且新的潜在任务的详细评估帮助识别关键问题,并在工程生命周期提前显著暴露,从而降低后期被要求更改工程或错误发生的风险。

20.3.4 总结

并行工程的使用已经植根于航天系统工程应用,目前世界上有很多并行设计工具。其中之一是在荷兰欧洲航天研究与技术中心的欧洲航天局并行设计中心(ESA CDF),本节对其进行了详细介绍并展示在组织内如何实施。ESA CDF 已经运行了 10 多年,它在航天计划开发各个阶段的参与还在不断增多。通过减少研究周期和成本及明显增加研究项目的数量,整体性能得到重要改善,与此同时,质量得到了提高,CDF 的输出结果成为后续工业活动的一部分,ESA CDF 现在是 ESA 非常重要的决策和相关风险管理过程的工具。

20.4 实例研究:CRYOSAT 航天器

20.4.1 背景

Cryosat 是 ESA 第一个地球探测卫星——第一个被选取的任务并且是第一个发射。不幸的是发射 300 s 后失败,卫星残骸再入大气层后损毁,恰好降落在拟在轨观测的同一极冰区域。它的后续卫星 Cryosat-2 在四年半后成功发射,这是如何实现逆转的呢?

1991 年 ESA 发射了 ERS-1,携带了一对非常复杂的雷达进入了太阳同步轨道并延伸到极轨区域,但此时一个野心勃勃得多的后续卫星计划,称之为 POEM-1,已充分地推进。该卫星将携带 19 台对地观测设备进入太阳同步极轨轨道,POEM 是第一个极轨轨道对地观测任务的缩写。此时 ERS-1 即将发射,作为填补任务空隙的 ERS-2 于 1988 年被批准,两者都是极轨轨道地球观测任务,因此很明显 POEM(第一个极轨轨道对地观测任务)取名很失败,但也没有证据证明因为取名不好导致 1992 年 POEM 任务的终止!

为代替这个巨大尺寸和相关高费用的卫星,最终决定将部分环境研究有效载荷和气象观测有效载荷分开,即变成了两个卫星,EnviSat 卫星携带第一部分环境观测有效载荷,MetOp 卫星携带气象观测有效载荷。两个卫星都是以极轨卫星平台(PPF)设计为基础,最初预期 PPF 为服务性的、多任务航天器。最后 EnviSat 卫星最早启动,比最初从整个 POEM-1 分离出一部分的概念明显大很多。MetOp 启动稍晚一些,但体积也变得很大,严重偏离 PPF 平台设计,以致仅保留了总的布局和体积缩小的 EnviSat 风格的太阳阵列。甚至服务舱都是来自 SPOT-5 的设计而不是 PPF,SPOT-5 是以更早的 SPOT-4 的设计为基础。

EnviSat 终于于 2002 年发射,强有力的 Ariane 5 火箭仅有它一个搭乘者。不包括其他必要的火箭辅助设施,EnviSat 重量为 8.5 t。MetOp 相对要小一些,重量为 4.5 t,三颗卫星中的第一颗于 2006 年使用联盟号运载火箭(Soyuz)发射。

然而,这些发射活动很早以前,潮流就在明显转向反对这种大卫星。EnviSat 可以夸口说它的一大套广泛不同的设备可以进行同时测量,这些设备能够比小卫星不得不缩减的载荷有更多的贡献,但代价是成本高昂。从开发时间上来说,从设备初步设计开始到第一次产品研制完成需要 10 多年的时间。从经费上来说,成本是不得不考虑的,Ariane 5 的高成本增强了这种意识,没有其他搭载卫星分摊它的经费。此外,还存在所有这一切都依赖于单一运载火箭发射入轨的风险。

更加困难的是,EnviSat 协同测量能力和 NASA 设计的星座列车基本相同,星座列车是由一系列或多或少独立的任务组成,卫星在同一轨道上相互紧随,每颗之间的时间间隔只有几分钟。第一颗卫星是 Aqua,于 2002 年发射,到 2010 年一共有 4 颗卫星发射,载有 15 台设备。此概念和 EnviSat 多设备方法一致,但避免了很多不利因素。

20 世纪 90 年代后期,当时相当坚定地倾向较小、要求较低的任务。ESA 和科学建议团队在任务选择和实施方面做了基本调整,确定了一个计划。该计划提供一个经费包,足以支持几个小规模任务以及一些设备的开发和超过最初拨款的老卫星系列的存续(特别是 ERS-2 和 EnviSat)。它被称之为地球观测包络计划(Earth Observation Envelope Programme,EOEP),一个更令人关注的特征是此计划分成几部分,每部分都分别批准(相差几年),但根据任务将经费分配给各个部分。

借助这种机制,确定一个真正有效选择任务的方法成为可能。该方法可以更多地从寻找妥协的需要中解脱出来,并且能够赢得广泛的政治支持。事实上,EOEP 第一部分计划定义中就开始指定了两类任务。第一类是较大的任务,能够持续被认为是旗舰性质的天文台任务,有可能给后续运行任务打基础。这些都是核心任务。另外一些是机会任务,被认为是较小的任务并且能够实现快速、低费用组合,旨在响应特定的科学研究。这些任务先进行项目建议书征集,然后通过公开、竞争程序进行选择。有趣的是这种区别在 EOEP 第二部分和第三部分计划中就不存在了,所有任务的选取都通过机会任务选择的原则进行。

第一次征集项目建议书是 1998 年 7 月进行的地球探测者机会任务。要求建议书明确任务,可以阐述一个重要的科学问题,能够在三年内完成并发射,ESA 申请经费不超过 1 亿欧元,包括发射后的运行费用。考虑到 EnviSat 卫星(还没有到发射场)要花费近 20 亿欧元,这个任务很难完成。其发射和地面系统经费就要突破原来各自经费的限制。事实上当时形势对申请人更加紧迫,因为 ESA 本身发生的经费也来自总经费,因此要求地球探测者机遇任务的经费少于 8 千万欧元。

不顾严格的经费限制,当时出台了 27 份项目建议书。鉴于其科学和技术两方面的优点,这些提议进入了紧张的评估过程。1999 年 5 月 ESA 给对地观测计划董事会(PB-EO)提交了一份背书了地球科学顾问(咨询)委员会(ESAC)的调查结果。文件提议被 ESAC 列为最高级别的 Cryosat 任务应作为将发射的第一个地球探测机会任务进行实施。土壤湿度和海洋盐度任务(SMOS)也得到了建议,作为第二项任务应作好准备(如果 CryoSat 任务开发时遇到问题能够很容易替代)。第三项任务是大气和气候探测(Atmosphere and Climate Explorer,ACE),也是"热备份"状态随时替代 CryoSat 或者是 SMOS。

建议的每项任务都被责成涵盖一些 ESA 之外的经费资源。对于 CryoSat,相对适中并能满足任务的科学支撑。SMOS 则不同,需要法国和西班牙等国家的大力支持,包括卫星的主要部件及地面段等,虽然在资金上有优势,但计划的复杂性明显增加。

两个排在前面的建议书都有一个重要的获胜理由。很明显每项任务的科学期望不是决定因素,每项建议书都非常有吸引力,理想情况下都应该得到支持。决定性的问题就是实际的可行性,即在可获得的资源条件限制下满足任务目标。对于系统工程师,识别实际限制是非常重要的一个方面,SMOS 通过建立联合资助团体实现这一目标,CryoSat 和 SMOS 的做法并不相同。

CryoSat 由伦敦大学学院的 Duncan Wingham 教授提出建议,由国际团队支持,主要成员包括工业公司,他们之前研制了欧洲雷达高度计卫星,根据以前任务的设计结果,加上一些额外的开发需求,这个团队能够虚拟演示所有可能的装配后的卫星,立刻非常自信地给出在严格经费和时间限制下能够完成的内容。

20.4.2 任务特征

CryoSat 的任务是测量地球上冰原厚度的微小变化。冰原主要是指漂浮的海冰和冰盖,如格陵兰岛和南极洲,也对小的冰帽和较大的高山冰川进行测量。与众不同的是,需要测量的是变化率。和每年冰川厚度信息相比,我们对冰川厚度每年的变化更感兴趣。冰川厚度变化率的幅度是比较小的,预期由于自然原因造成厚度的波动约为 10%。

这就对将要作的测量类型增加了要求,系统稳定度、测量配置的控制和数据处理系统的一致性。从另一个角度考虑,地球探测机会任务的计划性限制可以被简单地描述为严格成本封顶情况下相对短的开发周期的需要。这已经成为航天任务发展的一般需求,本例采取的方法对很多类似任务也适用。

“规则”最初的想法是使地球探测机会性任务简单化,使它们能够快速并且低成本实施。这被理解为质量毋需很苛刻、硬件可靠性可稍低,或许备份系统也可少些。在现实中采购部门很难实施两种标准,其许多专业知识是从工程团队之外汲取的。除此之外,大量选用的设备都是从其他工程任务中继承过来的,从而具有固有的质量等级。因此 CryoSat 卫星工程开发和 ESA 其他任务不可避免地具有相似的质量等级,这意味着成本和时间的节省必须通过其他方法实现。一种办法是缩小 ESA 和工业部门的团队规模。尽管从会计师角度来看是很有吸引力的,但也确实意味着每个人的工作负担很高;建立强烈的团队精神有助于保持积极性和效率。还有一种可行的办法是开发正样原型机系统,这在后面介绍。这些方法的组合使低成本任务能够以普通商业模式进行开发。

20.4.3 在轨精确测量

CryoSat 卫星的部分系统参与测量,最基本的测量是从卫星到星下点地物表面之间的距离。测量使用雷达高度计,此项任务在 1998 年得到建议,此时大量的 ERS 雷达高度计可以实现冰表面高度测量,这是一个非常自然的选择。另外一种选择就是激光高度计,美国ICESat任务选择了激光高度计,但不幸的是在Cryo-Sat-2发射入轨(2010年)的前几个月该激光高度计失效。尽管ICESat卫星团队努力保护该激光高度计,每年只开机几个月。事实上激光高度计和雷达高度计在应用上是互补的,但遗憾的是两种设备不能对同一地区进行同时测量。

CryoSat卫星雷达高度计称为SIRAL,是SAR和干涉雷达高度计的结合,表明设备的理念有了改进,传统的工作模式是前面任务的连续,此外雷达还能工作在合成孔径模式,增加了沿迹方向的分辨率,使之能够分辨海面浮冰之间的无冰水面间隙。当位于大冰盖边缘的粗糙地形上方时,增大的沿迹分辨率通过使用第二个天线和接收通道进行的垂直相干测量进一步提高,雷达回波抵达的导出角能够更加准确地确定反射信号点的位置。

SIRAL测量冰川表面的距离非常准确,单次测量的不确定性为几十厘米(在轨测量标准差,在SAR干涉测量模式的测量精度为18cm),多次测量平均,使系统性能指标满足任务目标要求。然而单独距离精确测量是不够的。将距离信息转换成具有科学意义的数据需要提供每次测量时卫星的位置,即已知参考面为基准的冰川表面的高度。如果不是很严格一般指海平面高度,但像这种高精度应用高度是以参考椭球体为基准,它是严格定义的扁球体表面,和地球的形状非常接近。为了确定卫星的位置和以参考椭球体为基准的高度,需要其他有效载荷设备进行测量。

CryoSat卫星安装了DORIS(卫星集成轨道测定和无线电定位)接收机,它是一个特殊的接收机,接收全球均匀分布的50多个发射机网络信号,通过测量这些信号的多普勒频移来计算出对每个发射机的距离变化率。从上面一组数据中计算出的轨道准确度受几个因素影响,尤其是多普勒频移测量的精度和准确度。DOR-IS从20世纪90年代初期开始执行任务,是常规高精度(以星载GPS为基础的2010系统和此性能相当)轨道定轨中最重要的方法。被动激光后向反射器使DORIS接收机功能增强,通过地面激光测距站使距离测量结果更加精确。

所有这些高精度有效载荷设备中最后一项是一组星敏感器,用来对SIRAL干涉测量进行补偿。SIRAL测量反射信号的角度是基于自身的参考坐标系,即相对于两个天线中心的连线——基线。在这些信息被用来识别在地球上的准确位置之前我们必须先知道基线的方位,为了满足任务目标,基线的方位测量精度必须在30角秒范围内。

科学任务目标不但明确了必须实施的测量的类型和精度(导致有效载荷的选择),也明确了地点和时间。时间和地点包含在CryoSat特殊的轨道定义中,轨道倾角为92°(为逆行轨道),轨道平均高度为720 km。精确的轨道高度由轨道重复周期的需求确定,此轨道不是太阳同步轨道(另请参见第5章),太阳同步轨道平面和太阳保持固定的取向。这样的太阳同步轨道会有不需要的潮汐混叠特征。这种轨道需求对卫星设计产生影响。

20.4.4 系统设计

CryoSat 整个系统包括几个部分，虽然地面部分不在这里介绍，但我们将概述整个体系，原因是它们对所有单元的设计会产生重要影响。计划性的限制对系统定义起主要作用，在满足任务目标的情况下使系统配置最小化。一个最主要特征是 CryoSat 卫星使用一个地面站，既用于上行指令和控制也用于下传链路、处理和分发科学数据。CryoSat 卫星选取了 ESA 的基律纳地面站，同时 ESA 其他后续任务可共享该资源，基律纳地面站的选取主要是从管理需求出发，每天卫星有连续 3～4 轨和地面站不能通信，对于低纬度地面站不能通信的轨道数更多，对于高纬度的斯瓦尔巴德(Svalbard)群岛地面站，盲区轨道降到零，但不能实现和 ESA 的其他任务分摊成本。

CryoSat 卫星设计决策总是由一些关键因素决定，有效载荷的数量和需求，轨道和最低寿命都来自于科学任务目标。计划约束包括单个地面站运行，发射使用小型运载火箭(降低发射成本)，在轨高度自动运行，低成本设计和在正样投产前决定做哪些卫星产品设计验证(如结构件，工程件等，另请参见第 8 章和第 17 章有关内容)。

这些驱动因素不是 CryoSat 卫星设计的必然(在竞争性可行性研究阶段，另外一个设计思路和目前的设计完全不同)，但 CryoSat 卫星设计很多主要参数的来源可追溯到这些驱动因素。从其他计划的继承性对于一个特定航天器的设计扮演重要角色，CHAMP 和 GRACE 卫星的轨道和计划的约束与 CryoSat 卫星非常相似，很大程度上继承了 CryoSat 卫星的最终设计。

在下面的 CryoSat 卫星讨论中我们将反过来看工程如何响应这些驱动因素，而不是从任务需求相当繁琐地演绎 CryoSat 卫星设计。图 20.12 为 CryoSat 卫星，我们从最显而易见的外形开始讨论。

需求的轨道不是太阳同步轨道。每天轨道平面都会相对太阳提早 3 分钟，大约 8 个月时间轨道平面经历所有的地方时。这意味着相对于卫星日落的方向一直在改变。SIRAL 工作时要求天线以零点几度的角度指向地球表面，因此卫星飞行时两副天线要并排放在一侧，即旋转卫星使其对着太阳是不可能的。卫星上的转动机构的成本是比较高的，经测算一台转动机构的成本约一百万欧元，因此 CryoSat 卫星的几何形状的设计要保证一个或两个太阳帆板能够提供得到足够多的太阳能并保持整体能量正平衡。

当然首先需要假设当太阳直接照射太阳帆板时其固有能力能够产生足够的电能。将 CryoSat 卫星放在小火箭的整流罩内的需求对太阳电池阵的大小产生了绝对的约束，即在方程中去掉了一个关键的自由度，只剩下一个参数来保证产生足够

图 20.12 CryoSat 卫星外形(图片发表经 ESA/P. Carril 许可)

的能量——太阳电池的转换效率。因此低成本任务的 CryoSat 卫星最终选择在低轨道,使用新的、高效率太阳电池。需要注意的是这种选择仍然比使用太阳帆板方案更加经济,并强调了系统工程目标,即最优的整体解决方案可能需要一些局部设计复杂度增加和成本增加来减少整体的复杂度和任务的成本。

SIRAL 的两个天线并排安装在卫星的近前部。为了适应运载火箭的整流罩,天线的外形设计为椭圆形。这使科学数据处理的复杂度略有增加,但对性能没有影响。我们已暗示,这种装配的结构稳定度和了解任务性能至关重要,设计中有若干专用功能部件对其进行保证。在平静的太空环境中影响卫星结构稳定度的主要敌人是热,热使结构产生膨胀。天文学任务有着相同的问题,但可以通过选择轨道使热环境更加温和,显然,这不适用于对地观测航天器。因此,为防止热,第一道防线就是选择对热最不敏感的材料。主要要求使用碳纤维增强塑料(CFRP),其热膨胀系数接近 0,用于天线本身及坚固的天线基座,恒星示踪器的托架也安装在基座上。还使用一种金属材料殷钢,具有较低的热膨胀系数,最初用在摆钟上。然而卫星的大部分结构使用的是铝,所以另外一种对热的防护措施是隔热。敏感的天线基座通过三点准平衡悬吊和卫星其余部分连接,使热变形和热变化传递最小。热隔离的主要措施是对天线基座结构进行热包扎,如图 20.12 所示。不仅基座和它的所有附件都用多层隔热材料进行包裹,而且天线口面也采用进口的单层隔热材料来保护它避开炽热的太阳,此材料镀了一层微波透明材料锗。

20.4.5 有效载荷再利用和创新

和 CryoSat 卫星其他设备类似，SIRAL 雷达高度计也是源于现有的设备，使用了一个叫做 Poseidon-2 的传统的有限脉宽雷达高度计，其用在正在飞行的美国-法国联合 Jason 任务。SIRAL 是 Ku 波段单频雷达，采用全去斜距离压缩技术，同时也增加了一些新设计参数，使地面数据处理更加方便。对于沿迹方向，SAR 处理需要高脉冲重复频率及脉冲之间的相位相干。垂直轨迹方向干涉测量需要第二个完整接收机，包括第二个接收机天线。这些特征使 SIRAL 与众不同。

雷达电子学分为若干单元，分配的原则是方便制造和测试。一个大的单元包括了所有数字电子学，其他单元包含了射频电路和发射机配电单元。和 Poseidon-2 相比有几项创新是必然的，最显著的是在大幅增加发射机功率的需求和第二个接收通道的备份方面，前者促成了一个全新的发射机的研制。

另外一个不太显著但更深刻得多的变化是由 SAR 和干涉功能引入的相位稳定度的新需求。前面的高度计相位从来都不是问题，但对于 SIRAL 雷达高度计，相位非常关键。继而 SIRAL 的研制过程中增加了更多的分析、测试、特征分析、优化和调试工作，也包括增加在轨期间通过特殊办法对相位性能进行定标等。

天线分系统也不能免除重新开发。天线作为独立项目进行开发，包括两副卡塞格伦天线，在牢固的天线基座上并排安装。两副天线是完全相同的，但其中一个天线用来发射和接收回波信号，另外一个用于接收回波信号。SIRAL 雷达高度计的卡塞格伦天线设计的优点是波导长度比普通前馈天线的短。天线装配要经过测试，对测试设备的相位精确测试能力是一个挑战。

在第一颗 CryoSat 卫星上 SIRAL 没有备份，第二颗 CryoSat 卫星很快作出决定，可以提供第二次机会的任务，不应存在因单点失效而导致任务失败的可能。因此 SIRAL 变成了完全备份，当然，引入了很多其他变化，电源接口、遥控和控制的 1553B 总线、高速数据传输的 1355 接口、从 DORIS 引出的参考振荡器输入等都是两套接口，增加了很多额外的开关和指令，还有用于选择接收机和天线连接的波导开关的切换和监测方法。这一简单变化有很多分支，它们也延伸到地面段的很多单元。

SIRAL 低分辨率模式工作在常规的有限脉宽高度计方式下，只使用一个接收机，雷达脉冲重复频率较低(一般是每秒 1970 个脉冲)，回波从时域转换到频域并在轨进行平均。因此，这种模式下科学数据生成的速率低，为 51 kbps。这种模式将用于表面坡度小的冰盖内部，也将用于海面。

在使用单接收机通道的 SAR 模式下，高度计沿迹水平分辨率在地面数据处理时通过回波多普勒性能的开发而得到改善。结果等效于将天线主波束在沿迹方向分解成 64 个窄合成波束。不同子波束在平面上的足迹为相邻的长方形，在沿迹方向约为 250 m,在垂直轨迹方向的分辨率取决于天线的尺寸(约 15 km)。因此,在给定的区域可以进行更大量的独立测量,这种特性用来提高海冰测量的精度。为了确保相邻脉冲的相关性,脉冲重复频率大约是低分辨率模式脉冲重复频率的 10 倍以上。设备工作在"簇"脉冲模式,即 64 个脉冲为一"簇"一起发射,然后暂停发射接收回波信号,回波的时域信号进行在轨存储,不进行平均处理,因此数据率明显更高,为 11.3 Mbps。

干涉 SAR 模式(SARIn)主要用在表面坡度高的冰盖边缘地带。SAR 和干涉测量的组合测量方式,通过两个接收通道回波信号的相位比较能够准确判别回波沿迹和垂直轨迹的方向。在这种模式下,两个接收通道都工作并将有关回波时域信号进行存储,数据率是 SAR 模式的两倍。为了处理高度变化的剧烈波动,这种模式下的距离跟踪的健壮性必须非常好。在 SIRAL 设计中,通过使用窄带跟踪脉冲来保证距离跟踪,在两个连续宽带测量"簇"脉冲信号中间发射。

CryoSat 安装了一组三个完全相同的星敏感器,是测量 SIRAL 干涉基线的唯一方法,在正常工作模式下星敏感器也是三轴姿态测量的主要传感器。该设备重量轻、功耗低并且完全自动。星敏感器安装要保证太阳和月亮在任何时候只能使一个星敏感器失效,这样就使整个星敏感器系统避免单点失效。

星敏感器完全自动运行,不用地面更新星座图。通过星座三角形形态和目录中存储的形态进行比对来计算卫星的姿态,在捕获模式下计算卫星粗姿态需要 2～3 s,两次成功连续捕获后自动进入姿态更新模式,利用最后更新的姿态信息计算精确姿态信息,更新频率最高为 1.7 Hz。

星敏感器算法优化后可以用于跟踪星等为 5 级的相当微弱的星,除非在黑暗的地方,否则这种星用肉眼几乎不可见,与比较亮的星相比这种星难以数计,天空的所有方向上都有许多三角形用于形态匹配。

20.4.6 系统是如何工作的

CryoSat 科学载荷产生的所有数据必须进行在轨记录。卫星和单个地面站保持联系的时间很短,每天一般有 10 次过站,每次过站时间为 5～10 min。过站轨道的序号是连续的,然后有 3～4 轨为"盲轨"。为了处理大容量数据,设置在轨数据存储能力为 256 Gbits。根据发展趋势,使用了固态存储器,即成千只 RAM 芯片。此单元继承了火星快车类似设备,内置了复杂的内存管理和数据处理功能,当通过数据链路向地面站回放数据时仍然可以记录数据。

由于卫星和地面站总的保持联系的时间相对较短,因此数据下行是潜在的瓶颈。为避免这一点,下行数据率达到 100 Mbps。此设计继承了 MetOp 的技术,复用了原来分配给 EnviSat 卫星的频率和带宽。

CryoSat 是一个很特殊的卫星,因为它几乎没有活动部件,仅有的例外是推进系统中的一对活塞，这既节省了经费也减少了试验。在姿态和轨道控制分系统的一个区域缺少某种东西是非常引人注目的，一般陀螺和反作用轮在此的使用是司空见惯的。

CryoSat 卫星姿态控制（另请参见第 9 章）是创新的，主要使用两台有效载荷设备，是技术重复利用的又一实例。星敏感器提供卫星相对于星座的实时方位测量，在轨软件利用它以及 DORIS 的时间和轨道信息计算卫星相对于地球的方位。姿态测量只解决问题的一半，还要产生必要的力矩来旋转卫星并在误差范围内指向地球。CryoSat 卫星产生力矩的主要方法是利用电磁场和地磁场的相互作用。这些设备称为磁力矩器，是一个围绕铁氧体磁芯缠绕的线圈，由主控计算机控制的电流进行驱动。磁力矩器不能在绕地球磁场的方向产生力矩，卫星在轨道上运动时，该方向相对于卫星是不断变化的。因此有一个“保障”控制来防止过大的指向精度误差——一组小的低温气体推进器。它们确实非常小，推力为 10 mN，相当于 1 cm^3 水的重量。发射前的仿真结果表明推进器每轨大约工作 3 s，每天消耗大约3 g气体。但实际上气体消耗量非常小，每周大约 6 g。尽管不算多，加上用来克服大气阻力维持轨道的两个 40 mN 推进器所用的气体，这些推进器在轨最终要消耗 35 kg 的压缩氮气。

姿态控制系统还有另一些传感器，用于和运载火箭分离后的初始稳定和紧急情况。包括一组磁强计和一个精巧的传感器，是地球-太阳传感器组合（CESS），用来测量卫星两个面上的反射镜和黑体的温度差。一个小型自能软件继而计算出指向太阳和地球的方向。

和姿态控制相关的一个问题就是如果卫星出现严重故障并不得不进入“安全模式”要做什么。这里的建议是卫星需要一个健壮的姿态控制模式、保持使用卫星最少的资源并保证太阳帆板继续产生足够的电力确保卫星生存。对于旋转太阳帆板卫星（如 ERS-1）确实是一个设计问题，因为太阳电池阵必须运动到指定位置，然后卫星指向调整使其指向太阳。同正常的对地指向模式相比，卫星的方位是不同的。

对于 CryoSat 卫星，太阳电池是固定的体安装，方法相对简单。卫星转换成更加健壮的控制模式，只使用地球-太阳传感器和进行姿态测量的磁强计组合，以及进行姿态控制的磁力矩器。卫星保持对地指向，天底点平板为主辐射器。

20.4.7 信息汇总

CryoSat 卫星计划能够压缩研制时间和经费的一个关键因素是早期一个大胆的决策，就是通过接受现有设备的设计并留有保守余量，将可以直接建造正样准飞行件卫星，不生产测试件。

这种方法固有地在时间和设备上的节省是非常有说服力的。然而很明显，测试件特别是工程件(EM)的好处不仅仅是对硬件测试。测试件允许不经关键途径来完成很乏味但很重要的工作,例如,测试过程调试。因此 CryoSat 决定用软件构建一个虚拟的卫星。它对各种测试非常有用,以致多次被复制。此壮举用硬件是很难完成的。

当然,在某种程度上,第一颗 CryoSat 卫星扮演了第二颗 CryoSat 卫星工程样机的角色,但也并不完全正确,因为 CryoSat-2 除了重新制造外和第一颗卫星相比还有很多变化,SIRAL 备份就是一个很明显的例子,大的变化大概有上百个,所有这些变化的影响都需要完成虚拟测试并有大量的修改工作。

CryoSat 正样原型机于 2004 年中具备了最后测试条件,2008 年 9 月 CryoSat-2 和第一颗卫星的流程一样被运输到慕尼黑附近的 IABG 进行测试。对于卫星来说,环境试验是逃避不掉的严峻考验,并且包括一个长时间的"拷问"环节。CryoSat-2 必须再次面对环境试验——卫星设计变化较大致使第一颗卫星的试验已经无效,且对于力学试验,新卫星已选择了不同的发射工具,因而需要一组新的鉴定级环境试验(另请参见第 17 章和 19 章)。

因此,CryoSat-2 卫星经受了质量特性测试、振动试验、噪声测试、EMC 测试、真空罐内热真空和热平衡试验、射频兼容性测试、检验太阳帆板性能的高压绝缘测试、和运载火箭相关的辐射发射和敏感度测试,最后由运载火箭研制方将 CryoSat-2 卫星带到慕尼黑,用真实的飞行件适配器进行冲击分离试验。

期间 CryoSat-2 卫星通过了多次标准健康测试,用于诊断和状态检查。还有一些系统确认测试,来确认 ESOC 的任务控制中心能够很好地进行监视和控制卫星。

20.4.8 发射入轨

CryoSat 第一颗卫星用火箭发射器发射,火箭是 SS-19 洲际弹道导弹改装而成,最上一级火箭较为灵活且可重新启动,称之为 Breeze-KM。发射在莫斯科以北 800 km 的普列谢茨克卫星发射场,发射时间为 2005 年 10 月 8 日,发射后 300 s 控制系统遇到两个指令顺序错误,结果第二级发动机发生灾难性失效,导致任务终止。尔后,CryoSat 卫星、没有使用的 Breeze-KM 火箭和空的第二级火箭继续弹道轨道飞行,再入大气层,最后在北极附近的 40 km 高空爆炸。

后续的调查发现了故障原因和确保问题不再发生的补救方法,从此火箭也创造了未被打破的安全纪录并完成了两次最近的对地探测任务(GOCE 和 SMOS)发射。然而,CryoSat-2 是用不同的火箭进行发射的,第聂伯号运载火箭(Dnepr),是由 SS-18 洲际弹道导弹改装而成。更改运载火箭的原因和前一次的发射失败没有关系,只是单单可用性的问题(因 Breeze-KM 当时缺货)。第聂伯号运载火箭对整个 SS-18 洲际弹道导弹几乎没作修改。

发射时间的选择是使轨道平面朝向太阳，第聂伯号运载火箭采用直接入轨方式，没有巡航阶段。发射是在哈萨克斯坦的拜科努尔发射场，射向朝南，第一级火箭落在土库曼斯坦沙漠中，整流罩和第二级火箭降落在印度洋。第聂伯号运载火箭是一枚不寻常的火箭(由于其洲际弹道导弹的继承性)，第三级火箭在分离后进行 180°转向。第三级发动机安装在侧面的臂上并指向后方，因此向后飞行，把有效载荷托在后面，有效载荷由气体动力盾保护(GDS)，有效载荷分离前的 2 s GDS 被释放，同卫星的连接被割断，最顶层火箭在发动机的动力下离开，因此不需要安装分离弹簧。图 20.13 给出卫星分离的过程，这种方法入轨精度较高。不过，它导致遥测信号发射机在 GDS 内不能开机，以致马林迪地面站能够观测到航天器，但直至分离 14 s 后发射机开机才能进行通信。在经历了早期第一颗 CryoSat 卫星整整四年半的发射之后，上述信号的捕获带来了一丝安慰和鼓励。

图 20.13 第聂伯号运载火箭将 CryoSat-2 发射入轨(图片发表经 ESA/P. Carril 许可)

20.5 结　　论

本章的讨论表明航天系统工程的继承性由来已久，在本书中讨论的很多基础技术没有改变，但已经有了长足发展。其中之一是并行工程，利用信息技术的巨大进步来加速和增强航天系统工程的迭代、跨学科交流。本章有关 CryoSat 航天器的另外一节证明，尽管越来越多的工具可用来对航天器设计进行优化，但为获取成功的结果,必须根据在有限预算内运作的任务实际作出实用的决策。

Adrian R. L. Tatnall[1], John B. Farrow[2], Massimo Bandecchi[3], C. Richard Francis[3]

[1]*Aeronautics and Astronautics, Faculty of Engineering and the Environment, University of Southampton*

[2]*International Space University, Strasbourg*

[3]*European Space Research and Technology Centre (ESTEC), European Space Agency*

参 考 文 献

[1] ECSS-E-ST-10C Space Engineering—System Engineering General Requirements.

[2] CDF Info Pack (2011),http://esamultimedia.esa.int/docs/cdf/CDF_INFOPACK_2011.pdf (accessed 14 February 2011).

索　　引